React.js 超入門

Tuyano SYODA
掌田津耶乃 著

秀和システム

サンプルのダウンロードについて

サンプルファイルは秀和システムのWebページからダウンロードできます。

●サンプル・ダウンロードページURL

http://www.shuwasystem.co.jp/support/7980html/7376.html

ページにアクセスしたら、下記のダウンロードボタンをクリックしてください。ダウンロードが始まります。

ダウンロード

はじめに

フロントエンドがWebを制する時代

「Webの開発」といえば、すなわち「サーバー（バックエンド）の開発」のことだ、と無条件に信じられていた時代。そんな牧歌的な時代は、気がつけばもう過ぎ去っています。

今、「Webの開発」といえば、その主戦場は「フロントエンド」です。フロントエンドで以下に魅力的なUIを構築するか。遅延なく、ガタガタとしたぎこちない動きでなく、常に滑らかに、流れるように変化するフロントエンド。それこそが、現在のWeb開発で求められているものです。

こうした高度なフロントエンドの開発は、もはやフレームワークなしには成り立ちません。その最先端にいるのが「React」です。

このReactは、ver. 18から19にかけて劇的な変化を遂げました。次々と投入される新たなフック、そしてサーバーサイドへと範囲を広げたコンポーネントの進化。それ以前のReactとは全く別のものに変貌しているといってもいいでしょう。

こうした「React 19からはじまる、全く新しいReact」の入門書として本書は用意されました。本書は2021年に刊行された「React.js&Next.js超入門 第2版」の改訂版となるものです。ただし、React自体が大幅に強化されたため、Next.jsの説明を切り離し、Reactを中心とした入門書としてまとめています。

本書では、これまでと同様に、CDNベースのWebページ作成からプロジェクトを使った本格的な開発へ、React開発の初歩から本格開発までを順序よく体験していきます。そして新たに作られた多数のフックについて学び、サーバーサイドコンポーネントの基礎とその応用となるフレームワークNext.jsの入口まで説明をしていきます。

Reactは、もはやフロントエンドだけでなく、Web全体を開発する土台となるものとして使われるようになりつつあります。本書が、新たに広がったReact世界の道標となってくれれば幸いです。

2024.09　掌田津耶乃

Contents

目次

Chapter

1

Reactを使ってみよう

ようこそ、Reactの世界へ！ Reactは、高度なフロントエンドを開発するのに広く使われているフロントエンドフレームワークです。まずは、Reactがどのようなものか理解し、実際に簡単なコードを書いてReactを使ってみましょう。

Section 1-1 React利用の準備をしよう

フロントエンドとバックエンドの違い

「Webアプリケーションの開発」と聞いて、どのようなイメージが思い浮かびますか？ 通常のWebサイトの作成とは少し違う印象があるかもしれませんね。ある程度の知識がある方なら、「サーバー上で動作するプログラムをプログラミング言語で作成しているんじゃないか？」と考えるかもしれません。

普通のWebサイトは、HTMLファイルなどをサーバーに配置するだけで表示されます。しかし、本格的なWebアプリケーションでは、サーバーにプログラムを設置し、そこで複雑な処理を行ったり、データベースにアクセスしてデータのやり取りを行ったりします。そして、その結果をクライアント(アクセスしてきた側)に返すのです。

つまり、「本格的なWebアプリの開発」とは、サーバー側でのプログラムの開発、すなわち「バックエンド開発」を意味します。少し前までは「バックエンドの開発」こそがWebアプリケーション開発の中心だ、と考えられていました。

しかし、バックエンドの開発だけで本当に高度なWebアプリケーションが作れるのでしょうか？

フロントエンドの重要性

最先端のWebアプリケーションがどんなものか、考えてみましょう。例えば、GoogleマップやGmailのようなアプリケーションを思い浮かべてください。これらのアプリケーションは、サーバー側で非常に複雑な処理を行っているのは確かですが、それだけでこのような高度な機能が実現するわけではありません。

これらのアプリケーションがブラウザ上に表示される際の挙動を考えたなら、非常に複雑な処理がリアルタイムで実行されていることは容易に想像できるでしょう。このような高度なインタラクションは、単にHTMLとサーバー側のコードだけではとても実現できません。

こうしたWebアプリケーションの背後には、非常に高度な処理を行うフロントエンドのプログラムが存在します。フロントエンドのプログラムは、ユーザーがインタラクティブに

Chapter 1 Chapter 2 Chapter 3 Chapter 4 Chapter 5 Chapter 6 Chapter 7 Chapter 8

操作できるようにし、サーバーと連携してリアルタイムで画面を更新するなど、重要な役割を果たしています。

このように、高度なWebアプリケーションは、サーバー側(バックエンド)のプログラムだけでなく、ブラウザ側(フロントエンド)にも高度なプログラムが用意されており、両者が密接に連携して動いているのです。

中でも、フロントエンドのプログラムの重要性は、年々高まっています。フロントエンドは、Webアプリとユーザーが直接やり取りをする部分です。サーバー側の機能が変わらなくとも、フロントエンド部分が進化すれば、それだけでアプリの使い勝手はガラリと変わります。「使えるアプリかどうか」は、このフロントエンドのプログラム次第で決まるといってもいいでしょう。

Webアプリ開発は、こうしたことから「バックエンドからフロントエンド重視」へとシフトしています。フロントエンドの開発こそが、アプリの成否を左右する時代となりつつあるのです。

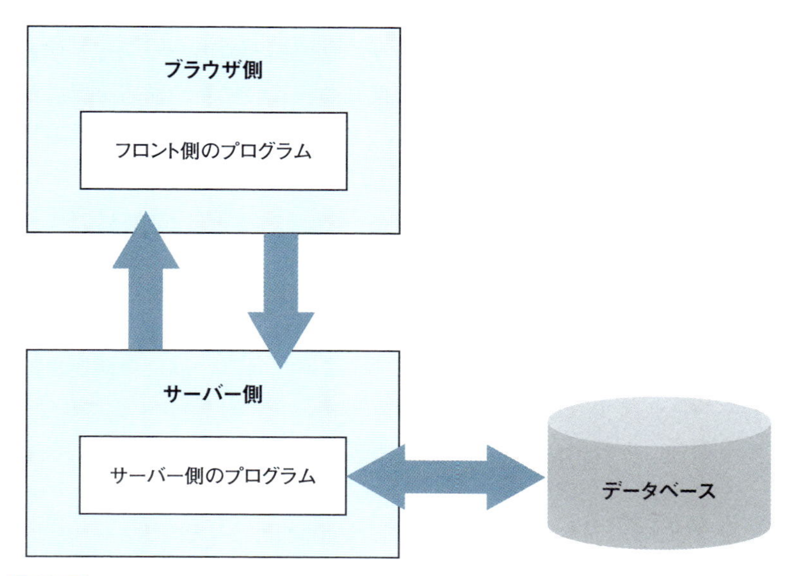

図1-1 高度なWebアプリケーションは、サーバー側のプログラムとブラウザ側のプログラムがやり取りしながら動作する。

フロントエンド開発の秘密兵器とは

では、こうした高度なWebアプリケーションのフロントエンドを作成しているプログラマたちは、どのようにしてそれを実現しているのでしょうか？

確かに、GoogleやMetaのプログラマは非常に優秀で、私たちとは比較にならない技術力を持っていることでしょう。しかし、彼らが高度なWebサイトを作れるのは、単に優秀だからではありません。彼らが使っている「秘密兵器」があります。それは「フロントエンド開発のためのフレームワーク」です。

Chapter 1
Chapter 2
Chapter 3
Chapter 4
Chapter 5
Chapter 6
Chapter 7
Chapter 8

フロントエンド・フレームワーク

多くの人は、Webサイトの開発は「HTMLとJavaScriptを使えば、少し時間をかけるだけで誰でも作れるだろう」と考えがちです。確かに、単純なテキストや画像を並べるだけのWebサイトなら、その通りでしょう。しかし、今日の高度なWebアプリケーションの画面は、そんな単純なものではありません。

これらの高度な表現を実現するためには、フレームワークという強力なツールが使われています。フレームワークとは、プログラミングの際に役立つ多くの機能や構造を提供してくれるソフトウェアです。単に機能を提供するだけでなく、アプリケーション全体の構造やデータの流れも整備してくれるのです。

フレームワークの役割

フレームワークを使用することで、プログラマはフレームワークが提供する既存のシステムに従って、必要な処理を追加していくことができます。これにより、高度な機能を持ったアプリケーションを効率的に作成することが可能になります。

以前は、フレームワークといえば主にサーバーサイドの開発で使用されていました。しかし、Webアプリケーションの画面が複雑化するにつれ、フロントエンド開発でもフレームワークが重要な役割を果たすようになっているのです。

フレームワークの利点

フレームワークは、開発に必要な「仕組み」を提供してくれます。この仕組みを使うことで、通常なら膨大なプログラムコードを書かなければならないような機能も、簡単に実現することができます。フレームワークの導入によって、開発の効率が飛躍的に向上し、高度なWebアプリケーションを作成することができるのです。

これが、高度なWebサイトやアプリケーションを支える秘密兵器「フロントエンド・フレームワーク」の力なのです。

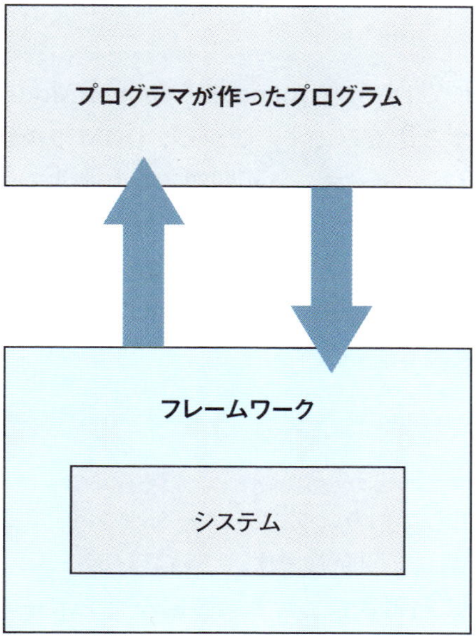

プログラマが作ったプログラム

フレームワーク

システム

図1-2　フレームワークは、システムそのものを持っている。プログラマが作ったプログラムと必要に応じてやり取りしながら動いている。

Reactについて

現在、フロントエンドフレームワークは多数のものが開発され一般に流通しています。こうしたものの中で、特に注目を集めているのが「React」です。

Reactは、Meta（旧Facebook）によって開発されたオープンソースのフレームワークで、フロントエンドの開発を大幅に簡素化してくれます。では、Reactの特徴について簡単にまとめてみましょう。

リアクティブ・プログラミング

Reactの最大の特徴の1つが「リアクティブ・プログラミング」技術の導入です。これは、データの変化に反応してプログラムの動作を自動的に更新するようなプログラミングのスタイルです。

従来の開発方法では、画面の表示を更新するためにプログラマが手動で値をチェックし、表示内容を変更する必要がありました。Reactでは、このリアクティブ・プログラミングの考え方を導入しており、値が変化すると自動的に表示が更新され画面に反映されます。元の値が変わると、それに依存するすべての表示が自動的に更新されるため、開発する側が表示更新の処理などを用意する必要がありません。

Chapter 1
Chapter 2
Chapter 3
Chapter 4
Chapter 5
Chapter 6
Chapter 7
Chapter 8

仮想DOM

JavaScriptでHTMLの表示を操作する際に使う「DOM」(Document Object Model)は、Webページの各要素をオブジェクトとして管理する仕組みです。しかし、DOMの操作は非常に遅く、大量の要素を頻繁に変更する場合にはパフォーマンスが問題になります。

Reactは、この問題を解決するために「仮想DOM」の仕組みを導入しました。仮想DOMでは、実際のDOMの軽量なコピーを作り、まずそちらで変更を行います。その後、必要な部分だけを実際のDOMに反映することで、効率的かつ高速に画面を更新します。この仕組みにより、Reactは高いパフォーマンスのUIを実現しています。

豊富な拡張機能

Reactは、コンポーネントベースの設計を採用しており、アプリケーションを「コンポーネント」と呼ばれる再利用可能な小さな部品に分割して開発します。このコンポーネントは、特にユーザーインターフェース(UI)の要素に多く利用されており、豊富なコンポーネントが公開されています。これらを組み合わせることで、複雑なアプリケーションを効率的に構築できます。

Reactにはさまざまな拡張機能やライブラリが存在し、これらを活用することでReactの機能をさらに強化できます。例えば、状態管理やルーティング、アニメーションなど、アプリケーションの複雑な要件を満たすための追加機能が多数提供されています。

このように、Reactはリアクティブ・プログラミングや仮想DOMといった考え方を導入することで、複雑なプログラムを効率的に開発できます。また豊富な拡張機能により、多様なニーズに対応できるようになっています。こうした特徴から、Reactは現在もっとも注目されるフロントエンドフレームワークとなっているのです。

React 19について

本書では、Reactの最新バージョンである「ver. 19」をベースに使い方を説明していきます。

React 19は、実は本書執筆時点(2024年9月)でまだリリースされていません。ただし既にRC (Release Candidate、リリース予定版)が出ており、正式リリースは間もないでしょう。おそらく、本書が出版され、皆さんがこの本を手に取る頃には正式リリースされているかもしれません。

このver. 19は、これまでのメジャーバージョンアップの中でも特に重要な変更がされています。中でも非常に重要なのが「サーバーコンポーネント」でしょう。

サーバーコンポーネントのサポート

これはコンポーネントをサーバー側でレンダリングする機能です。初期ロード時間の短縮やSEOの向上などが図れる他、クライアント側では利用できない機能(ファイルやデータベースアクセスなど)を利用できるようになります。

サーバーコンポーネントは、それまで「クライアント側だけで動く」というものだったReactが、サーバーサイドまで利用できるようになった画期的な機能です。これにより、Reactは「フロントエンドを強化するためのもの」から「Webアプリケーション全体の開発に利用されるもの」へと変貌しました。

この機能は、ver. 18の頃より実装が始まっていましたが、正式にリリースされ使われるようになったのはver. 19（正確には、19と同等の機能を持つver. 18.3)からといっていいでしょう。

ver. 19は新しいReactのスタンダードである

ver. 19では、ver. 18以前の重要な機能が「レガシーAPI」となり、段階的に廃止されることになっており、新しいAPIの利用が推奨されています。このため、18以前のReactの情報の多くが今後は活用できなくなります。

APIが一新され、サーバーコンポーネントが用意されたver. 19以降が、今後の新たなReactのスタンダードとなる、と考えていいでしょう。ver. 19が間もなく正式リリースされる今は、Reactを学ぶのに絶好のタイミングといえます。

React 19 = React 18.3 ? Column

React 19は非常に大きな変更がされているため、いきなり切り替えようとするとさまざまな問題が発生することが予想されます。そこでReactの開発元は、あらかじめver. 19で実装される大きな機能などをその前のver. 18の最新版であるReact 18.3に実装して使えるようにしています。

もし、まだver. 19が正式リリース前で「RC版を使うのはちょっと不安」という人は、React 18.3を利用しましょう。このバージョンで、サーバーコンポーネントなどのver. 19の重要な機能を使うことができます。

Reactを使うために必要なもの

では、Reactで開発を始めるには、何が必要なのでしょうか？ なにか特別に用意しないといけないものはあるのでしょうか。

実をいえば、ほとんど何も必要ありません。

Reactを使った開発のもっともシンプルな形は、単に「HTMLファイルを1つ作成するだけ」です。React自体のインストールや特別なツールは不要で、HTMLファイルを用意し、それをテキストエディタで編集するだけで簡単にReactを試すことができるのです。

Node.jsは準備しよう

ただし、Reactの高度な機能を使って本格的な開発を行う場合、準備が必要です。テキストエディタで1つずつファイルを手作業で作る方法では非効率なので、効率よく開発を進めるためには「プロジェクト」というものを作成するのが一般的です。

このような開発をスムーズに進めていくために「npm」というツールが用いられます。npmはJavaScriptのパッケージ管理ツールで、JavaScript関連のライブラリやソフトウェアを簡単にインストールしたり、更新したりできます。

npmは「Node.js」というJavaScriptの実行環境に組み込まれています。Node.jsは、サーバーサイドの開発を行う際のJavaScript環境としても広く使われており、Webアプリの開発者の間では必須のソフトウェアとなっています。

Node.jsに含まれるnpmは、JavaScriptのライブラリを管理するための標準ツールとなっており、JavaScriptでの開発には欠かせません。ほとんどのJavaScriptプロジェクトは、npmを使って必要なパッケージをインストールすることが基本となっています。

したがって、Reactで本格的に開発を行う場合、まずはNode.jsをインストールすることを推奨します。Node.jsをインストールすることで、npmも同時に利用できるようになり、Reactをはじめとするさまざまなツールを効率的に活用できます(なお、Node.jsとnpmについては後ほど説明します)。

開発ツールは必要？

Reactを使ってプログラミングする際に、開発ツールは必要なのでしょうか？ これは、開発の方法によって答えは異なります。

もし、シンプルに「1つのHTMLファイルを作って動かすだけ」と考えているなら、特別な開発ツールは必要ありません。HTMLファイルはテキスト形式なので、Windowsのメモ帳やmacOSのテキストエディットなどのテキストエディタで十分です。

しかし、npmを使ってプロジェクト形式で本格的に開発する場合、単純なテキストエディタでは限界があります。この場合、開発効率を大幅に向上させるために、専用の開発ツールの利用が必要となるでしょう。その理由は大きく2つあります。

●ファイルの管理

プロジェクトとしてReactを開発する場合、多数のファイルを扱うことになります。これには、HTMLやJavaScriptファイル、画像ファイルだけでなく、さまざまなライブラリや設定ファイルが含まれます。これらのファイルを効率的に管理し、同時に編集するためには、ファイルを整理して扱いやすくする専用のツールが必要です。

●コード補完などの入力支援機能

Reactのようなフレームワークを使うと、多くのオブジェクトやメソッド、プロパティを扱うことになります。フレームワークに習熟していないうちは、これらをすべて覚えるのは難しいでしょう。多くの開発ツールは、これらのオブジェクトやメソッドを自動で補完してくれる機能を備えており、入力時に適切な選択肢を提示してくれます。これにより、開発が非常にスムーズに進むのです。

こうした機能が使えることを考えたなら、開発ツールは可能な限り用意したほうがいいでしょう。幸い、現在では無料で使えるツールがいろいろとあるので、導入するのは簡単です。後ほど開発ツールの準備についても触れますが、「本格的にWebアプリ開発を考えているなら、開発ツールは絶対にあったほうがよい」と考えてください。

Section 1-2

CDNでReactを使う

HTMLファイル1つでReactアプリ！

では、とにかくReactというフレームワークがどんなものか、実際に使ってみることにしましょう。

Reactは、HTMLファイルを1つ作成するだけで使うことができます。テキストエディタ(メモ帳やテキストエディットなどで構いません)を起動し、以下のHTMLのソースコードを記述してください。

リスト1-1

```
<!DOCTYPE html>
<html>
<head>
  <meta charset="UTF-8" />
  <meta http-equiv="X-UA-Compatible" content="IE=edge" />
  <meta name="viewport" content="width=device-width, initial-scale=1.0" />
  <title>Simple React19 App No JSX by SDN</title>
  <script type="module">
  import React from
    "https://esm.sh/react@19.0.0-rc-14a4699f-20240725"
  import ReactDOMClient from
    "https://esm.sh/react-dom@19.0.0-rc-14a4699f-20240725/client"
  </script>
</head>
<body>
  <h1>React</h1>
  <div id="root">wait...</div>
</body>
</html>
```

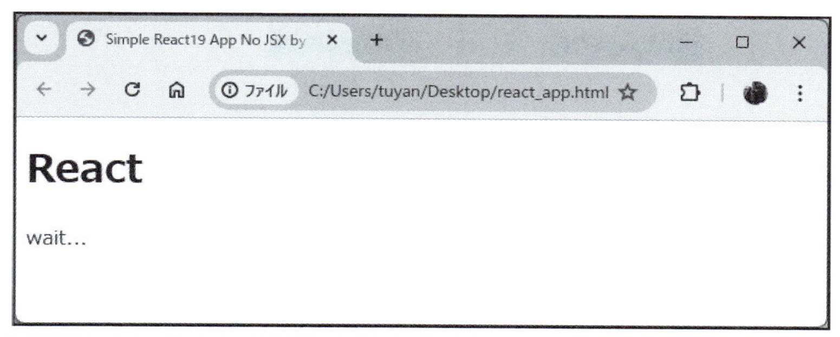

図1-3 サンプルとして用意したWebページ。Reactの下に「wait...」とメッセージが表示されている。

記述したら、適当な場所に.html拡張子をつけてファイルを保存しましょう。ここではサンプルとして、「react_app.html」という名前でデスクトップに保存しておきました。なお保存の際は、テキストのエンコーディングを「UTF-8」に設定して保存するようにしてください。

保存したら、ファイルをWebブラウザで開いてみてください。Reactというタイトルの下に「wait...」とメッセージが表示されます。

「これがReactか！」なんて思った人。いえいえ、残念ながらこれは「Reactのアプリ」とはいえません。これ自体は、まだReactそのものは使っていないのです。

これは「Reactを利用するための準備を整えたもの」と考えてください。後は、これをベースにしてReactの処理を追記するだけですぐに動くようになる、というわけです。

CDNでReactを読み込む

ここでは、<script type="module">というタグが記述されていますね。<script>は、JavaScriptのスクリプトを読み込むためのものですが、これにtype="module"という属性が指定されています。これは、スクリプトを「モジュール」と呼ばれるプログラムとして読み込むものです。

ここでは、以下の2つの「import」文が記述されています。

```
import React from
  "https://esm.sh/react@19.0.0-rc-14a4699f-20240725"
import ReactDOMClient from
  "https://esm.sh/react-dom@19.0.0-rc-14a4699f-20240725/client"
```

「import」は、指定したスクリプトファイルからモジュールを読み込むためのものです。ここでは、以下のような文を実行していたのです。

```
import React from ファイルの指定
import ReactDOMClient from ファイルの指定
```

fromの値として、ここではesm.shというサイトにアップロードされているReactのスクリプトファイルを指定しています。このesm.shは、「CDN」と呼ばれるサイトの1つです。

CDNは「Content Delivery Network」の略で、JavaScriptのスクリプトなどをオンラインで配布するサイトです。さまざまなコンテンツがオンライン経由で利用可能になっており、JavaScriptのスクリプトなどが多数利用できるようになっています。

ここでは、「React」と「ReactDOMClient」というモジュールを読み込んでいます。この2つは、Reactのもっとも基本となるものです。Reactを利用する際には、まずこの2つを読み込んで使えるようにしておきます。

これで、Reactを利用する準備が整いました。後は、これらのオブジェクトを使ってReactの処理を作成していけばいいのです。

React 19の利用について

今回のimport文では、ファイルのパスに「React@19.0.0-rc-14a4699f-20240725」と書かれていますね。これはReactのver.19というものを読み込んでいることを示します。

本書執筆時(2024年8月)では、正式リリース直前のRC (Release Candidate)版というものが公開されています。@19.0.0-rc-14a4699f-20240725というのは、ver. 19の2024年7月4日リリースのRC版を表しています。

このver. 19は、間もなく正式リリースされる予定なので、そうなればファイルパスの指定も「React@19.0.0」という形になるでしょう。

Reactでメッセージを表示しよう

では、HTMLファイルにスクリプトを書き加えて、Reactの機能を少しだけ使ってみましょう。先ほど作成したHTMLファイルの<script type="module">部分を以下のように書き換えてください。

リスト1-2

```
<script type="module">
import React from "https://esm.sh/react@19.0.0-rc-14a4699f-20240725"
import ReactDOMClient from "https://esm.sh/react-dom@19.0.0-rc-
14a4699f-20240725/client"

// 以下を追記する
const root = document.getElementById('root');
const rootElement = ReactDOMClient.createRoot(root);
const element = React.createElement('p', {},
    "Welcome to React-World!!");
```

```
rootElement.render(element);
</script>
```

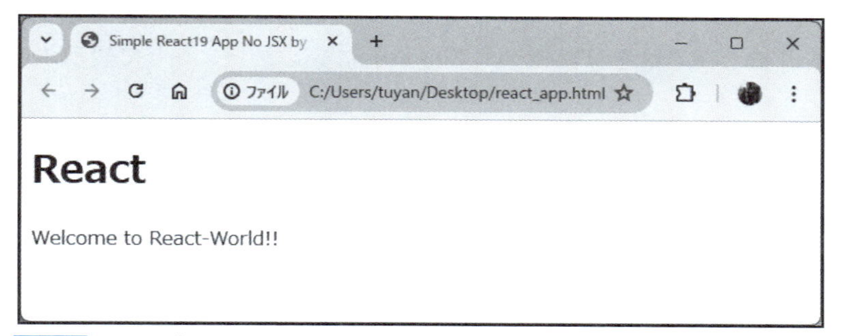

図1-4 Webブラウザで表示すると、「Welcome to React-World!!」というメッセージが表示される。

先ほど「wait...」と表示されていたところに「Hello React!」とメッセージが表示されます。これが、Reactによって作成された表示です。

ここで利用しているHTMLファイルでは、HTMLのソースコードには以下のようなタグしか用意されていません。

```
<h1>React</h1>
<div id="root">wait...</div>
```

この<div>タグの部分がReactによって書き換わります。Webページにブラウザからアクセスすると、このid="root"のタグ部分は以下のように書き換わります。

```
<div id="root"><p>Welcome to React-World!!</p></div>
```

id="root"のタグの中に、<p>タグが組み込まれているのがわかるでしょう。これが、Reactによって作成された表示なのです。

Reactはタグの内容を書き換える

Reactは、このように、もともと用意されているHTMLのタグの一部を書き換えて独自の表示を組み込みます。ここでは、<div>タグの中に<p>タグを組み込んでいますが、この<div>タグの中にある「wait...」というテキストの代わりに<p>タグが表示されるようになったのです。

React DOMについて

今回の短いコードは、Reactのもっとも基本的な処理を行うものです。それは、「React DOMのエレメントを作成し、それをHTMLのエレメントにレンダリングして表示する」というものです。

Webブラウザでは、HTMLの要素をJavaScriptから操作できるようにするために「DOM」(Document Object Model)と呼ばれるものを用意しています。これは、HTMLやXMLなどの要素をJavaScriptのオブジェクトとして扱えるようにするためのものです。

今までJavaScriptでWebページを操作したことがある人なら、おそらくdocument.getElementByIdなどを使ってHTMLの要素をエレメントとして取り出し利用したことがあるでしょう。あのエレメントこそがDOMのオブジェクトなのです。JavaScriptからエレメントを操作することで、その変更がWebページに反映され、表示が更新されます。「エレメントを操作する」ということこそが、JavaScriptからWebページを操作するもっとも基本となる処理なのですね。

Chapter 1
Chapter 2
Chapter 3
Chapter 4
Chapter 5
Chapter 6
Chapter 7
Chapter 8

React DOMによる高速化

このDOMによるWebページ操作は、JavaScriptから簡単にWebページを扱うことができますが、欠点もあります。それは「スピード」です。何かのエレメントを操作するとすぐにページ全体が更新されるため、あちこちの表示を細かく操作していくとすべてが更新され表示が反映されるまで何度もページが更新され、非常に時間がかかってしまいます。

そこでReactでは、Webブラウザにある DOMとは別に、独自のDOM機能(仮想DOM)を実装することにしました。これが「React DOM」です。

Reactでは、まず表示を更新するベースとなる「ルート」のReact DOMエレメントを用意します。そしてこのReact DOMのエレメントを操作したり新たに作成したりして表示を更新し、すべての処理が完了したら、React DOMのルートをレンダリングし、実際に表示されるHTMLコードに変換して画面に組み込むのです。

こうすることで、どんなに細かく表示を操作しても、Webページが更新されるのはレンダリングして表示を更新するとき一度のみとなります。このようにすることで、表示速度を劇的に向上させたのです。

整理すると、Reactによる操作は、以下のような手順で行われます。

1. WebページにあるエレメントからReact DOMのエレメントを作成する。
2. React DOMのエレメントを使って表示を操作する。
3. React DOMエレメントをレンダリングしてWebページの表示を更新する。

これが、Reactの基本的な処理の流れになります。この基本をまずはしっかりと理解してください。今回作成したスクリプトも、この流れに基づいて処理を行っているのです。

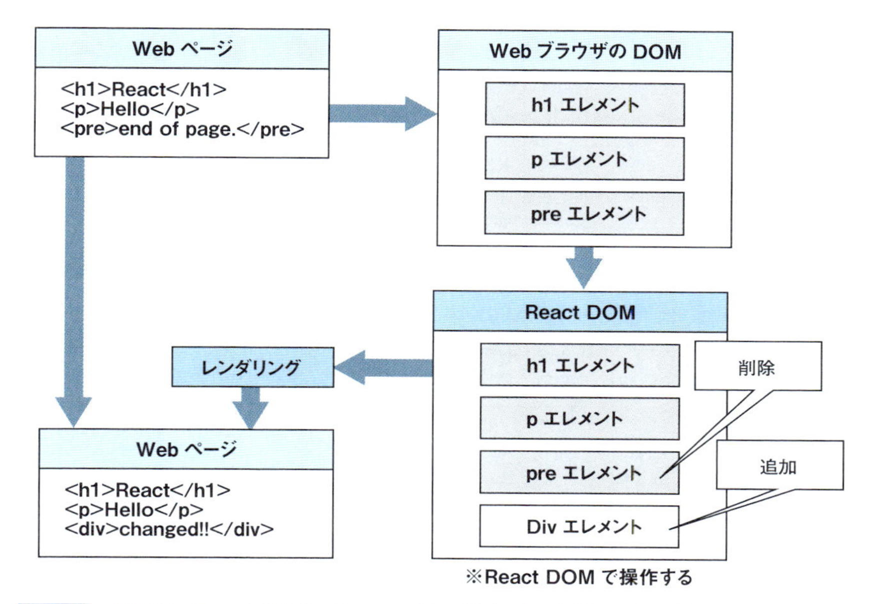

図1-5　DOMとReact DOM。Reactでは、WebブラウザのDOMからReact DOMを作成し、これを使って表示を操作する。そして最後にレンダリングしてWebページを更新する。

 Reactによるタグの作成と表示 

では、このスクリプトでどういうことが行われているのか、説明しましょう。このコードは、Reactで「Welcome to React-World!!」というメッセージを表示するシンプルな例です。以下に各行の説明を簡潔にまとめます。

●id="root"のエレメント取得

```
const root = document.getElementById('root');
```

まず、Reactで表示を操作するHTML要素のエレメントを取り出しておきます。ここでは、<div id="root">のエレメントをgetElementByIdで取り出します。

●ルートエレメントの作成

```
const rootElement = ReactDOMClient.createRoot(root);
```

これはHTMLのエレメント「root」に対して、Reactアプリケーションの「ルート」を作成します。HTMLのソースコードには、<div id="root">というものが用意されていましたね。このHTML要素のエレメントを、Reactのルートとして作成します。これは以下のように行います。

```
変数 = ReactDOMClient.createRoot( エレメント );
```

引数には、JavaScriptのエレメント(getElementByIdなどで取得されるオブジェクト)を指定します。

このルートというのは、「React DOMによって表示が更新されるベースとなるエレメント」と考えてください。Reactでは、React DOMのルートを作成し、これを操作することで、ルートのエレメントの表示を更新するようになっているのです。

●<p>エレメントの作成

```
const element = React.createElement('p', {}, "Welcome to React-World!!");
```

<p>タグのReactエレメントを作成し、その中に「Welcome to React-World!!」というテキストを設定します。Reactエレメントの作成は、以下のように行います。

```
変数 = React.createElement( 要素名, オプション, コンテンツ );
```

第1引数には、要素名(タグの名前)を指定します。ここでは<p>を作るので'p'と指定しています。第2引数にはオプションとなる情報をオブジェクトにまとめたものを指定しますが、今回は特にないので空のオブジェクトを用意してあります。そして第3引数に、このエレメントの内部に設定されるコンテンツを指定します。

これで、指定したコンテンツを表示する<p>のReactエレメントが作成されました。

●レンダリングした表示の作成

```
rootElement.render(element);
```

作成したReactエレメント(<p>タグ)を、最初に指定したルート要素(root)にレンダリングして表示します。これは以下のように行います。

```
ルート.render( Reactエレメント );
```

これで、Reactエレメントをレンダリングしてたぶん HTMLのコードを生成し、これをルートのエレメントに組み込みます。この段階で、修正内容が初めて画面に反映されます。

JavaScriptのコードを分離する

これで、Reactが独自のReact DOMを使ってReactのエレメントを作成して表示を作り、レンダリングして画面に表示する、という一連の処理がわかりました。ただ、処理としては理解できますが、1つだけちょっと気になる点があります。それは、コードが書かれているのが<script type="module">である、という点です。

type="module"は、モジュールを読み込むためのものです。このモジュールとして読み込まれたスクリプトは独自のスコープを持っており、その他のスクリプトとは分離して扱われます。モジュール内の変数や関数が外部に漏れないようにするため、こうした仕様になっています。

ということは、「モジュール内で変数や関数を用意しても、他の<script>のスクリプトでは使うことができない」ということになってしまいます。

今回のコードでは、ReactやReactDOMClientといったオブジェクトを用意しましたが、これらはすべて他のスクリプトでは使えないのです。これらを利用したいなら、全部<script type="module">の中に書かないといけません。これはこれで、ちょっと不自由ですね。

そこで、今度は<script type="module">を使わず、別ファイルとしてJavaScriptのスクリプトとファイルを用意し、そこで処理を行うようにしてみましょう。

HTMLコードを修正する

では、HTMLのコードを修正しましょう。先ほど作成したHTMLファイル(サンプルではreact_app.html)の内容を以下に書き換えてください。

リスト1-3

```
<html lang="ja">
<head>
  <meta charset="UTF-8" />
  <meta http-equiv="X-UA-Compatible" content="IE=edge" />
  <meta name="viewport" content="width=device-width, initial-scale=1.0" />
  <title>Simple React19 App No JSX by SDN</title>
</head>
<body>
  <h1>React</h1>
  <div id="root"></div>
  <script src="main.js"></script>
</body>
</html>
```

ここでは、<script src="main.js">というような要素を用意し、main.jsを読み込むようにしています。具体的な処理コードは、このmain.jsに記述するわけです。

main.jsを作成する

では、JavaScriptのファイルを作りましょう。HTMLファイル(react_app.html)と同じ場所に「main.js」という名前でテキストファイルを用意してください。そして、以下のようにスクリプトを記述します。

リスト1-4

```
// Reactバージョン
const version = '19.0.0-rc-14a4699f-20240725';

// moduleをimportする
async function init() {
  const module1 = await import(`https://esm.sh/react@${version}`);
  window.React = module1.default;
  const module2  = await import(`https://esm.sh/react-dom@${version}/client`);
  window.ReactDOMClient = module2.default;
  // メインプログラムの実行
  main();
}

// メインプログラム
function main() {
  const root = document.getElementById('root');
  const rootElement = ReactDOMClient.createRoot(root);
  const h2 = React.createElement('h2', {}, "Sample application");
  const p = React.createElement('p', {},
      "これはReactのサンプルアプリケーションです。");
  const div = React.createElement('p', {}, [h2, p]);
  rootElement.render(div);
}

// 初期化の実行
init();
```

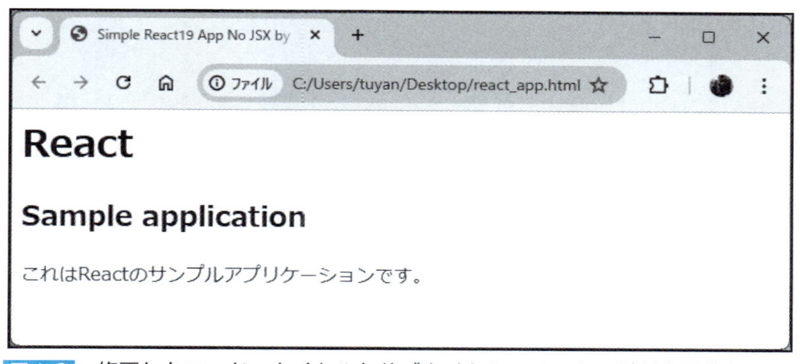

図1-6 修正したコード。タイトルとサブタイトル、メッセージが表示される。

これを保存したら、WebブラウザでHTMLファイル(react_app.html)を開きましょう。既に開いている場合はページをリロードしてください。

表示が少し変わり、「React」というタイトルの下に「Sample application」とサブタイトルが表示され、さらにその下に「これはReactのサンプルアプリケーションです。」というメッセージが表示されます。先ほどとまったく同じでは違いがわからないので、少し表示する要素を変えてみました。

<script>からモジュールを利用する

ここでは、<script>でmain.jsを読み込み実行しています。ということは、この中でReactのモジュールを読み込んで利用しているということになりますね。

このmain.jsでは、Reactのバージョンを示すversionの定数と、init、mainという2つの関数が定義されています。この2つは、メインプログラムの部分と、モジュールを読み込む初期化処理を行うものになります。

まずは、初期化処理をしているinit関数から見てみましょう。ここでは、ReactとReactDOMClientのモジュールを読み込んでいます。これらは、それぞれ以下のように行っています。

●Reactのロード

```
const module1 = await import(`https://esm.sh/react@${version}`);
window.React = module1.default;
```

●ReactDOMClientのロード

```
const module2  = await import(`https://esm.sh/react-dom@${version}/client`);
window.ReactDOMClient = module2.default;
```

このinit関数は、非同期になっています。モジュールの読み込みが非同期で行われるため、これをうまく利用するためinit自体も非同期にしているのです。

モジュールのロードは、まず指定したスクリプトファイルからモジュールをロードします。これは「import」という関数を利用します。

```
変数 = await import( スクリプトファイルの指定 );
```

importは、引数に指定されたURIからスクリプトファイルを読み込み、そのモジュールを返します。これは非同期で行われるため、ここではawaitで読み込み完了まで待ってから値を受け取るようにしています。

モジュールをグローバル環境で利用する

このimportで読み込まれるのは、モジュールの本体です。実際には、そこから利用すべきオブジェクトを取り出して変数などに収めて使うことになります。今回のモジュール(ReactとReactDOMClient)では、デフォルトでインポートできる値が決まっていました。これはモジュールの「default」プロパティで取り出すことができます。

```
変数 = モジュール.default;
```

このようにすることで、モジュールのデフォルトオブジェクトを取り出せます。ここでは、それぞれ以下のように値を取り出していますね。

●Reactの取得

```
window.React = module1.default;
```

●ReactDOMClientの取得

```
window.ReactDOMClient = module2.default;
```

いずれもimportしたモジュールのdefaultを変数に取り出しています。保管先は、「window.○○」というように、windowオブジェクトのプロパティを使っていますね。

このwindowオブジェクトは、Webブラウザ版JavaScriptのグローバルオブジェクトです。JavaScriptに用意されているすべてのグローバル変数や関数は、実はwindowオブジェクトのプロパティやメソッドとして実装されています。それらのグローバルな値は、windowを省略して記述できます。例えば、window.alert("Hello"); という関数は、alert("Hello"); という形で使えるようになっている、というわけです。

逆にいえば、windowオブジェクトに変数や関数を追加すれば、それらはグローバル変数や関数としてどこでも利用できるようになる、ということなのです。

そこで、ここではwindowのプロパティとしてReactやReactDOMClientを保管しています。これにより、これらの値はグローバル変数となり、どこでも利用できるようになります。

Promiseを使ってモジュールをインポートする

importの戻り値自体はPromiseを使っているので、非同期関数を使わずthenで処理することもできます。例えば、先ほどのinit関数をPromise利用の形に書きなおしてみましょう。

リスト1-5

```
function init() {
  import('https://esm.sh/react@${version}').then(React => {
    window.React = React;
    import('https://esm.sh/react-dom@${version}/client/?dev')
        .then(ReactDOMClient => {
      window.ReactDOMClient = ReactDOMClient;
      main();
    });
  });
}
```

これでも、まったく同様にReactとReactDOMClientが使えるようになります。このやり方なら、わざわざ非同期関数(asyncのついた関数)として定義する必要もありません。両方のやり方を覚えておくとよいでしょう。

Reactエレメントの組み込み

ここでは、もう一つ重要なテクニックを使っています。それは「エレメントの組み込み」です。画面に表示するコンテンツを作成する場合、1つのエレメントだけで済むことはまずないでしょう。実際には多数のエレメントを作成し、これらをうまく組み合わせて表示を作成することになります。

Reactエレメントを作成するReact.createElementは、以下のように呼び出しましたね。

```
React.createElement( 要素名, オプション, コンテンツ );
```

第3引数には、その要素に組み込むコンテンツを指定しました。例えば<p>ならば、ここに「Hello」と指定すれば、<p>Hello</p>というコードが生成されるわけです。

ということは、複数のエレメントを作成し組み込む場合、エレメント内に組み込むコンテンツとして別のエレメントを指定すれば、それを内部に組み込めるはずですね。

先ほど作成したmain.jsのmain関数をみてください。すると、以下のようにReactエレメントを作成しているのがわかります。

```
const h2 = React.createElement('h2', {}, "Sample application");
const p = React.createElement('p', {},
    "これはReactのサンプルアプリケーションです。");
const div = React.createElement('p', {}, [h2, p]);
```

まず、<h2>と<p>のエレメントを作成し、これを内部に組み込んだ<div>エレメントを作成しています。<div>の作成では、createElementの第3引数に[h2, p]と値を用意していますね。これにより、h2とpのエレメントが内部に組み込まれます。つまり、このようになるわけです。

```
<div>
  <h2>Sample application</h2>
  <p>これはReactのサンプルアプリケーションです。</p>
</div>
```

こうしてエレメントを用意したら、これをルートにレンダリングして表示すればいいのです。

```
rootElement.render(div);
```

ルートのrenderで引数に指定できるのは1つのエレメントだけですから、複数のエレメントを作成して表示する場合は、このように<div>などを使ってそれらを1つのエレメントにまとめ、これをrenderします。

スタイルシートを使う

エレメントを組み込めるようになったら、もう少し表示についても考えておきたいですね。スタイルシートを用意すれば、細かな表示スタイルの調整も行えます。これもやってみましょう。

HTMLファイルと同じ場所に「style.css」という名前でファイルを作成してください。そして、以下のようにCSSの内容を記述しておきましょう。

リスト1-6

```
#root {
  cursor: pointer;
  font-size:12pt;
  background-color: #eff;
  border: #666 1px solid;
  padding:0px 20px;
  margin: 10px;
}
```

記述したら、これをHTMLに組み込みます。HTMLファイルを開き、<head>内に以下の文を追記してください。</head>の手前あたりでいいでしょう。

リスト1-7

```
<link rel="stylesheet" href="style.css">
```

図1-7 ルートにスタイルを設定する。

これでWebブラウザで表示をリロードすると、ルートの部分にスタイルが割り当てられます。四角い枠(ボーダー)で囲まれた部分が、ルートとしてReactによって作成された表示になります。
これで、Webページで使う基本の要素(HTML、JavaScript、CSS)が一通り使えるようになりました。

エレメントに属性を指定する

createElementで作成されるエレメントは、基本的に属性などが設定されていない素の状態のものです。しかし、必要に応じて属性を指定したいこともあるでしょう。
エレメントの作成は、ReactのcreateElementメソッドを使っていました。これは、例えば以下のように実行していましたね。

```
const h2 = React.createElement('h2', {}, "Sample application");
```

このとき、メソッドの第2引数にある{}は、実は属性を指定するためのものなのです。ここに値を用意することで、生成されるエレメントに属性を指定することができます。この値は、属性名をプロパティとしてまとめて記述します。例えば、こんな具合ですね。

```
{
  id:"1",
  name:"hello"
}
```

このようにして属性の値を指定してエレメントを作成することができます。
属性の指定は、基本的に値を文字列で用意するだけですが、注意しておきたいのは「style」です。styleだけは、テキストで値を指定しません。スタイルの項目をオブジェクトにまとめたものとして用意するのです。例えば、こんな形です。

```
style: { color:"red", margin:"10px" }
```

このように、スタイルとして指定する項目と値をオブジェクトにまとめたものをstyleの値として用意するのです。こうすることで、スタイルを細かく設定することができます。

Reactエレメントに属性を割り当てる

では、実際にReactのエレメントに属性を設定してみましょう。先ほどのmain.jsに記述されたソースコードから、main関数の処理を取り出し以下のように修正してください。

リスト1-8

```
function main() {
  const root = document.getElementById('root');
  const rootElement = ReactDOMClient.createRoot(root);
  const h2 = React.createElement('h2', {
    id:"title",
    name:"title",
    style:{
      color:"white",
      backgroundColor:"blue",
      padding:"5px 10px"
    }
  }, "Sample application");
  const p = React.createElement('p', {
    id:"msg",
    name:"msg",
    style:{
      fontWeight:"bold",
      textAlign:"center",
      fontSize:"16pt"
    }
  }, "これはReactのサンプルアプリケーションです。");
  const div = React.createElement('p', {
    id:"elements",
    name:"elements",
    style: {
      backgroundColor:"white",
      padding:"0px 0px 5px 0px"
    }
  }, [h2, p]);
  rootElement.render(div);
}
```

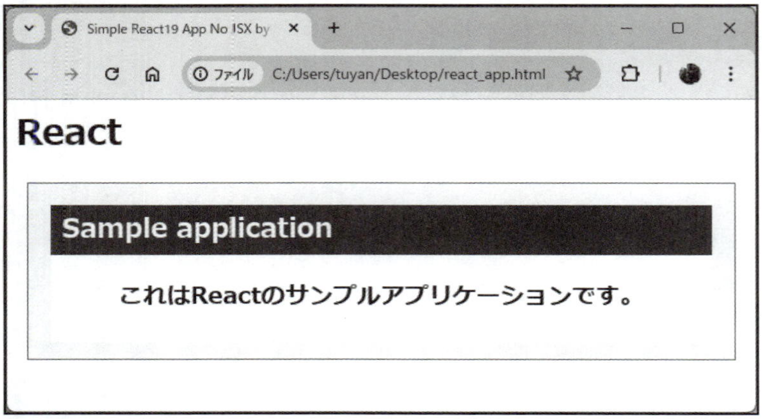

図1-8 エレメントにスタイルを割り当てる。

実行すると、表示されるコンテンツのスタイルが変わります。タイトルは青字に白い文字で表示されますし、メッセージなどのコンテンツの表示部分は白い背景に戻ります。

例えば、最初の<h2>を生成しているcreateElementを見てみましょう。第2引数には以下のような値が用意されています。

```
{
  id:"title",
  name:"title",
  style:{
    color:"white",
    backgroundColor:"blue",
    padding:"5px 10px"
  }
}
```

ここでは、id, name, styleといった属性を用意してあります。styleには、さらにcolor, backgroundColor, paddingといった属性を指定していますね。このようにしてエレメントに必要な属性を用意することができるのです。

表示を更新しよう

Reactによる表示の作成がわかったら、次は簡単なイベント処理を追加して表示を更新してみましょう。先ほどのJavaScriptファイル(main.js)を以下のように書き換えてみます。

リスト1-9

```
// Reactバージョン
const version = '19.0.0-rc-14a4699f-20240725';
// カウンター変数
let counter = 0;

// moduleをimportする
async function init() {
  const module1 = await import(`https://esm.sh/react@${version}`);
  window.React = module1.default;
  const module2  = await import(`https://esm.sh/react-dom@${version}/client`);
  window.ReactDOMClient = module2.default;

  const root = document.getElementById('root');
  root.addEventListener('click', doCount);
  window.rootElement = ReactDOMClient.createRoot(root);
  doCount();
}

// clickイベント処理
function doCount(){
  counter++;
  let element = React.createElement(
    'p', {}, "count: " + counter
  )
  rootElement.render(element);
}

// 初期化の実行
init();
```

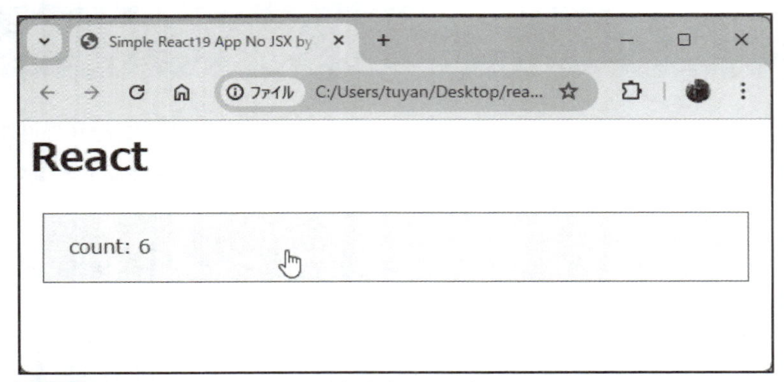

図1-9 表示をクリックすると数字が増えていく。

背景色がつけられているところをクリックすると、「count: 1」という数字が1ずつ増えていきます。

doCountによるイベント処理

ここではdoCountという関数を用意して、<div>タグの部分をクリックすると実行するようにしてあります。初期化処理を行っているinit関数では、以下のようにしてルートにイベント処理を割り当てています。

```
const root = document.getElementById('root');
root.addEventListener('click', doCount);
```

「addEventListener」は、エレメントにイベントリスナー（イベントの処理を行うもの）を追加するものです。ここでは、'click'イベントにdoCount関数を割り当てていますね。これにより、ルートのエレメント内をクリックしたらdoCount関数が実行されるようになります。

カウント数を表示する

このdoCount関数の中で、Reactエレメントを作成してレンダリングする処理を行っています。これはReact.createElementでエレメントを作り、renderでレンダリングするといういつもの処理を行っているだけです。

```
let element = React.createElement(
  'p', {}, "count: " + counter
)
rootElement.render(element);
```

React.createElementで<p>のReactエレメントを作り、これに「count: ○○」という形で回数を表示します。そしてこれをrenderでルートにレンダリングします。これで、「クリックすると表示が更新される」という処理ができあがります。

 更新する必要があればすべて作成しなおす 

Reactの表示更新の基本は、「更新の必要が生じたら、仮想DOMという仕組みのエレメントを作ってレンダリングする」というものです。「更新しないといけなくなったら、また新しく表示を作って組み込む」という、ごく単純な考え方なのです。

JavaScriptを使ったことがあれば、「わざわざ全部作りなおさなくても、JavaScriptでエレメントの表示を書き換えればいいんじゃないか」と思うかもしれません。が、その考え方を進めていった先にあるのは、「さまざまなイベントごとに膨大なプロパティを個別に書き換える煩雑な作業」です。こうした細々としたわかりにくい作業から解放されたくてReactを選択したはず、ですよね？

もちろん、「表示を更新する必要があったら、すべてのコンポーネントを新たに作りなおす」というやり方は、決して便利な方法とはいえません。実をいえば、ここでの例のように「何かあれば毎回、エレメントを作りなおしてレンダリングする」というやり方は、実際にはあまり用いません。

Reactには「コンポーネント」という仕組みがあって、もっとすっきりと整理された形で表示を作っていくことができるようになっています。このコンポーネントを利用するようになってから、俄然、Reactの便利さ、快適さを実感できるようになるのです。

ですから、今はまだ、(Reactを使ってはいますが)あまりReactの良さを実感できないのもやむを得ない、といえます。

ただ、基本の考え方として「表示を更新したければ、またエレメントを作ってレンダリングしなおせばいい」ということは、Reactの基本的な仕組みとして頭に入れておきましょう。

これから先、コンポーネントについて学んでこれを利用するようになっても、「エレメントを作ってレンダリングする」という基本の仕組みがわかっていれば、より明確にコンポーネントの働きを理解できるようになりますから。

HTMLファイルからプロジェクトへ

実際にReactを使ってみて、意外と面倒に感じたでしょう。なにより、Reactのモジュールを CDN からインポートして準備するだけで、なんだかわかりにくい処理を書かないといけないのは意外だったかもしれません。

これは、「HTMLファイルから直接ReactをCDNから読み込んで使う」というやり方で無理やりReactを使用するために生じた「面倒くささ」なのです。現在、多くのReact開発の現場では、このような使い方はしていません。「プロジェクト」を作成し、さまざまなパッケージを組み込んでより高度なプログラムを作成できるようにしていくのが一般的です。

というわけで、HTMLファイルでReactの基本がわかったところで、次は「プロジェクト」を利用した本格的な開発へと進むことにしましょう。

Chapter

2

ReactプロジェクトとTypeScript

Reactの開発は「プロジェクト」と呼ばれるものを作成して行うのが一般的です。また開発にはJavaScriptだけでなく、TypeScriptを利用することもできます。この章ではプロジェクトの作成について説明し、プロジェクト開発に必要な開発ツールの準備を整えましょう。

Section 2-1 Reactプロジェクト

Node.jsについて

前章で、とりあえずHTMLファイルでReactを利用することはできました。が、実際の開発では、こんな具合にHTMLをテキストエディタで開いてコードを書く、なんてやり方をすることはまずありません。

では、どのようなやり方をするのか。それは「プロジェクト」を作成するのです。

プロジェクトとは、アプリケーションやサービスを作成・管理するためのものです。用意されたフォルダー内に必要なファイル類がすべてまとめられており、その中にあるファイル類を編集することでプログラムの作成が行えます。また必要な設定やライブラリなどの情報もすべてプロジェクトにまとめられており、アプリ開発に必要なものはすべてプロジェクトの中身を見れば良いようになっています。

では、実際にプロジェクトを作成し、どのように開発していくか、その手順を説明しましょう。

Node.jsを用意する

まずは、プロジェクト作成に必要となるソフトウェアを準備しておきます。プロジェクト開発に必要となるのは「Node.js」というソフトウェアです。

Node.jsは、「JavaScriptエンジン」と呼ばれるプログラムです。JavaScriptのソースコードをその場で実行するもので、サーバープログラムの開発を行うのに多用されています。このNode.jsには専用のパッケージ管理ソフトが用意されており、さまざまなJavaScriptのライブラリ類をその場で組み込み利用することができます。Reactの開発を行うためのソフトウェアも、この仕組みを利用して用意するようになっているのです。

Node.jsは、以下のアドレスで公開されています。

https://nodejs.org/

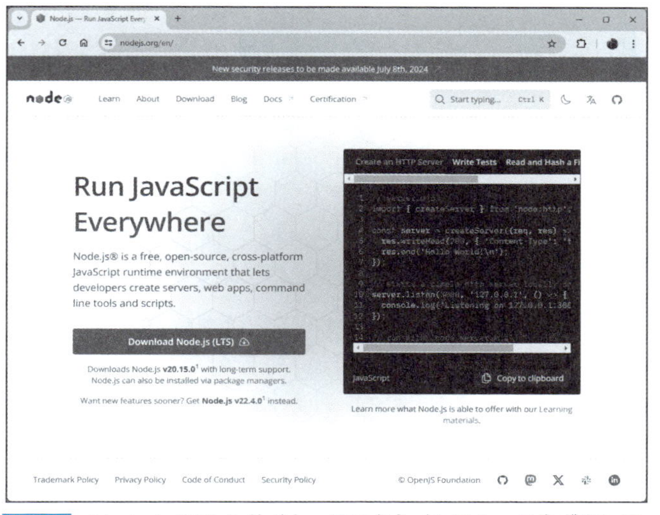

図2-1 Node.jsのWebサイト。ここからインストーラをダウンロードする。

Webサイトのトップページに、「Download Node.js (LTS)」というダウンロードのためのボタンが表示されています。これをクリックしてインストーラをダウンロードし、インストールを行ってください。

インストールは、基本的な設定はすべてデフォルトのまま進めていけば問題ありません。ただし「End-User License Agreement」という画面になったら「I accept the terms ～」というチェックボックスをONにする、という点だけ注意しましょう。

動作を確認する

インストールが完了したら、Node.jsが動くことを確認しておきましょう。コマンドプロンプトまたはターミナルを起動し、以下のように実行してください。

```
node --version
```

これは、Node.jsのバージョンを表示するコマンドです。これで「vXX.XXX」(Xは任意のバージョン)といったバージョン番号が表示されれば、問題なくNode.jsがインストールされています。

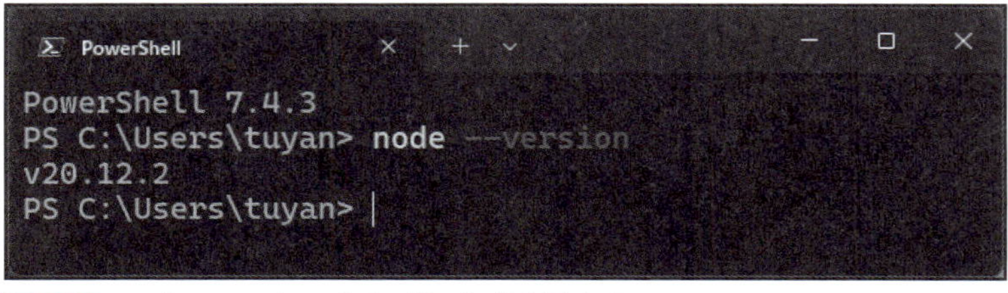

図2-2 node --versionでバージョンを表示する。

コラム Node.jsのバージョン番号と「LTS」 Column

本書では「LTS」と表示されているバージョンをダウンロードして使うことにします。このLTSは、「Long-Term Support」の略で、長期間サポートされることを示すものです。

Node.jsのバージョンには2つの種類があります。1つは、長い期間、安定してサポートされ続けるバージョンで、これは通常、偶数のバージョンがあてられます。もう1つは短期間のサポートしかない代わりに、新しい機能などを意欲的に盛り込んだバージョンで、通常は奇数バージョンがあてられます。

トップページの「Download Node.js (LTS)」ボタンを使うと、常に最新のLTSがダウンロードされます。本書では、ver. 20をベースに説明を行っていきます。

Reactプロジェクトを作成する

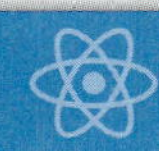

では、実際にReactのプロジェクトを作成してみましょう。Reactプロジェクトの作り方にはいくつかの方法があります。専用のプログラムを使ってプロジェクトを自動生成することもありますし、必要なフォルダーやファイルを手作業で作成していくやり方もあります。

まずは、すべてのファイルやフォルダーを1つ1つ手作業で作成してプロジェクトを作ってみましょう。そうすることで、Reactプロジェクトの構造や1つ1つのファイルの働きが理解できるはずです。

では、ターミナルなどのコマンドを実行できるプログラムを起動し、プロジェクトを作成する場所に移動しておきましょう。デスクトップに作成するなら、「cd Desktop」と実行すればカレントディレクトリをデスクトップに移動します。

移動したら、以下の手順に沿って作業をしてください。

●1. プロジェクトフォルダーの用意

まずはプロジェクトのフォルダーを用意します。ここでは「react_initial_app」という名前で作成することにしましょう。以下のコマンドを続けて実行してください。

```
mkdir react_initial_app
cd react_initial_app
```

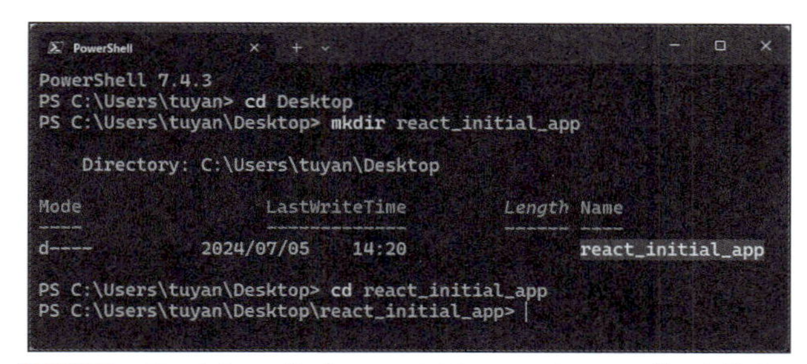

図2-3　デスクトップに「react_initial_app」フォルダーを作成し、その中に移動する。

●2. パッケージの初期化

「react_initial_app」フォルダーをパッケージとして初期化します。Node.jsでは、プログラムを「パッケージ」と呼ばれる形で管理します。プロジェクトして使うためには、このフォルダーにも、パッケージとしての設定情報などを作成しておく必要があります。

ターミナルから以下のコマンドを実行してください。

```
npm init -y
```

これでフォルダー内に「package.json」というファイルが作成され、そこにパッケージ情報が記述されます。この「npm init」というコマンドが、フォルダーをパッケージとして初期化するためのものです。「-y」をつけると、初期化時に入力するすべての項目をデフォルトで自動設定します。

```
PS C:\Users\tuyan\Desktop\react_initial_app> npm init -y
Wrote to C:\Users\tuyan\Desktop\react_initial_app\package.json:

{
  "name": "react_initial_app",
  "version": "1.0.0",
  "main": "index.js",
  "scripts": {
    "test": "echo \"Error: no test specified\" && exit 1"
  },
  "keywords": [],
  "author": "",
  "license": "ISC",
  "description": ""
}

PS C:\Users\tuyan\Desktop\react_initial_app>
```

図2-4　npm init -yでパッケージを初期化する。

●3. Reactのインストール

では、Reactのプログラムをインストールしましょう。Reactを使うには、React本体とReact DOMというパッケージが必要となります。以下のコマンドでこれらをインストールします。

```
npm install react@latest react-dom@latest
```

これで最新版のReactとReact DOMがインストールされます。ただし、本書執筆時点ではまだReact 19は正式リリースされていないため、これでインストールされるのはver. 18.x.xといったver. 18の最新バージョンになります。

正式リリースされる前にver. 19をインストールしたい場合は以下のように実行してください。これでRC版のReact DOM 19がインストールされます。

```
npm install react@next react-dom@next
```

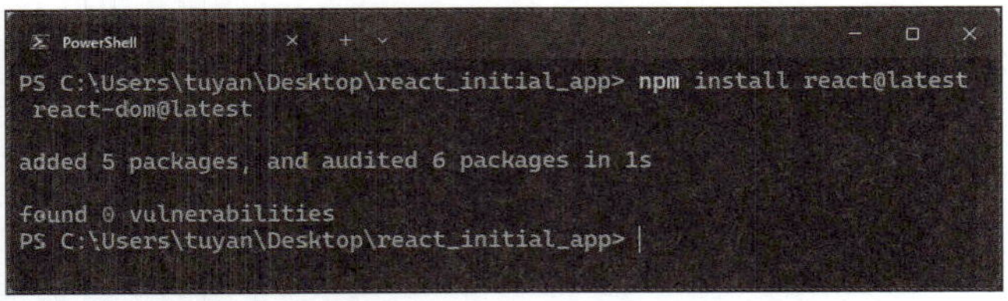

```
PS C:\Users\tuyan\Desktop\react_initial_app> npm install react@latest
 react-dom@latest

added 5 packages, and audited 6 packages in 1s

found 0 vulnerabilities
PS C:\Users\tuyan\Desktop\react_initial_app> |
```

図2-5 ReactとReact DOMをインストールする。

●4. BabelとWebpackのインストール

Reactの開発に必要となる「Babel」と「Webpack」というパッケージをインストールします。これは結構たくさんあるので複数のコマンドに分けてあります。

```
npm install --save-dev @babel/core @babel/preset-env
npm install --save-dev @babel/preset-react babel-loader
npm install --save-dev webpack webpack-cli
npm install --save-dev webpack-dev-server
npm install --save-dev html-webpack-plugin
```

ここでは「@babel/core」「@babel/preset-env」「@babel/preset-react」「babel-loader」「webpack」「webpack-cli」「webpack-dev-server」「html-webpack-plugin」という全部で8個のパッケージをインストールしています。

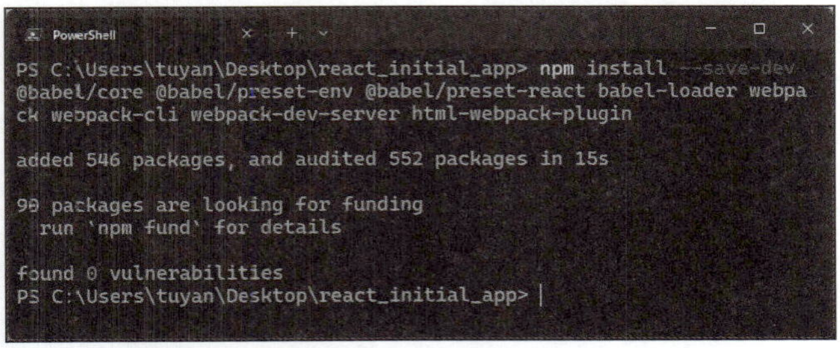

```
PS C:\Users\tuyan\Desktop\react_initial_app> npm install --save-dev
@babel/core @babel/preset-env @babel/preset-react babel-loader webpa
ck webpack-cli webpack-dev-server html-webpack-plugin

added 546 packages, and audited 552 packages in 15s

90 packages are looking for funding
  run `npm fund` for details

found 0 vulnerabilities
PS C:\Users\tuyan\Desktop\react_initial_app> |
```

図2-6 BabelとWebpackをインストールする。

●5.「package.json」の修正

パッケージ情報を記述してある「package.json」を開いてください。この中に、以下のような記述があるので探してください。

リスト2-1

```
"scripts": {
  "test": "echo ¥"Error: no test specified¥" && exit 1"
},
```

この部分を以下のように修正します。他のところは書き換えたりしないように注意してください。

リスト2-2

```
"scripts": {
  "start": "webpack serve --mode development",
  "build": "webpack --mode production"
},
```

●6.「.babelrc」の作成

続いて、Babelというプログラムのための設定情報ファイルを用意します。Babelは、Reactのコードを通常のJavaScriptのコードに変換するのに必要なものです。

フォルダー内に「.babelrc」という名前でファイルを作成してください。そして以下のように記述をします。

リスト2-3

```
{
  "presets": ["@babel/preset-env", "@babel/preset-react"]
}
```

●7.「webpack.config.js」の作成

Webpackというプログラムのための設定情報ファイルを作成します。これはプロジェクトからWebアプリケーションのファイルを生成するのに必要なものです。

フォルダー内に「webpack.config.js」という名前でファイルを作成してください。そして以下のように記述をします。長いので間違えないようにしましょう。

リスト2-4

```
const path = require('path');
const HtmlWebpackPlugin = require('html-webpack-plugin');
```

```
module.exports = {
  entry: './src/index.js',
  output: {
    path: path.resolve(__dirname, 'dist'),
    filename: 'bundle.js'
  },
  module: {
    rules: [
      {
        test: /¥.(js|jsx)$/,
        exclude: /node_modules/,
        use: {
          loader: 'babel-loader'
        }
      },
      {
        test: /¥.css$/,
        use: ['style-loader', 'css-loader']
      }
    ]
  },
  resolve: {
    extensions: ['.js', '.jsx']
  },
  plugins: [
    new HtmlWebpackPlugin({
      template: './src/index.html'
    })
  ],
  devServer: {
    static: [
      {
        directory: path.join(__dirname, 'dist')
      },
      {
        directory: path.join(__dirname, 'public'),
        publicPath: '/'
      }
    ],
    compress: true,
    port: 3000
  }
};
```

プロジェクトの土台は完成

これで、プロジェクトの基本的な部分は完成しました。後は、実際に動かすプログラムの部分(HTMLファイルやJavaScriptなど)を作成していくだけです。

ここまでできたら、フォルダーごとバックアップを取っておきましょう。いずれ新たにプロジェクトを作成するようなときがあったら、ここまで作ったものを元にファイルを追加していけばいいのですから。

ここまで、いくつかのファイルを作成したり修正したりしましたが、これらはReactの機能ではなく、Reactのプログラムを作成し動かすために必要となる設定類です。これらはプロジェクトの基本部分が完成すれば、後はほとんど修正することはありません。

したがって、作成してしまえば後はほとんど使わないものなので、その内容をここで理解する必要はありません。「よくわからないけど、この通りに書けばReactプロジェクトが動くらしい」という程度に考えておきましょう。

Reactのプログラムを作る

では、プロジェクトにプログラムを作成しましょう。プロジェクトのフォルダー(「react_initial_app」フォルダー)の中に「src」というフォルダーを作成してください。Webアプリケーションのためのコード類は、この「src」フォルダーの中に作成していきます。

まずはHTMLファイルからです。「src」フォルダーの中に「index.html」というファイルを作成し、以下のように記述をします。

リスト2-5

```
<!DOCTYPE html>
<html lang="ja">
<head>
  <meta charset="UTF-8">
  <meta name="viewport"
    content="width=device-width, initial-scale=1.0">
  <title>React App</title>
</head>
<body>
  <div id="root"></div>
</body>
</html>
```

見ればわかるように、ボディ部分に<div id="root">という要素を1つ配置してあるだけの非常にシンプルなものです。奇妙なことに、Reactのプログラムをロードするための<script>がありません。JavaScriptのための記述が一切ないのです。不思議ですが、これでいいのです。

JavaScriptのコードを作成する

では､Reactを使ったJavaScriptのコードを作成しましょう。「src」フォルダー内に「index.js」という名前でファイルを作成してください。そして以下の内容を記述します。

リスト2-6

```
import React from 'react';
import ReactDOMClient from 'react-dom/client';

const root = document.getElementById('root');
const rootElement = ReactDOMClient.createRoot(root);

const h1 = React.createElement('h1',{},'Hello, React!!');
const p = React.createElement('p',{},'this is React sample application.');
const div = React.createElement('div',{},[h1,p]);

rootElement.render(div);
```

基本的な内容は、前章で作成したコードとほぼ同じようなものですからわかるでしょう。ただし、import文の書き方がちょっと変わっていますね。以下のようになっています。

```
import React from 'react';
import ReactDOMClient from 'react-dom/client';
```

今回は、プロジェクトにReactとReact DOMのパッケージがインストール済みなので、これらはパッケージ名を指定するだけで使うことができます。

import React from 'react'; は、reactモジュールからReactオブジェクトをインポートするものです。import ReactDOMClient from 'react-dom/client'; は、同様にreact-dom/clientというモジュールからReactDOMClientオブジェクトをインポートします。

npmのパッケージでは、このようにしてパッケージから必要なモジュールを読み込んで利用できます。

```
import オブジェクト from モジュール;
```

こうした文を記述するだけで、さまざまなパッケージから必要なものを読み込んで使うことができます。こうした外部プログラムの扱いやすさがパッケージを利用する最大の利点と言えるでしょう。

プロジェクトを実行する

では、プロジェクトを実行してみましょう。実行もターミナルからコマンドで行います。以下のコマンドを実行してください。

```
npm start
```

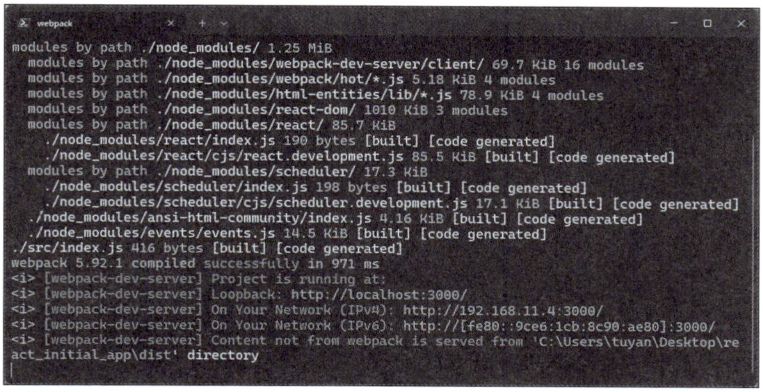

```
modules by path ./node_modules/ 1.25 MiB
  modules by path ./node_modules/webpack-dev-server/client/ 69.7 KiB 16 modules
  modules by path ./node_modules/webpack/hot/*.js 5.18 KiB 4 modules
  modules by path ./node_modules/html-entities/lib/*.js 78.9 KiB 4 modules
  modules by path ./node_modules/react-dom/ 1010 KiB 3 modules
  modules by path ./node_modules/react/ 85.7 KiB
    ./node_modules/react/index.js 190 bytes [built] [code generated]
    ./node_modules/react/cjs/react.development.js 85.5 KiB [built] [code generated]
  modules by path ./node_modules/scheduler/ 17.3 KiB
    ./node_modules/scheduler/index.js 198 bytes [built] [code generated]
    ./node_modules/scheduler/cjs/scheduler.development.js 17.1 KiB [built] [code generated]
  ./node_modules/ansi-html-community/index.js 4.16 KiB [built] [code generated]
  ./node_modules/events/events.js 14.5 KiB [built] [code generated]
./src/index.js 416 bytes [built] [code generated]
webpack 5.92.1 compiled successfully in 971 ms
<i> [webpack-dev-server] Project is running at:
<i> [webpack-dev-server] Loopback: http://localhost:3000/
<i> [webpack-dev-server] On Your Network (IPv4): http://192.168.11.4:3000/
<i> [webpack-dev-server] On Your Network (IPv6): http://[fe80::9ce6:1cb:8c90:ae80]:3000/
<i> [webpack-dev-server] Content not from webpack is served from 'C:\Users\tuyan\Desktop\react_initial_app\dist' directory
```

図2-7 npm startでプロジェクトを実行する。

これでプロジェクトが実行され、ずらっと実行時のメッセージが出力されています。出力が止まったら、Webブラウザから以下のアドレスにアクセスしてください。

```
http://localhost:3000/
```

これで、「Hello, React!!」と表示されたページが現れます。これが作成したWebページです。

今回のプロジェクトでは、Webpack Dev Serverという開発用サーバープログラムを使ってアプリケーションを起動するようになっています。これを使ってWebページにアクセスし、動作を確認するようになっているのですね。

開発サーバーを停止するには、Ctrlキーを押したまま「C」キーを押します。これで、ターミナルに「Terminate batch job (Y/N)?」と出力されるので、「y」をタイプしEnterすればサーバーが終了します。

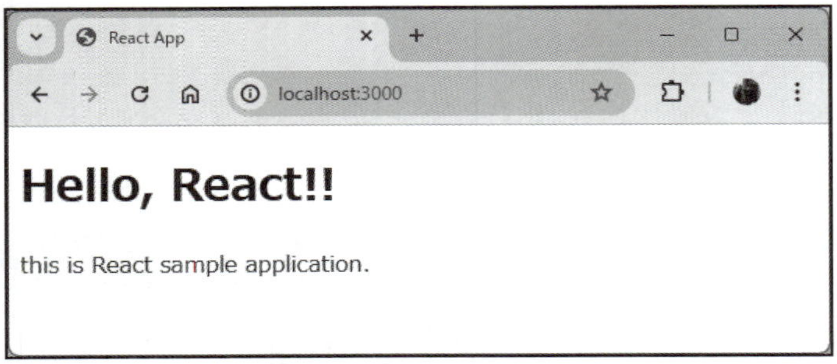

図2-8　Webページにアクセスする。

TypeScriptの利用について

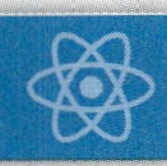

これでReactのプロジェクトが作成できましたが、ここではすべてのコードをJavaScriptで記述していますね。これでももちろんReact開発は行えるのですが、最近ではJavaScriptではなく「TypeScript」を使って開発を行うことも増えています。

TypeScriptは、Webの開発で急速に利用を増やしているスクリプト言語です。これは「トランスコンパイラ言語」と呼ばれるものです。トランスコンパイラとは、あるコードを別の言語のコードに変換するものです。

Webブラウザで動作する言語は、JavaScriptしかありません。それ以外の言語は使うことができません。TypeScriptは、TypeScriptの文法に従って書かれたソースコードをJavaScriptのコードに変換します。つまり「TypeScriptのコードを書く→JavaScriptに変換→変換したコードをHTMLから読み込んで動かす」というようにして利用するのですね。

なぜ、そんな面倒なことをしてまでTypeScriptを使うのか。それは、TypeScriptがJavaScriptにはない強力な機能を持っているからです。

TypeScriptとは？

TypeScriptは、JavaScriptに型定義の機能を追加した言語です。

JavaScriptでは、変数に型を指定できず、どんな型の値でも自由に代入することができます。しかしTypeScriptでは、変数に型を導入することで、指定した型以外の値を代入できないようにします。これにより「この変数にはこの型の値しか代入できない」ということを保証します。

本格的な開発になってくると、JavaScriptのどんな型でも自由に代入できる変数では思いもしない値が代入されることで予想外のエラーが発生する危険があります。厳格に型を指定できるTypeScriptは、コードの安全性という観点から特に大規模な開発で広く使われるようになっているのです。

Reactは、より高度なWeb表現を考える現場で利用されています。こうしたところでは、開発にTypeScriptを採用しているところも多いでしょう。Web開発の進化を考えたなら、これからのReact開発はTypeScriptベースが基本となるかもしれません。

TypeScriptは、基本的な文法がJavaScriptとほぼ同じなので、誰でもすぐに利用を開始できます。そこで、TypeScriptベースのReactプロジェクトについても作成してみましょう。

TypeScriptプロジェクトを作成する

では、ターミナルを起動し、デスクトップにカレントディレクトリを移動してください。先ほど作成した「react_initial_app」を利用中の場合は、Ctrlキー+「C」キーでサーバーを停止し、「cd ..」で「react_initial_app」フォルダーの外に出てデスクトップにカレントディレクトリを戻しましょう。

そして以下に従って新しいプロジェクトを作成してください。

●1.「react_initial_ts_app」フォルダーの作成

では、作業しましょう。プロジェクト作成の手順は、先ほどのJavaScriptベースの場合とだいたい同じです。まず、プロジェクトのフォルダーを作成し、その中に移動します。ターミナルから以下を実行してください。

```
mkdir react_initial_ts_app
cd react_initial_ts_app
```

ここでは「react_initial_ts_app」という名前のフォルダーを作成しました。この中にプロジェクトを作成していきます。

●2. パッケージの初期化

では、パッケージの初期化を行いましょう。以下のコマンドを実行し、package.jsonファイルを作成してください。

```
npm init -y
```

●3. Reactのインストール

必要なパッケージ類をインストールしていきます。まず、Reactからです。既にver. 19が正式リリースされている場合は以下を実行してください(正式リリース前ならカッコ内の命令を実行してください)。

```
npm install react@latest react-dom@latest
(npm install react@next react-dom@next)
```

●4. TypeScriptのインストール

TypeScript関連のパッケージをインストールします。以下のコマンドを実行してください。これはTypeScriptと、React関係のTypeScript用型定義のパッケージです。

```
npm install --save-dev typescript @types/react @types/react-dom
```

●5. ツール類のインストール

続いて、BabelやWebpackといった開発で必要となるツール類のプログラムをインストールします。以下を実行してください。

```
npm install --save-dev @babel/core  babel-loader
npm install --save-dev @babel/preset-env
npm install --save-dev @babel/preset-react
npm install --save-dev @babel/preset-typescript
npm install --save-dev webpack webpack-cli
npm install --save-dev webpack-dev-server
npm install --save-dev html-webpack-plugin
```

●6. Babel設定ファイルの作成

Babelの設定ファイルを作成します。プロジェクトのフォルダー内に「.babelrc」という名前でファイルを作成し、以下を記述します。

リスト2-7

```
{
  "presets": ["@babel/preset-env", "@babel/preset-react", ↲
    "@babel/preset-typescript"]
}
```

●7. webpack.config.jsの作成

続いて、Webpackの設定ファイルを作ります。プロジェクトフォルダー内に「webpack.config.js」という名前でファイルを作成し、以下のコードを記述します。これは、先に作成したものとは微妙に内容が異なります。同じだと思ってコピー＆ペーストしないでください。

リスト2-8

```
const path = require('path');
const HtmlWebpackPlugin = require('html-webpack-plugin');
```

```
module.exports = {
  entry: './src/index.tsx',
  output: {
    path: path.resolve(__dirname, 'dist'),
    filename: 'bundle.js'
  },
  module: {
    rules: [
      {
        test: /¥.(ts|tsx)$/,
        exclude: /node_modules/,
        use: {
          loader: 'babel-loader'
        }
      },
      {
        test: /¥.css$/,
        use: ['style-loader', 'css-loader']
      }
    ]
  },
  resolve: {
    extensions: ['.ts', '.tsx', '.js', '.jsx']
  },
  plugins: [
    new HtmlWebpackPlugin({
      template: './src/index.html'
    })
  ],
  devServer: {
    static: [
      {
        directory: path.join(__dirname, 'dist')
      },
      {
        directory: path.join(__dirname, 'public'),
        publicPath: '/'
      }
    ],
    compress: true,
    port: 3000
  }
};
```

●8. TypeScript用設定ファイルの作成

次はTypeScriptのための設定ファイルを用意します。プロジェクトフォルダー内に「tsconfig.json」という名前のファイルを作成してください。そして以下のようにコードを記述しましょう。

リスト2-9

```
{
  "compilerOptions": {
    "target": "ES5",
    "module": "ESNext",
    "jsx": "react-jsx",
    "strict": true,
    "moduleResolution": "node",
    "esModuleInterop": true,
    "skipLibCheck": true,
    "forceConsistentCasingInFileNames": true
  },
  "include": ["src"]
}
```

●9. package.jsonの修正

パッケージの情報を記述するpackage.jsonを開いてください。そして"scripts"という項目の内容を以下に書き換えます。これは、先にJavaScriptのプロジェクトで行ったのと同じ修正です。

リスト2-10

```
"scripts": {
  "start": "webpack serve --mode development",
  "build": "webpack --mode production"
},
```

Reactのコードを用意する

プロジェクトに必要な設定ファイル類は用意できました。後はWebページのためのファイルを作成していくだけです。

では、プロジェクトのフォルダー内に「src」というフォルダーを作成してください。この中にソースコードファイル類を作成していきます。

まずはHTMLファイルを作成しましょう。「src」フォルダーの中に「index.html」という名前のファイルを作成してください。そして以下のように記述をしておきます。

リスト2-11

```
<!DOCTYPE html>
<html lang="ja">
<head>
  <meta charset="UTF-8">
  <meta name="viewport"
    content="width=device-width, initial-scale=1.0">
  <title>React TypeScript App</title>
</head>
<body>
  <div id="root"></div>
</body>
</html>
```

今回も、用意するHTMLのコードは基本的に同じです。<script>は一切なく、ボディには<div id="root">という要素が1つあるだけです。

TypeScriptのソースコードファイル

続いて、TypeScriptのファイルを用意します。「src」フォルダー内に、新たに「index.tsx」という名前のファイルを作成してください。その内容は以下の通りです。

リスト2-12

```
import React from 'react'
import ReactDOMClient from 'react-dom/client'

const root = document.getElementById('root')
const rootElement = ReactDOMClient.createRoot(root!)

const h1 = React.createElement('h1',{key:1},
  'TypeScript & React')
const p = React.createElement('p',{key:2},
  'this is TypeScript & React sample application.')
const div = React.createElement('div',{},[h1,p])

rootElement.render(div)
```

基本的なコードの流れは先ほど作成したindex.jsとだいたい同じです。<h1>と<p>のエレメントを作り、これを<div>に組み込んでこれをレンダリングします。

これで、TypeScriptベースのReactプロジェクトが作成できました。実際に「npm start」

コマンドでプロジェクトを実行し、Webブラウザからhttp://localhost:3000/にアクセスして表示を確認しましょう。

図2-9　Webページにアクセスし、表示を確認する。

Chapter 1
Chapter 2
Chapter 3
Chapter 4
Chapter 5
Chapter 6
Chapter 7
Chapter 8

プロジェクトのビルド

作成したプロジェクトは、そのまま使うわけにはいかないでしょう。実際に利用する際に、「プロジェクトをアップロードして開発用サーバーを起動して……」などと行うわけにはいきません。用意されている開発用サーバーは、あくまで開発時に使うものであり、製品として使えるような完成度の高いサーバー機能を提供するものではないのです。

では、Reactのプロジェクトは、実際にはどうやって使うのか。それは、プロジェクトをビルドし、実際に利用するWebのファイルを生成してWebサーバーにアップロードするのです。

プロジェクトのビルドは、以下のコマンドで行えます。

```
npm run build
```

これは、先ほどpackage.jsonの"scripts"に追加したコマンドです。これにより、「webpack --mode production」というコマンドが実行され、プロジェクトから製品版のファイルを生成します。生成されたファイルは「dist」というフォルダーに保存されます。コマンドを実行すると、この中に以下のようなファイルが作成されます。

index.html	WebページとなるHTMLファイル。
bundle.js	JavaScriptのスクリプトファイル。
bundle.js.LICENSE.txt	bundle.jsのライセンス情報。

この他、例えばイメージファイルやCSSファイルなどを利用している場合は、それらも必要に応じて「dist」フォルダーにコピーされます。

これらは、作成したプロジェクトのファイルとはまったく別のものです。例えば、index.htmlは、プロジェクトの「src」フォルダーに用意しているindex.htmlとは内容が微妙に異なります(bundle.jsをロードして動くように修正されています)。

またbundle.jsは、「src」フォルダー内に作成されたすべてのJavaScript/TypeScriptのコードを1つにまとめ、正常に動作する形に変換しています。

Reactは、React内からさらに別のパッケージなどをロードして動くようになっており、Reactを動かすためにはそれら依存パッケージのスクリプトもないといけません。そうした依存するパッケージ類のスクリプトまですべてひとまとめにして、「これ1つあれば全部動く」というようにしたのがbundle.jsなのです。

この「dist」フォルダーに保存されたファイルをすべてWebサーバーにアップロードしてindex.htmlにアクセスすれば、プロジェクトで作成したアプリがそのまま動きます。

 JavaScriptもTypeScriptも内容は同じ 

JavaScriptベースのプロジェクトとTypeScriptベースのものでは、作成した設定ファイルの内容などが若干異なっています。これはプロジェクトを実行する際、TypeScriptコードをJavaScriptに変換するための記述が追加されているためです。

しかし、コードや設定情報は多少違いがありますが、実行して表示されるWebページは(同じ内容なら)同じものになるでしょう。

プロジェクトを実行する際、Webpackという Webアプリケーションをパッケージにまとめるプログラムにより、TypeScriptのコードはすべてJavaScriptにトランスコンパイルされ、それを用いてWebページのコードが生成されます。ビルド時に処理される内容は多少違いますが、生成されるコードはJavaScriptでもTypeScriptでもほぼ同じようなものになるのです。

Section 2-2

Create React App の利用

Create React Appを利用する

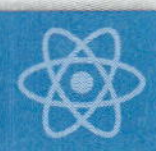

Reactプロジェクトを実際に作成してみましたが、いかがでしたか。「思ったよりも難しい」「面倒くさい」と感じた人はきっと多かったはずです。

Reactのプロジェクトは、JavaScriptのコードやHTMLファイルを変換して実際にWebブラウザで表示するコードを生成します。またTypeScriptを使用している場合は、そのコードをJavaScriptに変換する作業も追加されます。こうしたWebアプリ生成に必要な作業をコマンドですべて自動実行されるようにプロジェクトを組み立てていかないといけません。プロジェクトに用意した各種の設定ファイルは、そうした働きに必要なものだったのですね。

しかし、よくわからない設定ファイルを内容がわからないままいくつも作成していかないといけないのは、正直、結構な負担でしょう。もっと簡単にReactプロジェクトを作成することはできないのでしょうか。

Create React Appについて

実は、そうした方法がないわけではありません。もっと簡単にプロジェクトを作成したいなら、「Create React App」というプログラムを利用するのです。

これは、特にインストールなどは必要ありません。これは、Node.jsに組み込まれている「npx」というプログラムを使います。これはコマンドプログラムで、コマンドプロンプトやターミナルから実行します。

「Create React App」は、単一ページの React アプリケーションを作成する方法として公式にサポートされているものです。1枚だけのWebページで完結するReactアプリケーションを作成するなら、このCreate React Appを利用するのが最適です。

これはNode.jsのパッケージとして提供されており、ターミナルなどのコマンド実行するプログラムから簡単に利用することができます。

Create React Appでプロジェクトを作成する

では、Create React Appでプロジェクトを作成しましょう。Create React Appの利用法はいくつかありますが、「npx create-react-app」というコマンドがもっとも使いやすいでしょう。このコマンドは、その後にプロジェクト名を続けて書いて実行します。

```
npx create-react-app プロジェクト名
```

これで、その場にプロジェクト名のフォルダーを作成し、そこにプロジェクトのファイルなどを作成します。

npx create-react-appを実行する

では、実際にコマンドを使ってプロジェクトを作成してみましょう。コマンドプロンプトまたはターミナルを起動してください。そして、cdコマンドを使い、プロジェクトを作成する場所に移動をしましょう。

ここではデスクトップに作成することにします。先ほど作成したプロジェクトを使用中なら「cd ..」でフォルダーの外に出てください。新たにターミナルを起動したなら「cd Desktop」を実行してください。

そして、以下のようにコマンドを実行してください。

```
npx create-react-app react_js_app
```

```
PowerShell 7.4.3
PS C:\Users\tuyan> cd Desktop
PS C:\Users\tuyan\Desktop> npx create-react-app react_js_app

Creating a new React app in C:\Users\tuyan\Desktop\react_js_app.

Installing packages. This might take a couple of minutes.
Installing react, react-dom, and react-scripts with cra-template...


added 1482 packages in 34s

262 packages are looking for funding
  run `npm fund` for details

Installing template dependencies using npm...

added 63 packages, and changed 1 package in 3s

262 packages are looking for funding
  run `npm fund` for details
Removing template package using npm...
```

図2-10　npx create-react-appでプロジェクトを作成する。

実行すると、その場に「react_js_app」というフォルダーを作成し、その中にファイルやフォルダー類を作成していきます。この「react_js_app」フォルダーが、Reactアプリケーションのプロジェクトです。プロジェクトは、このようにフォルダーの形で作成されます。この中に、アプリケーション開発に必要なものがすべて揃えられているのです。

npmで実行するには

このCreate React Appは、npmというコマンドでも使えます。ただし少し書き方が違います。

```
npm create react-app プロジェクト名
```

これで、先ほどのnpx create-react-appとまったく同じようにプロジェクトが作成できます。作られるプロジェクトの内容も同じものですから、どちらでも好きなほうを覚えておけばいいでしょう。

TypeScript版のプロジェクト作成

これで、Reactを利用したプロジェクトが作成できました。では、TypeScriptベースのプロジェクトを作成する場合はどうするのでしょうか。

これは、コマンドに「--template typescript」というオプションをつけて実行します。デスクトップに移動し、以下のコマンドを実行してみましょう。

```
npx create-react-app react_ts_app --template typescript
```

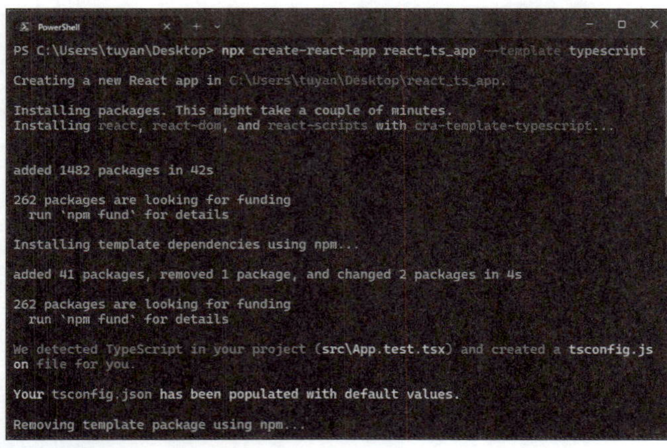

図2-11 TypeScriptベースのプロジェクトを作成する。

これで、TypeScriptベースによるReactプロジェクトが作成されます。ここでは「react_ts_app」というフォルダーにプロジェクトを作成してあります。

JavaScript版との違い

作成されたプロジェクトは、基本的にはJavaScriptベースのものとほとんど違いはありません。プロジェクトの内容については後ほど改めて触れますが、違いは以下の2点のみです。

- TypeScriptの設定ファイル(tsconfig.json)が追加されている。
- 「src」フォルダーに作成されているReactを利用したコードが、JavaScriptのファイル(App.js、index.jsなど)からTypeScriptのファイル(App.tsx、index.tsx)に変わっている。

「src」フォルダー内のJavaScriptファイルがTypeScriptファイルに変わっているものは、内容は基本的に同じです。ただ、JavaScriptで書かれていたものがTypeScriptで書かれたものに変わっているというだけですので、その内容が変わるわけではありません。

最新版Reactへのアップデートについて

Create React Appは非常に便利なものですが、本書執筆時(2024年7月)の時点では、次期バージョンであるReact 19にまだ対応していません。このため、生成されるプロジェクトはその前のReact 18.3というバージョンをベースにしたものになります。

いずれCreate React Appがアップデートされれば、React 19に対応するようになるでしょう。しかし現時点では最新バージョンに未対応である、ということは頭に入れておいてください。

Create React Appで作成されたプロジェクトのReactを正式リリース前のver. 19にアップデートしたい場合は、プロジェクト作成後、以下のコマンドを実行してReactとReact DOMを更新します。

```
npm install react@next react-dom@next
```

ただし、Create React Appコマンドそのものが現時点ではReact 19に正式対応していないため、これでReactを更新すればすべて最新バージョンで動くようになることは保証できません。アップデートにより実行時にエラーが発生したり、アップデート時に他のパッケージのバージョンとの不整合が発生し更新に失敗する可能性もあります。各自の判断で行ってください。

React 18.3は、React 19への移行を考えて機能強化されており、ほとんど同じ感覚で扱うことができます。ですから、アップデートに不安を感じる人は、無理にReact 19へのアップデートを考えず、React 18.3ベースで学習を進めてください。それで基本的には問題ありません。

待っていればいずれReact 19が正式リリースされますから、そうなってからアップデートし利用すればいいでしょう。

プロジェクト操作のコマンドについて

Chapter 1
Chapter 2
Chapter 3
Chapter 4
Chapter 5
Chapter 6
Chapter 7
Chapter 8

コマンドを使ってプロジェクトを作成すると、作成が完了した後で、以下のようなテキストが出力されているのに気がついたことでしょう。

```
Success! Created react_js_app at C:¥Users¥tuyan¥Desktop¥react_js_app
Inside that directory, you can run several commands:

  npm start
    Starts the development server.

  npm run build
    Bundles the app into static files for production.

  npm test
    Starts the test runner.

  npm run eject
    Removes this tool and copies build dependencies, configuration files
    and scripts into the app directory. If you do this, you can' t go back!

We suggest that you begin by typing:

  cd react_js_app
  npm start

Happy hacking!
```

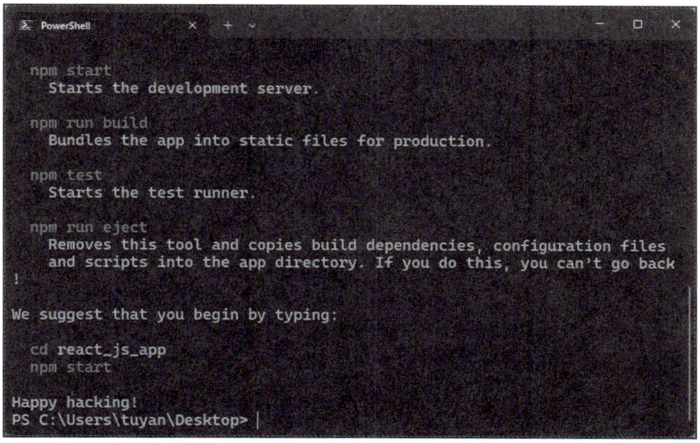

```
PowerShell

  npm start
    Starts the development server.

  npm run build
    Bundles the app into static files for production.

  npm test
    Starts the test runner.

  npm run eject
    Removes this tool and copies build dependencies, configuration files
    and scripts into the app directory. If you do this, you can't go back
!

We suggest that you begin by typing:

  cd react_js_app
  npm start

Happy hacking!
PS C:\Users\tuyan\Desktop> |
```

図2-12 create-react-appコマンドでは最後に以下のようなコマンドの説明が出力される。

これらは、作成したプロジェクトの操作に関する説明テキストです。作成したプロジェクトにはいくつかのコマンドが用意されており、その説明が出力されていたのです。

なお、標準ではnpmというコマンドについて説明が表示されますが、それ以外のパッケージ管理ツール(yarnなど)がインストールされている場合、それらのコマンドによる説明が出力される場合もあります。

では、出力されたコマンドの働きを簡単に説明しましょう。

```
npm start
```

先に手作業でプロジェクトを作成したときに使いましたね。開発用のサーバープログラムを使ってプロジェクトを実行するコマンドです。その場でWebブラウザでアクセスし、動作を確認できます。

```
npm run build
```

プロジェクトのビルドを行います。これは、プロジェクトのファイルから、実際にWebサーバーにアップロードして利用するファイル類を生成する作業です。

```
npm test
```

テストプログラムを実行し、アプリケーションのテストを行います。

```
npm run eject
```

プロジェクトのイジェクトを行います。これは、プロジェクトのさまざまな依存関係をすべてプロジェクト内に移動し、完全に独立した形で扱えるようにする作業です。これは当分使うことはありませんから、今すぐ働きを理解する必要はないでしょう。

これらのコマンドの中で、もっとも重要なのは「start」と「build」でしょう。startでアプリケーションの動作チェックを行い、buildでアプリケーションを生成します。この2つだけ頭に入れておくとよいでしょう。

プロジェクトを実行する

では、作成されたプロジェクトを実際に動かしてみましょう。ターミナルのカレントディレクトリがプロジェクトのフォルダー内にあることを確認し、以下を実行してください。

```
npm start
```

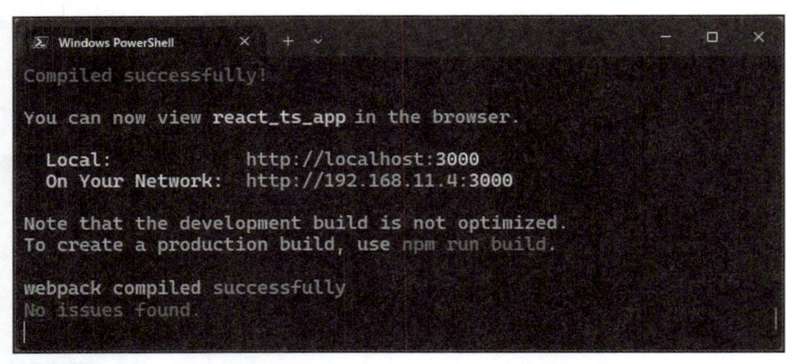

図2-13 npm startを実行すると、http://localhost:3000/でサーバーが公開される。

実行すると、Webブラウザが開かれ、「http://localhost:3000/」にアクセスをします。これが、公開されるアプリケーションのアドレスになります。

npm startは、開発用のWebサーバープログラムを起動し、そこでWebアプリケーションを公開し、アクセスできる状態にします。

アクセスすると、Reactのロゴがゆっくりと回転する画面が表示されます。これが、サンプルとして用意されているページです。とりあえず、プロジェクトを実行してWebブラウザでアプリの画面を表示する、という基本はできましたね。

動作を確認できたら、コマンドプロンプトまたはターミナルに戻り、Ctrlキーを押したまま「C」キーを押してスクリプトの実行を中断しましょう。これで開発用サーバーは終了し、またコマンドを入力できる状態になります。

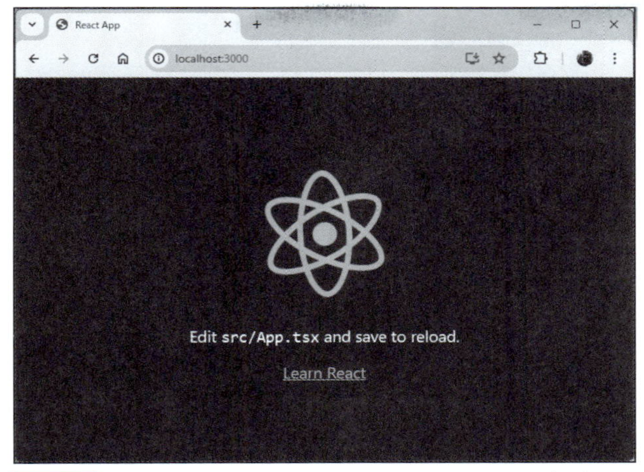

図2-14 http://localhost:3000/にアクセスし、アプリケーションの表示を確認する。

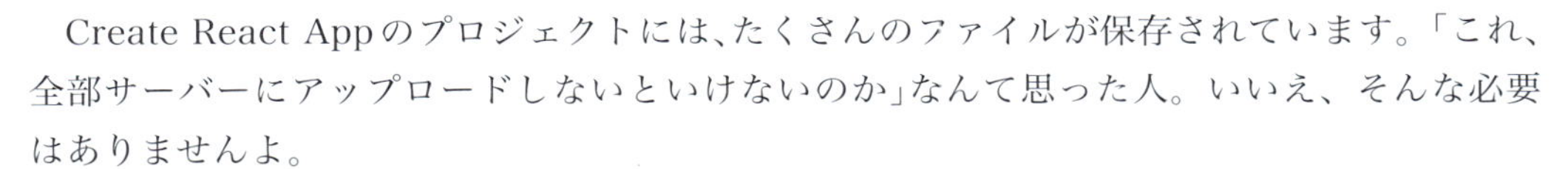

プロジェクトをビルドする

Create React Appのプロジェクトには、たくさんのファイルが保存されています。「これ、全部サーバーにアップロードしないといけないのか」なんて思った人。いいえ、そんな必要はありませんよ。

これは、プロジェクトであり、これ自体がアプリケーションそのものというわけではありません。プロジェクトは、「アプリケーションを開発するために必要なものを一通り揃えたもの」です。ここにあるものすべてがアプリケーションで必要となるわけではありません。

ビルドについて

アプリケーションとしてWebサーバーに設置するファイルは、コマンドを使ってプロジェクトをビルドして作ります。

ビルドは、先ほどの自作プロジェクトでも出てきましたね。Reactのプロジェクトは「ビルド」という作業を実行して、実際に公開するWebアプリケーションのファイルを生成します。これは、Create React Appのプロジェクトでも同じです。

では、コマンドプロンプトまたはターミナルに表示を切り替えてください。cdコマンドで、「react_ts_app」フォルダーの中に移動していますね？ その状態で、以下のコマンドを実行しましょう。

```
npm run build
```

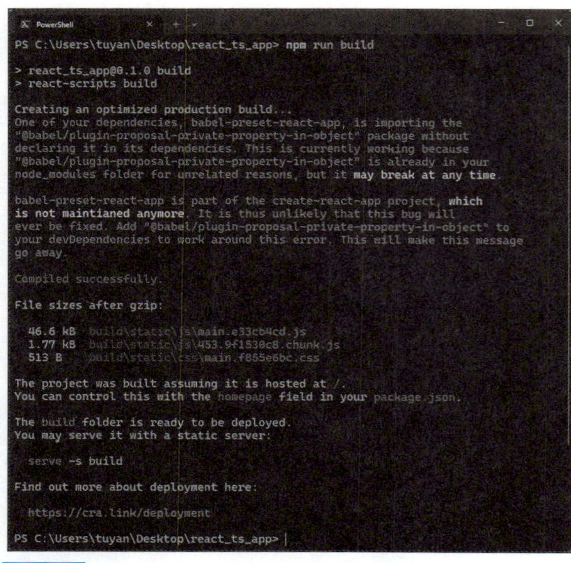

図2-15 npm run buildでビルドを実行する。

これで、プロジェクトのビルドが実行されます。ビルドが完了すると、プロジェクトのフォルダーの中に「build」というフォルダーが作成されます。これが、ビルドされたアプリケーションのフォルダーです。このフォルダーの中を見ると、index.htmlというHTMLファイルがあり、「static」フォルダーの中にJavaScriptのファイルなどがまとめられていることがわかるでしょう。

もし、作成したプロジェクトをどこかのレンタルサーバーなどを使って公開したい場合は、このフォルダーの中身を、そのままWebサーバーにアップロードすれば、react_ts_appのアプリケーションを公開することができます。フォルダーの中には、ファイルやフォルダーがいくつも用意されていますが、プロジェクト全体に比べれば非常に小さいサイズになっています。これなら、アップロードも簡単でしょう。

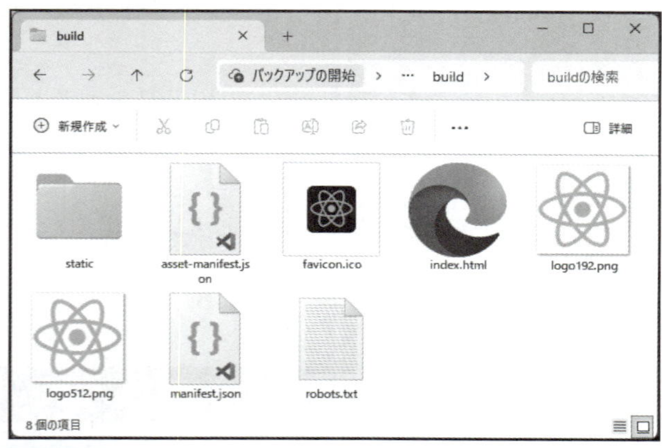

図2-16 「build」フォルダー内に作成されているファイル。これがビルドして作られたWebページになる。

ビルドしたアプリが表示されない！

ビルドした「build」フォルダーの中には、index.htmlが用意されています。アップロードした場所にアクセスすると、まずこのファイルが読み込まれ表示されるようになっています。

が、実際にこの中のindex.htmlをWebブラウザで開いてみた人の中には、「アクセスしても何も表示されない！」というケースもあったことでしょう。

実は、ビルドによって生成されるファイルでは、ファイルの指定がすべて絶対パスで指定されています。例えば、「static」フォルダーの中に「image.jpg」というファイルがあったとすると、"/static/image.jpg"と指定されています。どういうことかというと、Webサーバーのルートに設置しないと動かないようになっているのです。例えば、http://○○/taro/といった場所にアップロードすると、もうパスが正しく指定されないため表示がされなくなります。

これは、ビルドする際にホームとなるページのアドレスを設定していないために起こります。プロジェクトのフォルダー内にある「package.json」というファイルを開いてください。そして最初のほうにある、

```
{
  "name": "《名前》",
  "version": "0.1.0",
  "private": true,
```

こういう記述を探してください。見つかったら、この部分の後を改行し、以下の文を追記します。

```
  "homepage": "./",
```

これでファイルを保存し、もう一度「npm run build」コマンドでプロジェクトをビルドしてみましょう。今度は、index.htmlを開くと、ちゃんと表示されるようになります。ファイル類が絶対パスではなく相対パスで指定されるようになったためです。

もう1つのプロジェクト作成ツール「Vite」

Reactプロジェクトを作成する方法は、実はCreate React App以外にもあります。それは「Vite」を利用する方法です。

「Vite」は、「次世代フロントエンドツール(Next Generation Frontend Tooling)」として公開されているオープンソースのツールです。これは、さまざまなフロントエンドフレームワークを利用したプロジェクトを作成するためのものです。Reactのプロジェクトも、Viteで作成することができます。

本書執筆時(2024年9月)では、まだViteではReact 19に対応していません。生成されるプロジェクトは、React 18.3ベースになります。このためプロジェクト作成後、手動でver. 19をインストールしてアップデートして利用することになるでしょう。また、いずれver. 19が正式リリースされれば、Viteもver. 19に対応するはずです。

Viteでプロジェクトを作成する

では、Viteでプロジェクトを作成していきましょう。Viteは、Node.js（に内蔵されている npm)があれば利用できます。ターミナルでプロジェクトを作成する場所にカレントディレクトリを移動し、以下のコマンドを実行してください。

```
npm create vite@latest
```

これが、Viteの最新版を使ってプロジェクトを作成するコマンドです。以後、以下の手順に沿って作業してください。

●1. Project name:

プロジェクト名を入力します。デフォルトで「vite-project」と設定されているので、今回はそのままEnterしましょう。

図2-17　プロジェクト名を入力する。

●2. Select a framework:

使用するフレームワークを選択します。上下の矢印キーで「React」を選択してEnterしてください。

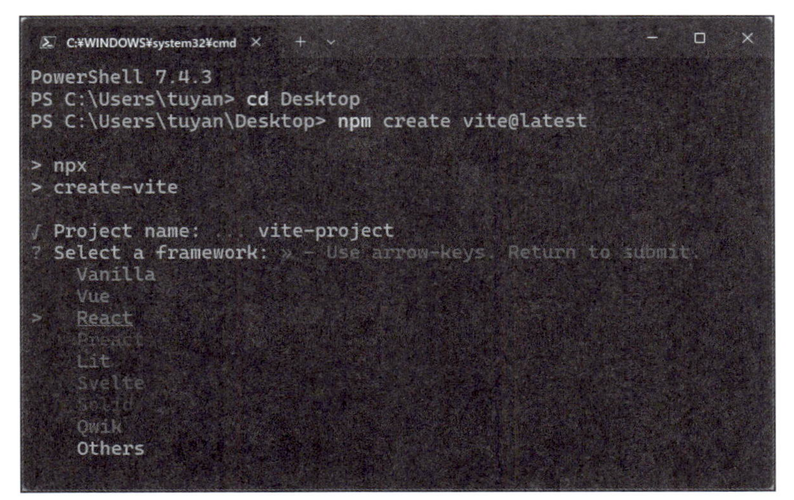

図2-18　使用するフレームワークを選ぶ。

●3. Select a variant:

使用言語を選択します。やはり上下の矢印キーを使い、「TypeScript」を選択してEnterしてください。

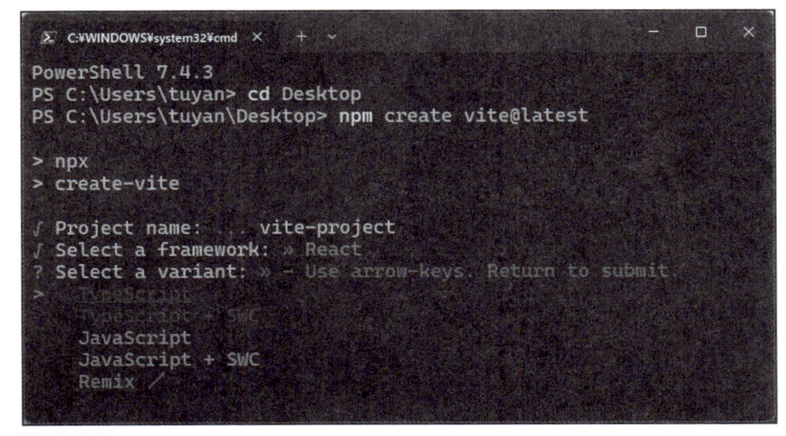

図2-19　使用言語を選ぶ。

●4. プロジェクトが生成される

これでプロジェクトが作成されます。ただし、まだnpmによるパッケージ類はインストールされていません。

```
PowerShell 7.4.3
PS C:\Users\tuyan> cd Desktop
PS C:\Users\tuyan\Desktop> npm create vite@latest

> npx
> create-vite

√ Project name: ... vite-project
√ Select a framework: » React
√ Select a variant: » TypeScript

Scaffolding project in C:\Users\tuyan\Desktop\vite-project...

Done. Now run:

  cd vite-project
  npm install
  npm run dev

PS C:\Users\tuyan\Desktop> |
```

図2-20　プロジェクトが生成される。

●5. パッケージをインストールする

そのまま以下のコマンドを実行してください。これでパッケージ類がインストールされ、プロジェクトが使える状態になります。

```
cd vite-project
npm install
```

プロジェクトを実行する

これでプロジェクトが再生されました。実際にプロジェクトを動かしてみましょう。これは以下のコマンドを実行して行います。

```
npm run dev
```

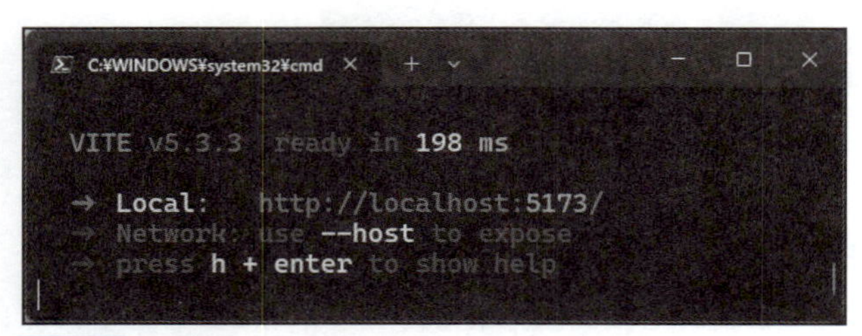

C:¥WINDOWS¥system32¥cmd
VITE v5.3.3 ready in 198 ms
➜ Local: http://localhost:5173/
➜ Network: use --host to expose
➜ press h + enter to show help

図2-21　npm run devでプロジェクトを起動する。

これを実行すると、開発用サーバーが起動し、プロジェクトが公開されます。公開URLはターミナルに表示されます。おそらく以下のようなアドレスになっているでしょう。

http://localhost:5173/

Webブラウザでこの URL にアクセスしてみてください。「Vite + React」と表示されたサンプルページが現れます。ちゃんとプロジェクトが動いていることが確認できました！

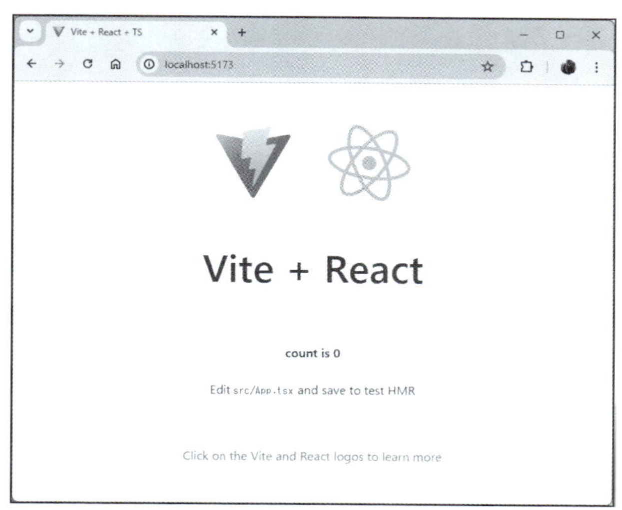

図2-22 作成したプロジェクトのWebページを表示する。

Viteか、Create React Appか？

では、プロジェクトの作成は、Create React AppとViteのどちらを利用するのがいいのでしょうか。

これは、一概にはいえません。Create React Appは、今まで広く利用されているReactプロジェクトの生成ツールですので、インターネットで公開されている多くのプロジェクトで採用されていますから情報も豊富です。

Viteは比較的新しいツールですが、これは「さまざまなフレームワークを1つのツールで使えるようになる」という点が他のツールにはない強みとなっています。Reactだけでなく、VueやSvelteといったフレームワーク、あるいは「何もフレームワークを使わないWebアプリ」の作成にもViteは使えます。「フロントエンドのフレームワークを使うなら、とりあえずViteで」というのは着実に広まりつつあります。近い将来、Reactのプロジェクト作成はViteが基本になっているかもしれません。

これまでの資産を活かしてすぐに開発を始めたいならCreate React App。React以外のフレームワークまで視野に入れてWeb開発をしていきたいのならVite。このように考えて両者をうまく使い分けましょう。

Section 2-3 プロジェクトを理解する

プロジェクトの中身をチェック！

では、作成したプロジェクトがどのようになっているのか、プロジェクトのフォルダーの中身を調べていきましょう。ここでは、Create React Appで作成したTypeScriptベースのプロジェクト(「react_ts_app」フォルダー)を使ってその中身を確認してみます(Viteで作成したプロジェクトにもいろいろなファイルが追加されていますが、基本的にはCreate React Appのプロジェクトと同じ構成になっています)。

すると、たくさんのフォルダーやファイルが作成されているのがわかります。ざっと内容を整理すると以下のようになるでしょう。

フォルダー関係

「node_modules」フォルダー	npmで管理されるモジュール類(プログラム)がまとめてあります。
「public」フォルダー	公開フォルダーです。HTMLやCSSなど公開されるファイル類が保管されます。
「src」フォルダー	ここに、Reactで作成したファイルなどがまとめられます。

ファイル関係

.gitignore	Gitというツールで使うものです。
package.json	npmでパッケージ管理するための設定情報ファイルです。
package-lock.json	npmに関する設定情報を記述したファイルです。
README.md	リードミーファイルです。
tsconfig.json	TypeScriptの設定ファイルです。

いろいろとファイルやフォルダーがありますが、「package.json」以外はどういうものか

忘れてしまって構いません(package.jsonについては後ほど説明します)。

フォルダーの中では、「src」フォルダーがもっとも重要です。ここに、Reactで作成するスクリプトなどのファイルが記述されます。このフォルダーの中のファイルを作成することが、Reactのアプリケーション開発の基本だ、と考えていいでしょう。

「public」フォルダーも、いずれ使うことになるでしょう。ここには、プログラムから利用するイメージやスタイルシートといったファイル類を配置します。これは「そういうフォルダーが用意してある」程度に覚えておけば十分です。「node_modules」フォルダーは、その中身を私たちが直接編集することはありません。これも今は忘れてOKです。

 package.jsonについて 

プロジェクトを使って開発を行う場合、避けては通れないのが「プロジェクトの設定情報ファイル」でしょう。「package.json」のことですね。このファイルの働き、使い方を知らずにプロジェクト開発を進めていくことは不可能です。

package.jsonは、このフォルダーをnpmのパッケージとして扱うための情報がまとめられています。では、どのようなものが書かれているのか、「react_ts_app」フォルダー内にあるpackage.jsonの中身を調べてみましょう。

リスト2-13

```
{
  "name": "react_ts_app0",
  "version": "0.1.0",
  "private": true,
  "dependencies": {
    "@testing-library/jest-dom": "^5.17.0",
    "@testing-library/react": "^13.4.0",
    "@testing-library/user-event": "^13.5.0",
    "@types/jest": "^27.5.2",
    "@types/node": "^16.18.101",
    "@types/react": "^18.3.3",
    "@types/react-dom": "^18.3.0",
    "react": "^19.0.0-rc-14a4699f-20240725",
    "react-dom": "^19.0.0-rc-14a4699f-20240725",
    "react-scripts": "5.0.1",
    "typescript": "^4.9.5",
    "web-vitals": "^2.1.4"
  },
  "scripts": {
    "start": "react-scripts start",
```

```
    "build": "react-scripts build",
    "test": "react-scripts test",
    "eject": "react-scripts eject"
  },
  "eslintConfig": {
    "extends": [
      "react-app",
      "react-app/jest"
    ]
  },
  "browserslist": {
    "production": [
      ">0.2%",
      "not dead",
      "not op_mini all"
    ],
    "development": [
      "last 1 chrome version",
      "last 1 firefox version",
      "last 1 safari version"
    ]
  }
}
```

非常に多くの設定情報がJSONフォーマットにまとめられていることがわかります。なんだかたくさんありますが、これらは整理すると以下のような形になっていることがわかるでしょう。

```
{
  "name": "名前",
  "version": "バージョン",
  "private": 非公開か否か,
  "dependencies": { 依存パッケージ },
  "scripts": { コマンドの定義 },
  "eslintConfig": { eslintの設定 },
  "browserslist": { ブラウザのリスト }
}
```

"name"、"version"、"private" といったものは、このパッケージの基本情報です。また "eslintConfig" や "browserslist" は、特定のプログラムが実行される際に必要となる設定情報で、これらは私たちが触ることはまずありません。

dependenciesについて

私たちにもっとも関係のあるものは、1つは「dependencies」です。これは依存パッケージの情報を以下のような形でまとめたものです。

```
"dependencies": {……}
```

「依存パッケージ」というのは、要するに「このパッケージを動かすのに必要なパッケージ」のことです。Create React Appで作成されたプロジェクトには、デフォルトで多数の依存パッケージがインストールされています。整理すると以下のようになるでしょう。

テスト関係のパッケージ	"@testing-library/jest-dom": "^5.17.0",
	"@testing-library/react": "^13.4.0",
	"@testing-library/user-event": "^13.5.0",
TypeScript関係のパッケージ	"@types/jest": "^27.5.2",
	"@types/node": "^16.18.101",
	"@types/react": "^18.3.3",
	"@types/react-dom": "^18.3.0",
Reactのパッケージ	"react": "^19.0.0-rc-14a4699f-20240725",
	"react-dom": "^19.0.0-rc-14a4699f-20240725",
React Scriptパッケージ	"react-scripts": "5.0.1",
TypeScriptパッケージ	"typescript": "^4.9.5",
Web Vitalsパッケージ	"web-vitals": "^2.1.4"

JavaScriptベースのプロジェクトではTypeScript関係のパッケージはインストールされていません。またReactのパッケージは、React 19 RCがインストールされている前提で掲載してあります。

いずれも、"パッケージ名": "バージョン"という形で記述されているのがわかります。バージョン名の冒頭に「^」とあるのは、そのバージョン以降を表します。例えば、"typescript": "^4.9.5", ならば、typescriptパッケージのver. 4.9.5以降を使うことを表します。

dependenciesの更新

このdependenciesの記述は、既にインストールされているパッケージを表しますが、逆にdependenciesを書き換えることで、Projectにインストールされるパッケージを変更することもできます。

例えば不要なパッケージを削除したり、新たに追加したいパッケージを追記してdependenciesの記述を書き換えることはよくあります。そして内容を書き換えて保存したら、プロジェクトにインストールされるパッケージを更新します。これはターミナルから以下のコマンドを実行して行えます。

```
npm install
```

これを実行すると、フォルダー内のpackage.jsonの内容を元にパッケージ類を再インストールします。パッケージをまとめてインストールするようなとき、またインストールされているパッケージのバージョンを変更するようなときも、この「package.jsonのdependenciesを書き換えて、npm installする」という方法は有効です。

scriptsによるコマンド定義

もう1つ、内容をきちんと理解しておきたいのが「scripts」です。これも以下のような形で記述されていますね。

```
"scripts": {……}
```

これは、「npm run」で実行するコマンドを定義するものです。ここに、例えば"abc": "○○"というようにしてコマンドを定義しておくと、「npm run abc」でそのコマンドが実行されるようになります。

デフォルトでは、以下のコマンドが定義されているのがわかります。

```
"start": "react-scripts start",
"build": "react-scripts build",
"test": "react-scripts test",
"eject": "react-scripts eject"
```

先に、プロジェクト操作のコマンドとして説明したものは、すべてここで定義されていたのですね。

ここで定義されているコマンドは、いずれも「react-scripts ○○」というものを実行しています。このreact-scriptsというのは、Create React Appが提供するReact操作用のパッケージです。Create React Appでは、Reactプロジェクトを操作するための専用コマンドをパッケージとして作成し、インストールしていたのですね。

これはCreate React Appのために作成されたものなので、手作業で一から作ったプロジェクトなどでは利用できません(組み込むことは可能ですが、使えるようにするためには大幅なプロジェクトの書き換えが必要となり、結局Create React Appで作ったほうが簡単になります)。

 手作業で作ったプロジェクトのpackage.json 

これでpackage.jsonがどのような役割を果たしているか、わかってきました。では、プロジェクトの種類が変わると、その内容も変わるのでしょうか。

手作業で一から作ったプロジェクト(「react_initial_ts_app」フォルダー)のpackage.jsonがどうなっているか見てみましょう。

リスト2-14

```
{
  "name": "react_initial_ts_app",
  "version": "1.0.0",
  "main": "index.js",
  "scripts": {
    "start": "webpack serve --mode development",
    "build": "webpack --mode production",
    "test": "echo ¥"Error: no test specified¥" && exit 1"
  },
  "keywords": [],
  "author": "",
  "license": "ISC",
  "description": "",
  "dependencies": {
    "react": "^19.0.0-rc-14a4699f-20240725",
    "react-dom": "^19.0.0-rc-14a4699f-20240725"
  },
  "devDependencies": {
    "@babel/core": "^7.24.7",
    "@babel/preset-env": "^7.24.7",
    "@babel/preset-react": "^7.24.7",
    "@babel/preset-typescript": "^7.24.7",
    "@types/react": "^18.3.3",
    "@types/react-dom": "^18.3.0",
```

```
    "babel-loader": "^9.1.3",
    "html-webpack-plugin": "^5.6.0",
    "typescript": "^5.5.3",
    "webpack": "^5.92.1",
    "webpack-cli": "^5.1.4",
    "webpack-dev-server": "^5.0.4"
  }
}
```

このようになっていました。dependenciesには、React関係の2つのパッケージしか用意されていません。その代わりに、devDependenciesというところに多数のパッケージが用意されています。これは、開発時に必要となるパッケージです。

dependenciesがプロジェクトの実行時に必要となるものであるのに対し、devDependenciesはプロジェクトの開発やビルド、テストなどで必要となるパッケージになります。このプロジェクトでは、npm startコマンドを実行すると、Webpackというプログラムでプロジェクトを Web アプリケーションをビルドし、これを開発用サーバーで実行します。この「アプリケーションのビルド」時に多くのパッケージが必要となり、実際に実行されるときはReact関係のパッケージだけあればいいようになっていたのですね。

このように、package.jsonの内容の違いは、そのプロジェクトが「どのような構成で、どのように利用することを考えて作られているか」による違いでもあります。同じReactのプロジェクトでも、考え方が違えばこのようにpackage.jsonの内容も変わるのです。

Section 2-4 Visual Studio Code

開発ツールについて

Reactプロジェクトを使って開発を行う場合、ぜひとも用意しておきたいものがあります。それは「開発ツール」です。プロジェクトでは、内容の異なる多数のファイルを編集しながら作業をしていくことになります。これをすべてテキストエディタなどで行うのは大変です。HTMLやJavaScriptなどのWebで利用する言語に対応した編集機能を持つ専用のツールがあれば、格段に開発作業も快適になります。

ということで、最後に「開発ツール」についても触れておきましょう。

Reactのプロジェクトは、とにかく多数のファイルがあり、それらの中からいくつものファイルを開いて並行して編集することになります。というと、開発に関する高度な機能が揃ったツールを用意しなければいけないのでは、と思ってしまうかもしれません。

が、必要になるのは、実は「編集機能」のみです。プロジェクトの実行やビルドなどは、基本的にコマンドを使って実行すればいいので、開発ツールにこうした機能が用意されている必要はないのです。

こうした「編集機能に特化したツール」として広く利用されているのが「Visual Studio Code」(以後、VSCodeと略)です。

VSCodeは非常にパワフルなエディタ機能を持っており、さらにアプリ内でコマンドの実行を行うターミナル機能も用意されています。これを使えば、別途コマンドプロンプトなどを開いておく必要がなく、これ一本で開発を進められます。また無料なので利用するのに費用もかかりません。

Web版とデスクトップ版

このVSCodeは、2つの種類があります。それは「Web版」と「デスクトップ版」です。

Web版	WebベースでWeb提供されるVSCodeです。Webブラウザからアクセスするだけで使うことができます。ファイルの編集などの基本機能は一通り用意されています。
デスクトップ版	デスクトップアプリケーションとして提供されるVSCodeです。インストールして使います。Web版にはない機能もいろいろと用意されています。

Chapter 1
Chapter 2
Chapter 3
Chapter 4
Chapter 5
Chapter 6
Chapter 7
Chapter 8

両者の大きな違いとしては、まず「ターミナルの有無」があります。VSCodeのデスクトップ版には、コマンドを実行するターミナルが標準で用意されています。これはWeb版では使えません。

また、VSCodeでは機能を拡張するプラグインが多数提供されていますが、それらの中にはWeb版では使えないものもあります。デスクトップ版では、すべてのプラグインが使えます。

機能的にはこのように違いはありますが、開発で必要となるプロジェクトの編集機能はどちらもまったく同じものが提供されています。機能的にはデスクトップ版が上ですが、しかしWeb版ではデスクトップ版にはない手軽さがあります。まずはWeb版を使ってみて、本格的に利用しようと思ったらデスクトップ版をインストールする、というように2つをうまく使い分けるとよいでしょう。

Web版VSCodeについて

では、Web版のVSCodeから使ってみましょう。これは以下のURLで公開されています。Webブラウザからアクセスしてください。

https://vscode.dev/

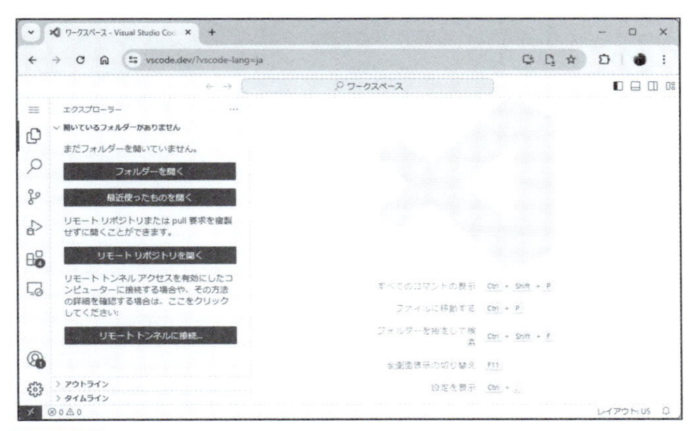

図2-23　Web版VSCodeにアクセスする。

アクセスすると、いきなりVSCodeの画面になります(もし、表示がすべて英語になっていた場合は、https://vscode.dev/?vscode-lang=ja にアクセスしてください)。

この画面でフォルダーを開けば、すぐに編集が始められます。VSCodeでは、フォルダー単位で作業を行います。フォルダーを開くと、そのフォルダー内のファイル類が表示され、自由に開いて編集できるようになるのです。

では、実際にフォルダーを開いてみましょう。先ほど作成したプロジェクトのフォルダーを、VSCodeのウィンドウ内にドラッグ&ドロップしてください。画面に、フォルダーの作者を信頼するか確認するアラートが表示されるので「はい」を選びます。これでフォルダーが開かれます。

あるいは、デフォルト画面に表示されている「フォルダーを開く」ボタンをクリックしても、同様にフォルダーを開くことができます。

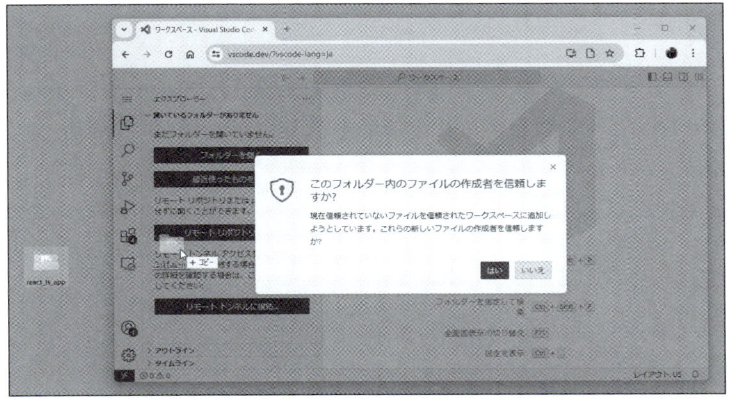

図2-24　フォルダーをVSCodeにドラッグ&ドロップすると、作者を信頼するか尋ねてくる。「はい」を選ぶと編集できるようになる。

エクスプローラーについて

VSCodeの画面は、大きく3つのエリアに分かれています。一番左側には、ツールを選択するアイコンバーがあり、そこで選んだツールがその隣に表示されます。デフォルトでは「エクスプローラー」というツールが選択されています。

エクスプローラーは、開いたフォルダー内にあるファイルやフォルダーを階層的に整理し表示します。また上部にあるアイコンでファイルやフォルダーを新たに作成したり、名前の変更や削除などの編集作業も行うことができます。

エクスプローラーに表示されているファイルは、クリックするだけで開いて編集することができます。ファイルを開くと、右側の広いエリアに、そのファイルを編集するための専用エディタが開かれます。

ファイルは同時に複数のものを開くことができます。この場合、エディタのエリア上部に開いたファイルのタブが並び、これをクリックすることで編集するファイルを切り替えることができます。

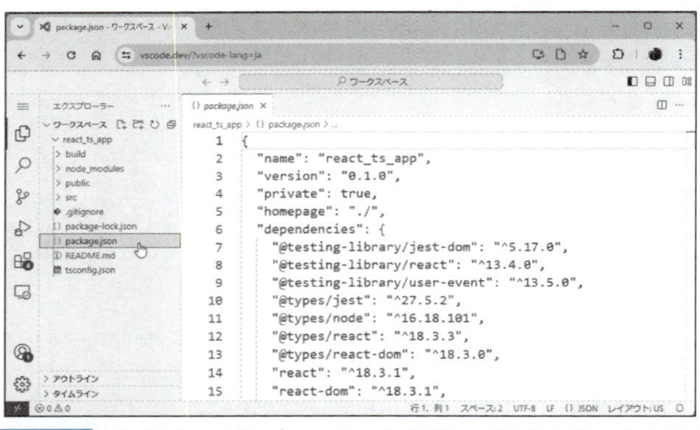

図2-25 左側のエクスプローラーからファイルをクリックすると、ファイルが開かれ右側に表示されるエディタで編集できるようになる。

エディタでファイルを編集すると、画面の上部に保存を確認するアラートが現れます。VSCodeのエディタにはオートセーブ機能があり、修正するとリアルタイムに保存されるようになっています。確認のアラートで「変更を保存」ボタンを押すと、以後はすべてのファイルが編集後に自動的に保存されるようになります。

図2-26 ファイルを編集し保存しようとすると、確認のアラートが表示される。

入力支援機能について

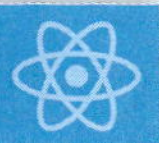

Visual Studio Codeのテキストエディタには、入力を支援する機能がいろいろと用意されています。ソースコードのファイルを開き、実際に入力をしてみると、さまざまな機能が自動的に働くことがわかるでしょう。以下に主な入力支援機能について簡単にまとめておきましょう。

色分け表示

記述するソースコードは、それぞれの単語や記号の役割ごとに色分け表示されます。その単語が何を意味するのかが直感的にわかります。例えば見覚えのない単語が出てきても、それが変数なのか関数なのかオブジェクトなのか見分けるのは意外と難しいでしょう。色分け表示されていればひと目でわかります。

自動インデント

ソースコードは、その構造に応じて文の開始位置をタブや半角スペースで右に移動します。これは「インデント」と呼ばれるものです。インデントにより、その構文がどこからどこまで続くのかがひと目でわかります(インデントした文が、構文の開始位置に戻ってきたら、その構文の終わりです)。HTMLでもタグの構造に応じてインデントがつけられるので、表示の構造を把握するのに役立ちます。

候補の表示

JavaScriptなどでは、入力の途中、必要に応じて候補となる値をポップアップ表示します。例えば、オブジェクトの中のメソッドを利用したい場合、オブジェクト名の後にドットをタイプすると、そのオブジェクトで使えるメソッドやプロパティが一覧表示されます。そこから項目を選べば、書き間違えることなくメソッドやプロパティを記述できます。

閉じる記号の自動出力

記号やタグの中には、開始と終了がセットになったものがあります。例えば{}や()といった記号ですね。これらは、開始部分の{や(をタイプすると、自動的に閉じる}や)が出力されます。

また、HTMLで開始タグと終了タグがある場合は、開始タグを記述すると自動的に終了タグも書き出されます。

デスクトップ版のVSCodeについて

このWeb版VSCodeでも、ファイルの編集はまったく問題なく行うことができます。ただし、Web版ではターミナルなどのツールが使えません。ターミナルは、開いたフォルダー内でコマンドを実行するもので、これがあれば別途ターミナルのアプリなどを起動して操作する必要もないため、コマンドを多用する開発では重宝します。

もし、ターミナルまで含めたデスクトップ版を使ってみたいと思ったなら、以下のURLにアクセスしてください。これがVSCodeのサイトです。ここにある「Download for 〜」というボタンをクリックすれば、デスクトップ版のファイルをダウンロードできます。

https://code.visualstudio.com/

Chapter 1
Chapter 2
Chapter 3
Chapter 4
Chapter 5
Chapter 6
Chapter 7
Chapter 8

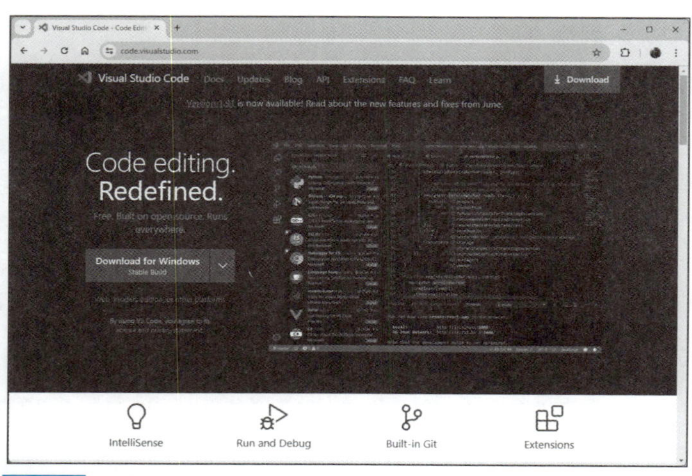

図2-27　VSCodeのWebサイト。ここからインストーラをダウンロードする。

このボタンは、使用しているプラットフォームに最適なプログラムを自動で選択しダウンロードしてくれます。ただしVSCodeは、専用インストーラだけでなく圧縮ファイルなどいくつかの形式で配布されています。皆さんの中には「インストーラでインストールするより、Zipファイルを展開して好きなところに配置して使いたい」と考える人もいるでしょう。

そのような場合は、以下のURLにアクセスしてください。Windows、Linux、macOSの各プラットフォームの配布ファイルがまとめられています。ここから利用したい形式のものをダウンロードできます。

https://code.visualstudio.com/Download

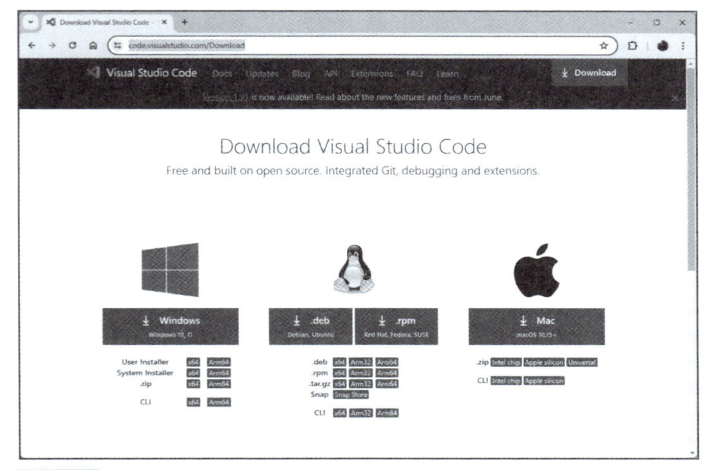

図2-28 VSCodeのダウンロードページ。Zipファイルやインストーラなど複数の形式で配布されている。

コラム 表示が日本語にならない！ Column

VSCodeは、ベースは英語ですが、インストールした環境に応じて自動的に使用言語のための設定を行ってくれます。このため、日本語環境ならば自動的に日本語化され表示されるはずです。

しかし、中には正しく日本語表示されないようなケースもあるでしょう。そのような場合は以下の手順で操作してください。

1. ウィンドウの一番左端にあるアイコンバーの上から5番目(いくつかの正方形が組み合わせられた形のもの)をクリックしてください。これは、機能拡張プログラムを管理するためのものです。
2. 右側に機能拡張のリストが表示されるので、その一番上に見える入力フィールドに「japanese」とタイプしEnter/Returnしましょう。これでjapaneseを含む項目が検索されます。
3. 表示された項目の中から、「Japanese Language Pack for Visual Studio Code」という項目を探して選択してください。これが日本語化のための機能拡張です。
4. クリックすると右側に内容が表示されるので、そこにある「Install」というボタンをクリックします。これで機能拡張がインストールされ、次回起動時から日本語で表示されます。

ターミナルについて

Reactの開発では、コマンドを多用します。アプリの実行やビルドなどはすべてコマンドベースになっています。VSCodeを使って開発する場合でも、やはりコマンドの実行は行わないといけません。

デスクトップ版のVSCodeには、コマンドを実行できる「ターミナル」という機能が用意されています。これを利用することで、別途コマンドを実行するためのアプリなどを開いておく必要がなくなります。

これは「ターミナル」メニューから「新しいターミナル」メニューを選ぶだけです。これでウィンドウの下部にターミナルが現れます。このターミナルは、開いているフォルダーが選択された状態になっています。例えば、「react_ts_app」フォルダーを開いているなら、この「react_ts_app」フォルダー内が選択された状態でターミナルが表示されるわけです。いちいちcdで移動する必要がなく、開いたらすぐにReactのコマンドを実行できます。

なお、Web版のVSCodeにも「ターミナル」メニューはあるのですが、現時点では機能しません。

図2-29　VSCodeのターミナル。

シェルの種類について

ターミナルではコマンドを入力し実行できますが、このコマンドの実行には「シェル」と呼ばれるものが必要です。

シェルは、コマンドとOSの間の受け渡しを行うためのものです。シェルにはいくつかの種類があり、シェルごとに使えるコマンドなども異なっています。

Windowsの場合、「PowerShell」あるいは「Command Prompt」と呼ばれるものが使われています。LinuxやmacOSでは「Bash」というものが利用されているでしょう。どのシェルを使うかによって、コマンドも違ってきます。

VSCodeのターミナルでは、プラットフォームに用意されているシェルが一通り利用できます。ターミナルが表示されているパネルの右上あたりに「+」というアイコンがあるでしょう。その右側にある「v」という部分をクリックしてください。利用可能なシェルのリストがプルダウンして現れます。ここから使いたいシェルを選ぶと、そのシェルを利用するターミナルが開かれます。

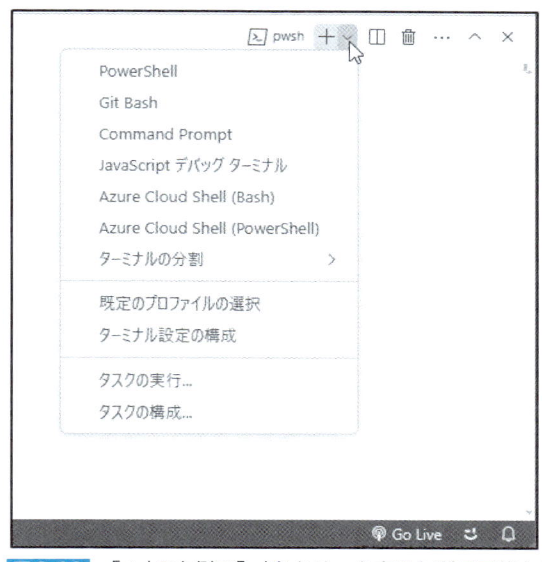

図2-30 「+」の右側の「v」をクリックすると利用可能なシェルのリストが表示される。

シェルを選ぶと、そのたびに新しいターミナルが開かれます。複数のターミナルが開かれると、右側にそれらのリストが表示され、ここで使うターミナルを切り替えることができます。またターミナル名の右側にあるゴミ箱アイコンをクリックすれば、そのターミナルを閉じることができます。

開発では、同時に複数のターミナルを開いて操作したいことがあるでしょう(例えば、開発用サーバーを起動したまま別のコマンドを実行したい、など)。そのようなとき、この「複数ターミナルの利用」の方法を知っておくと同時に複数のコマンドを実行できるようになります。

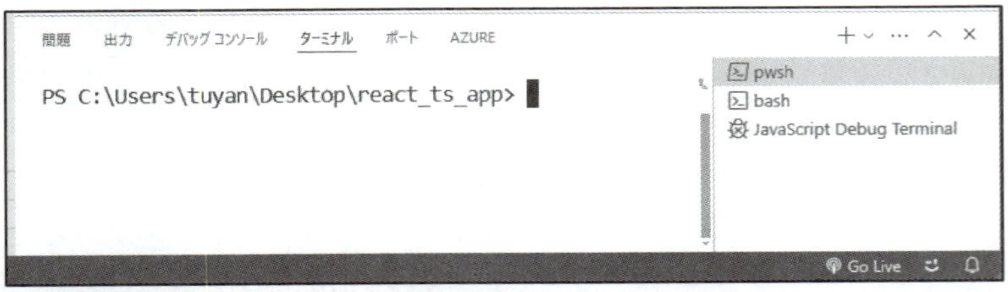

```
問題　出力　デバッグ コンソール　ターミナル　ポート　AZURE

PS C:\Users\tuyan\Desktop\react_ts_app>

pwsh
bash
JavaScript Debug Terminal

Go Live
```

図2-31　複数のターミナルを開くと右側にリストが表示され、切り替えられるようになる。

 後の機能は使いながら覚えよう 

とりあえず、ここまでの説明が頭に入っていれば、もうVSCodeは使えるようになります。その他にもさまざまな機能が用意はされていますが、それらは今すぐ知らなくとも問題ありません。

VSCodeは、「Webアプリで使うさまざまなファイルを編集するエディタ」として使えれば、それ以外の機能は特になくとも問題ないのです。ターミナルは、別途ターミナルのアプリを起動すればいいですし、それ以外に開発に必要な機能などは特にありません。

VSCodeの使い方は、これから使っていくうちに少しずつ覚えるでしょうから、その他の機能は今は特に知らなくともまったく心配はいりませんよ。

Chapter 1
Chapter 2
Chapter 3
Chapter 4
Chapter 5
Chapter 6
Chapter 7
Chapter 8

Chapter

3

JSXとコンポーネント

Reactは「JSX」というものを使うことでより簡単に表示を作成していけます。また表示内容は「コンポーネント」として定義し、組み合わせていくことでより高度な表現を可能にします。ここではJSXとコンポーネントの基本について説明をしましょう。

JSX(TSX)を利用する

JSX(TSX)とは？

前章までで、Reactを使った簡単な表示を作成しました。1章では単一のHTMLファイルを使った表示を作成し、2章ではプロジェクトを作成して表示を行いました。

いずれもReactを使って簡単な表示を行ってみましたが、正直、まったく便利な感じはしなかったことでしょう。いちいちcreateElementで表示する要素を作っていくのですから、もっと複雑な表示になったら一体どうやって表示を作ればいいのかわからなくなりそうですね。

「もっとシンプルに表示内容を記述できないのか！」なんて思う人もきっと大勢いることでしょう。しかし、心配はいりません。Reactには、HTMLのタグを直接JavaScriptのスクリプトに記述する仕組みがあるのです。「JSX」と呼ばれるもので、これを利用することで複雑なタグの構造をシンプルに記述できるようになるのです。

JSXは「JavaScript XML」の略で、JavaScript内でXML/HTMLのようなタグによる記述を可能にする文法拡張です。TypeScriptでも同様の機能は利用でき、こちらはTypeScript XMLから「TSX」と呼ばれます。ただ、どちらも同じ技術なので、ここではJavaScriptでもTypeScriptでもすべて「JSX」で統一することにします。

このJSXは、Reactの技術というわけではありません。Reactから独立して使えるようになっているのですが、実質的にReact以外で使われることはほとんどないので、「Reactの技術の1つ」と考えてしまってもいいでしょう。

コラム JSXって、どうして動くの？ Column

JSXはJavaScriptの文法を拡張し、HTMLのタグを値として直接記述できるようにするものです。これ、普通に書くと文法エラーになってしまうはずですね。どうして問題なく動くのでしょうか？

その秘密は、<script>タグで読み込むライブラリにあります。この後で登場しますが、JSXでは「Babel」というJavaScriptのコードをトランスコンパイルするプログラムが使われます。JSXは、このBabelを使い、記述したJSXのタグをJavaScriptのコードに変換して動くようになっているのです。

つまり、書いてあるスクリプトはそのままではエラーになるはずなんですが、読み込んだ段階で自動的に動作する形に変換され、問題なく動くように変換されているのです。

HTMLファイルでJSXを使う

では、実際にJSXを利用してみることにしましょう。まずは、1章で作成した(プロジェクトを使わない) HTMLファイルから直接Reactを利用するサンプルでJSXを使ってみることにします。

ただし、JSXは、HTMLファイルを直接Webブラウザで開いた場合、スクリプトファイルを別に切り離す形ではうまく動かせません。そこで、せっかくスクリプトファイルを別に作成しましたが、またHTMLファイル1つですべてを記述するやり方に戻ることにします。

では、react_app.htmlを開いて以下のようにコードを修正しましょう。

リスト3-1

```
<html lang="ja">
<head>
  <meta charset="UTF-8" />
  <meta http-equiv="X-UA-Compatible" content="IE=edge" />
  <meta name="viewport" content="width=device-width, initial-scale=1.0" />
  <title>Simple React19 App No JSX by SDN</title>
  <script type="module">
  import React from
      "https://esm.sh/react@19.0.0-rc-14a4699f-20240725"
  import ReactDOMClient from
      "https://esm.sh/react-dom@19.0.0-rc-14a4699f-20240725/client"
  window.React = React;
```

```
    window.ReactDOMClient = ReactDOMClient;
    </script>
    <script src="https://unpkg.com/babel-standalone@6/babel.min.js">
    </script>
    <link rel="stylesheet" href="style.css">
</head>
<body>
    <h1>React</h1>
    <div id="root"></div>

    <script type="text/babel">
    const root = document.getElementById('root');
    const rootElement = ReactDOMClient.createRoot(root);

    // 表示するJSX
    const elements = (
        <div className="container">
            <h1>React & JSX</h1>
            <p>this isReact & JSX sample application.</p>
        </div>
    );

    rootElement.render(elements);
    </script>

</body>
</html>
```

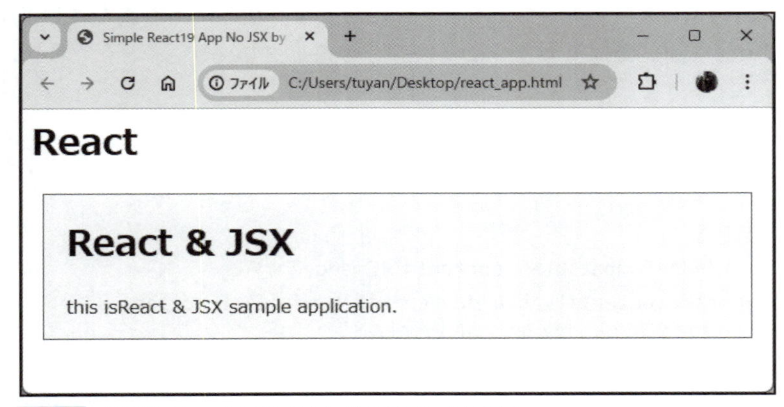

図3-1 HTMLファイルをブラウザで表示したところ。

ファイルを保存したら、Webブラウザで開いてみましょう。「React & JSX」というタイトルと、「this isReact & JSX sample application.」というメッセージが表示されていますね。これが、JSXで作成された表示です。「wait...」のままの場合はどこか書き間違えているのでよくチェックしましょう。

<script type="module">をチェック

では、スクリプトを確認しましょう。今回は、2つの<script>が用意されています。1つ目は、<script type="module">ですね。ここでReact関係のモジュールを読み込んでいます。

```
import React from
    "https://esm.sh/react@19.0.0-rc-14a4699f-20240725"
import ReactDOMClient from
    "https://esm.sh/react-dom@19.0.0-rc-14a4699f-20240725/client"
```

これは、既に使いました。ReactとReactDOMClientをインポートしています。ただし、JSXを利用した表示の処理は、この<script type="module">には書きません。別の<script>に記述する必要があります。

そこで、読み込んだオブジェクトをwindowのプロパティに保管し、モジュール外で使えるようにします。

```
window.React = React;
window.ReactDOMClient = ReactDOMClient;
```

windowというのは、グローバル環境のオブジェクトです。ここに用意されたプロパティやメソッドは、どの環境でもグローバル変数や関数として使えるようになります。

そこで、インポートしたReactとReactDOMClientをwindowの同名プロパティに保管し、外部で利用できるようにしています。こうすることで、例えばwindow.Reactならば「React」というグローバル変数としてどこからでも使えるようになります。

<script type="text/babel">をチェック

では、もう1つの<script>タグをチェックしましょう。このタグは、以下のような形で記述されていますね。

```
<script type="text/babel">
```

このtype="text/babel"という属性を指定することで、この<script>タグに書かれている内容は「Babel」というトランスコンパイラによってコード変換されるようになります。JSXを利用するには、このtype指定がされた<script>に記述する必要があります。それ以外のところでは文法エラーと判断されてしまうので注意してください。

さて、このスクリプトでやっていることは、既に説明したReactの基本的な処理です。id="root"のエレメントを取り出し、ルートエレメントを作成します。そして表示するReactエレメントを用意し、renderでレンダリングする、という流れでしたね。

```
const root = document.getElementById('root');
const rootElement = ReactDOMClient.createRoot(root);

……elementsにReactエレメントを作成……

rootElement.render(elements);
```

Chapter 1
Chapter 2
Chapter 3
Chapter 4
Chapter 5
Chapter 6
Chapter 7
Chapter 8

ただし、今回は「表示するエレメント」を用意している部分に、JSXの値を使っています。この部分です。

```
const elements = (
  <div className="container">
    <h1>React & JSX</h1>
    <p>this isReact & JSX sample application.</p>
  </div>
);
```

変数elementsに、<div>～</div>という値を代入しています。よく見るとわかりますが、これ、「<div>～</div>というテキスト」ではありません。タグをそのまま値として記述しているのです。これが、JSXです。

なお、ここではわかりやすいように()をつけてその中にタグを書いていますが、()はなくても構いません。ただし、その場合は<div>は改行せず、イコールの後に続けて書くようにしてください。

JSXで記述した値は、そのままReactエレメントとして扱うことができます。つまり、createElementして作らなくてもいいのです。ただJSXでタグを書くだけで、Reactエレメントが作れてしまうんですね！

renderできるのは1つのエレメントだけ！

サンプルで掲載したリストを見て、「この外側の<div>、なくてもいいんじゃない？」と思った人もいるんじゃないでしょうか。つまり、これでいいんじゃない？ なんて思いませんでしたか。

リスト3-2

```
const elements = (
  <h1>React & JSX</h1>
```

```
    <p>this isReact & JSX sample application.</p>
)
```

ところが、実際に試してみると、これはエラーになって表示されません。JSXの記述は、HTMLなどの要素単位で構成されます。上のコードだと、<h1>と<p>の2つのエレメントが作成されることになってしまい、「引数に2つのエレメントがある」と判断されて文法エラーを起こしてしまうのです。

<div>で全体を囲めば、作成されるのは「<div>が1つだけ」です。その中にいくつ要素が組み込まれていようと、値としては「1つのエレメント」になります。JSXを扱う場合は、このように「全体を1つのエレメントにまとめる」ということが重要なのです。

プロジェクトでJSXを使う

これで、HTMLファイルにJSXでReactの表示を記述する方法はわかりました。次はプロジェクトでの利用について考えてみましょう。前章で、「手作業で一から作成したプロジェクト」と「Create React Appで作成したプロジェクト」を作りましたね。

まずは、手作業で作ったプロジェクトから見ていきます。こちらは全部自分で作りましたから、プロジェクトの構造などもよくわかっていて理解しやすいでしょう。JavaScript版とTypeScript版の2つがありますが、ここではTypeScript版の「react_initial_ts_app」を使って説明していきます。JavaScript版でもコンポーネント類のファイル構成は同じ(用意されるファイルの拡張子が.tsや.tsxから.jsや.jsxになっている)ですので、ファイル名を読み替えてください。

では、「react_initial_ts_app」フォルダーの中の「src」フォルダーにある「index.tsx」を開いてみましょう。「.tsx」という拡張子からなんとなく想像したかもしれませんが、これは本来、TypeScriptによるJSXのコードを記述するためのファイルです。前章ではまだJSXを知らなかったので、あえてcreateElementによるエレメント作成を使っていたのです。

では、index.tsxのコードを以下に書き換えてください。

リスト3-3

```
import React from 'react';
import ReactDOMClient from 'react-dom/client';

const root = document.getElementById('root');
const rootElement = ReactDOMClient.createRoot(root!);

const elements = (
```

```
    <div>
      <h1>React & JSX</h1>
      <p>this isReact & JSX sample application.</p>
    </div>
);

rootElement.render(elements);
```

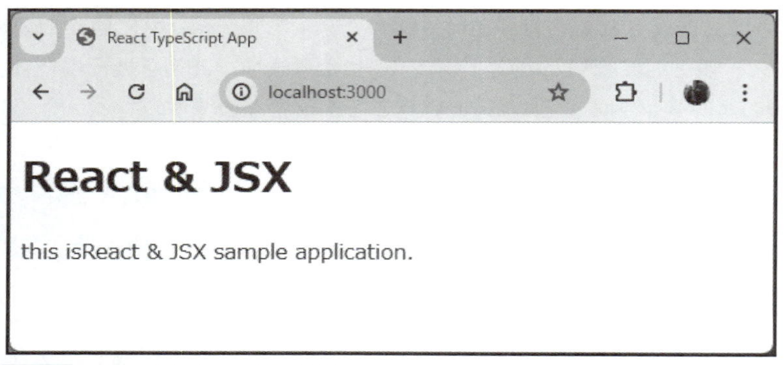

図3-2　JSXで作成した表示が現れる。

修正したら、npm startでプロジェクトを実行し、Webブラウザでhttp://localhost:3000/にアクセスしてみましょう。「React & JSX」というタイトルの画面が現れます。JSXが問題なく表示できていることが確認できるでしょう。

ここでやっていることは、先ほどHTMLファイルにコードを記述して行ったのとほぼ同じものです。elementsにJSXでReactエレメントを作成し、これをrenderでレンダリングし表示しています。プロジェクトでも問題なくJSXが動作しているのがわかりますね。

なぜtype="text/babel"外で動く？

ここで不思議なのは、「なぜ、type="text/babel"でないところで動くのか？」ということでしょう。JSXは、Babelによりトランスコンパイルして動作しますから、type="text/babel"を指定した<script>でなければ動かないはずですね。

なぜ、プロジェクトの場合は問題なく動くのか。それは、プロジェクトを実行する際に必要な処理をすべて行っているからです。

プロジェクトのnpm startコマンドでは、実際には"webpack serve --mode development"というコマンドが実行されています(package.jsonのscriptsで定義されています)。これは、Webpackというプログラムを実行しているのです。webpack serveというコマンドで、Webpackに用意されている開発用サーバーを起動し、これによりApplicationが実行されるようになっているのですね。

このWebpackは、用意されているファイルなどから実際に動くWebアプリケーションのコードを生成するものです。

Webpackは、プロジェクト内で使われているさまざまなパッケージなどの依存関係を解析し、それらを最適な順序で結合して1つのスクリプトファイルにまとめます。同時に、Babelによるコードのトランスコンパイルなども実行され、通常のどこでも実行可能なJavaScriptのスクリプトに変換してから開発用サーバーで動かしているのですね。

このWebpackのおかげで、プロジェクトでは<script type="text/babel">かどうかなどを気にすることなく、どのスクリプトファイルでも自由にJSXを利用できるようになっています。

CSSを使う

これでJSXは使えるようになりましたが、もう少し見栄えを整えておきましょう。「react_ts_app」プロジェクトでは、CSSファイルなどが用意されていませんでした。ファイルを用意し、JSXの表示にスタイルを設定してみます。

このプロジェクトでは、スタイルシートなどのファイルは、「public」フォルダーにまとめるようになっています。まず、プロジェクトのフォルダー内に「public」フォルダーを作成しましょう。VSCodeを利用している場合、エクスプローラーの上部に見えるアイコンから「新しいフォルダー」をクリックすると、選択されていた場所にフォルダーが作成されます。そのままフォルダー名を入力すれば新しいフォルダーを用意できます。

図3-3 「新しいフォルダー」アイコンで「public」フォルダーを作成する。

フォルダーが用意できたら、CSSファイルを作りましょう。エクスプローラーで作成した「public」フォルダーを選択し、上部にある「新しいファイル」アイコンをクリックすると選択した「public」内に新たなファイルが作成されます。そのまま、ファイル名を「style.css」と入力してください。

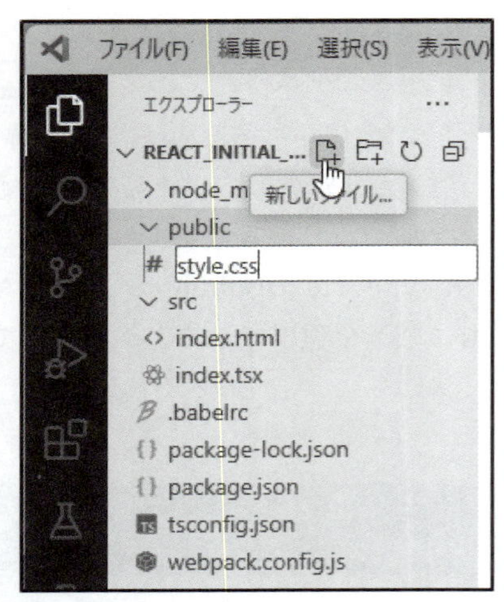

図3-4 「新しいファイル」アイコンで「style.css」ファイルを作成する。

作成したstyle.cssファイルを開いたら、ここにスタイルシートの内容を記述しましょう。今回は以下のように記述しておきます。

リスト3-4

```
body {
  background-color: aliceblue;
}
.container {
  padding: 10px 25px;
  margin: 25px 20px;
  font-family: sans-serif;
  font-size: 1.25em;
  background-color: white;
}

h1 {
  text-align: center;
  font-weight: normal;
  color: dodgerblue;
}
```

ここでは、<body>と<h1>、それにcontainerクラスを定義しておきました。では、このCSSファイルを読み込むようにindex.htmlを修正しましょう。<head>部分に以下のタグを追記します(</head>の手前あたりでいいでしょう)。

リスト3-5

```
<link rel="stylesheet" href="./style.css">
```

残るは、TypeScriptファイルです。index.tsxを開き、elements変数の部分を以下のように修正してください。

リスト3-6
```
const elements = <div className="container">
  <h1>React & JSX</h1>
  <p>this isReact & JSX sample application.</p>
</div>;
```

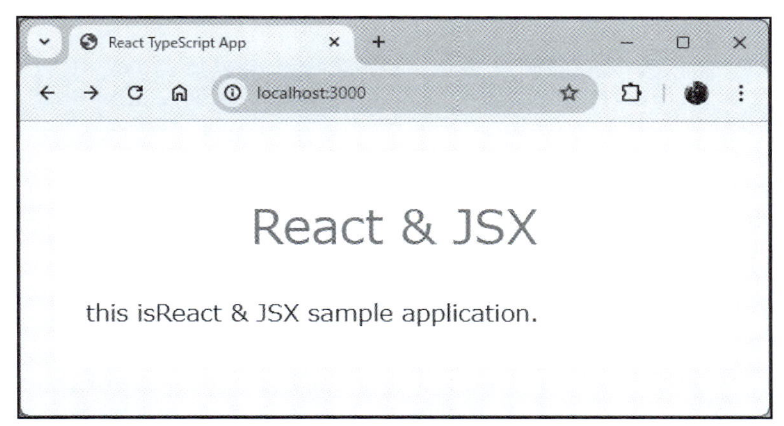

図3-5 style.cssのスタイルが適用されるようになった。

これでエレメントが修正されました。サーバーが起動していればその場で表示が更新されます。

ここでは、以下のようにして<div>にスタイルクラスを割り当ててあります。

```
<div className="container">
```

スタイルクラスの指定が「className」となっていますね。「class」ではないので注意してください。JavaScript(TypeScript)では、classという名前はクラスの定義を行うためのキーワードとして登録されています。そこで、混乱を避けるためにclassではなく「className」という名前で使うようにしてあるのでしょう。

とりあえず、これでJSXのエレメントにもスタイルが適用できるようになりました。

Chapter 1 Chapter 2 Chapter 3 Chapter 4 Chapter 5 Chapter 6 Chapter 7 Chapter 8

Section 3-2 コンポーネントの利用

コンポーネントとは？

先ほど使った「react_initial_ts_app」では、index.tsxという1つのスクリプトファイルの中でエレメントを作り、レンダリングする、といった処理を続けて行ってきました。これで特に問題はないのですが、より本格的にWebページを作成していこうとすると、こうした「全部1つのファイルに書く」というやり方ではいずれ限界が来るでしょう。

さまざまな表示を作成するとき、基本的な表示を部品として用意し、これを組み合わせるようになっていれば、ずいぶんとデザインも楽になります。例えば、「タイトルのエレメント」「メッセージのエレメント」というような部品を用意し、これらを組み合わせて画面を作れば、いくつページがあっても統一されたデザインで表示されるようになります。

このように「表示するエレメントを部品化する」という仕組みは、高度なWebアプリを作るうえで必須のものといえるでしょう。Reactにも、そのための仕組みが用意されています。それが「コンポーネント」です。さまざまな部品をコンポーネントとしてそれぞれファイルに保存し、それらを必要に応じて組み込んで表示を設計する。それができれば、複雑な画面も構造的に設計して作ることができますね。

Reactでは、画面の表示はコンポーネントを組み合わせて作成するのが基本となっています。Reactを本格的に使っていくためには、コンポーネントについて理解する必要があるのです。

Create React Appプロジェクトのコードを調べる

このコンポーネントの利用については、実は最適なサンプルがあります。それは、Create React Appで作成された「react_ts_app」プロジェクトです。このプロジェクトでは、最初からコンポーネントを組み合わせた画面の作成を行っています。これらのサンプルコードを読んで、コンポーネントの利用について理解していくことにしましょう。

Chapter 1 Chapter 2 Chapter 3 Chapter 4 Chapter 5 Chapter 6 Chapter 7 Chapter 8

Create React Appのプロジェクトでは、「src」フォルダー内に画面表示のためのファイルがまとめられています。用意されているのは以下のようなものです。

index.tsx	トップページのTSX
index.css	トップページ用CSS
App.tsx	AppコンポーネントのTSX
App.css	AppコンポーネントのCSS
App.test.tsx	Appコンポーネント用のテストコード

react-app-env.ts	Reactアプリの環境設定コード
reportWebVitals.ts	WebVitals用のコード
setupTest.ts	テスト用セットアップコード

logo.svg	ロゴのSVGコード

これらの内、コンポーネントに関するものは、.tsxと.cssの拡張子のファイルだけです。.tsファイルはアプリを利用する上で用意されているTypeScriptコードで、アプリの画面表示には特に関係はありません。また.svgファイルはSVGというベクターグラフィックのファイルで、Webページで表示されるReactのロゴです。

index.tsxについて

では、コンポーネントの内容を見てみましょう。まずは、index.tsxからです。これは、Reactのルートに組み込まれるベースとなる表示部分です。

リスト3-7

```
import React from 'react';
import ReactDOM from 'react-dom/client';
import './index.css';
import App from './App';
import reportWebVitals from './reportWebVitals';

const root = ReactDOM.createRoot(
  document.getElementById('root') as HTMLElement
);
```

```
root.render(
  <React.StrictMode>
    <App />
  </React.StrictMode>
);

reportWebVitals();
```

これらの内、reportWebVitalsは、WebVitalsというWebのレポート生成に関するものなので無視して構いません。

<React.StrictMode>について

ここでは、ReactDOM.createRootでルートを作成し、renderでJSXのエレメントをレンダリングしています。この部分には、以下のようなものが用意されていますね。

```
<React.StrictMode>
  <App />
</React.StrictMode>
```

これらが、Reactのコンポーネントです。<React.StrictMode>というのは、その内部をStrictモードで扱うためのものです。Strict（厳格）モードは、厳格なエラーチェックを有効にするためのもので、Strictモードで指定されるとルーズなコードが書けなくなり、コードの安全性が向上します。<React.StrictMode>により、その中に用意したコンポーネントはすべてStrictモードでコードが実行されるようになります。

<App />について

もう1つの<App />というコンポーネントは、App.tsxで作成されているものです。コードの冒頭にこんな文がありますね。

```
import App from './App';
```

これで、App.tsxからAppというオブジェクトをインポートしています。このAppが、Reactのコンポーネントなのです。

このindex.tsxは、コンポーネントというより「コンポーネントを使って画面表示を組み込んでいる処理」といってよいでしょう。ここで組み込まれ表示されているAppが、本当のコンポーネントになります。

App.tsxについて

では、App.tsxの内容を確認してみましょう。デフォルトでは以下のようなコードが記述されているでしょう。

リスト3-8

```
import React from 'react';
import logo from './logo.svg';
import './App.css';

function App() {
  return (
    <div className="App">
      <header className="App-header">
        <img src={logo} className="App-logo" alt="logo" />
        <p>
          Edit <code>src/App.tsx</code> and save to reload.
        </p>
        <a
          className="App-link"
          href="https://reactjs.org"
          target="_blank"
          rel="noopener noreferrer"
        >
          Learn React
        </a>
      </header>
    </div>
  );
}

export default App;
```

このコンポーネントは、index.tsxでインポートされレンダリングされます。したがって、これ自体にはレンダリングなどの処理は一切必要ありません。ただコンポーネントの動作と表示内容をJSXで書いていくだけでいいのです。

コンポーネントは、そのコンポーネントの動作と表示のことだけ考えればいい。それ以外のこと(レンダリングなど)は一切考える必要はないのです。

モジュールとexport

では記述されているコードを見てみましょう。このコード自体は決して難しくはないのですが、Node.jsのパッケージを使ったことがない人には見慣れないコードになっているかもしれません。

整理すると、これは以下のように書かれています。

```
import ……略……

function App() {……略……}

export default App;
```

最初のimportで、必要なモジュール類をインポートしています。そしてその後に、Appという関数が定義されています。そして最後に、exportという文が記述されています。これは、Node.jsで他のファイルから利用可能な形でモジュールを作成する際の基本となる書き方です。

Node.jsでは、importを使って他のファイルから必要なモジュールをインポートできるようになっています。この「インポートできるモジュール」となるのが、最後のexport文です。

```
export オブジェクト;
```

このように記述すると、このファイルをimportでインポートしたとき、exportに指定したオブジェクトが取り出せるようになっているのです。

defaultの働き

ここではdefaultというものもつけられてますが、これはデフォルトで取り出せるようにするためのものです。これは、以下のような違いがあります。

●デフォルトでない場合

```
export ABC;
```

↓

```
import { ABC } from xxx;
```

●デフォルトの場合

```
export default ABC;
```

↓

```
import ABC from xxx;
```

わかりますか？ defaultがないと、オブジェクトのインポートは、{ ○○ }というように記述する必要があります。defaultを指定すると、オブジェクトの名前だけ指定すれば取り出せるようになります。

 関数によるコンポーネント定義 

では、ここでexportしている「App」という関数は何なのか？ これこそが、Reactのコンポーネントなのです。このApp関数が、index.tsxのimport App from './App';でインポートされ、<App />というJSXの記述で利用されていたものなのです。

Reactでは、コンポーネントは関数として定義します。これは、以下のような形になります。

```
function 名前() {
  ……必要な処理……
  return エレメント;
}
```

このように、returnでReactエレメントを返す関数を定義すれば、それだけでコンポーネントとして使えるようになります。コンポーネントとは、「Reactエレメントを返す関数」だったのですね！

JSXにコンポーネントを埋め込む 

コンポーネントは、定義するとそれ以降のどのJSXでも使えるようになります。App.tsxは、index.tsxで<App />としてJSXに埋め込まれていましたが、App.tsxの中にさらにコンポーネントを用意し、それらをApp内に埋め込んで使うこともできます。

では、やってみましょう。App.tsxの内容を以下のように書き換えてみてください。

リスト3-9

```
import React from 'react';
import './App.css';

const title = "React page.";
const message = "メッセージを表示します。";

function Msg() {
  return <p className='msg'>Hello!!</p>;
}

function App() {
  return (
    <div className="container">
      <h1>{title}</h1>
      <h2>{message}</h2>
      <Msg />
      <Msg />
      <Msg />
      </div>
  );
}

export default App;
```

ここでは、Msgという関数を定義し、これをApp関数のJSX内に埋め込んでいます。<Msg />というのが、Msg関数によるコンポーネントです。

これでコンポーネント自体は完成ですが、このままでは表示スタイルが今ひとつなのでスタイルも作成しておきましょう。「src」フォルダー内にあるApp.cssを開き、以下のコードを追記してください。

リスト3-10

```
body {
  background-color: aliceblue;
}
.container {
  padding: 10px 25px;
  margin: 25px 20px;
  font-family: sans-serif;
  font-size: 1.25em;
  background-color: white;
}
```

```
h1 {
  text-align: center;
  font-weight: normal;
  color: dodgerblue;
}

h2 {
  font-weight: normal;
  font-size: 1.1em;
}

p {
  font-size: 0.9em;
}
.msg {
  border: lightgray 1px solid;
  padding: 5px 10px;
}
```

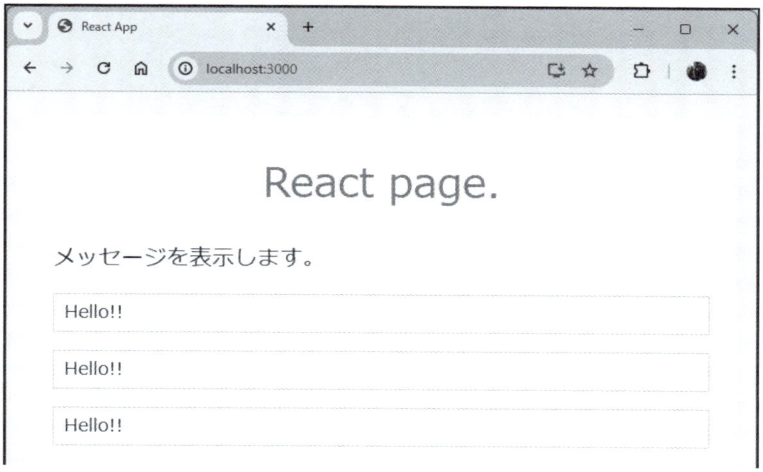

図3-6 「Hello!!」というメッセージが3つ表示される。

修正して保存したら、表示を確かめましょう。「Hello!!」というテキストが3つ並んで表示されます。ちゃんと<Msg />が機能していることがわかりますね。

ここではMsgというコンポーネントを作成しています。これは、そのまま<Msg />という形でJSXで記述できます。コンポーネントを定義すれば、同じ表示をいくらでも作成できることがわかりますね。

Chapter 1
Chapter 2
Chapter 3
Chapter 4
Chapter 5
Chapter 6
Chapter 7
Chapter 8

コラム　コンポーネント関数は大文字で始まる　Column

今回は、Msgという関数を定義し、これをコンポーネントとして使いました。コンポーネントとして利用できる関数の書き方にはいくつかの決まりがあります。Reactエレメントをreturnするというのもその1つですが、もう1つ、「関数名が大文字で始まる」というルールも重要です。

試しに、Msg関数の名前を「msg」に変更してみてください(JSXの記述も<Msg />から<msg />に変更します)。すると、エラーになってコンポーネントが表示されなくなります。<msg />は、コンポーネントとして使えないのです。この「大文字で始まる名前」というのは、よく忘れて失敗しがちです。ここでしっかり頭に入れておきましょう。

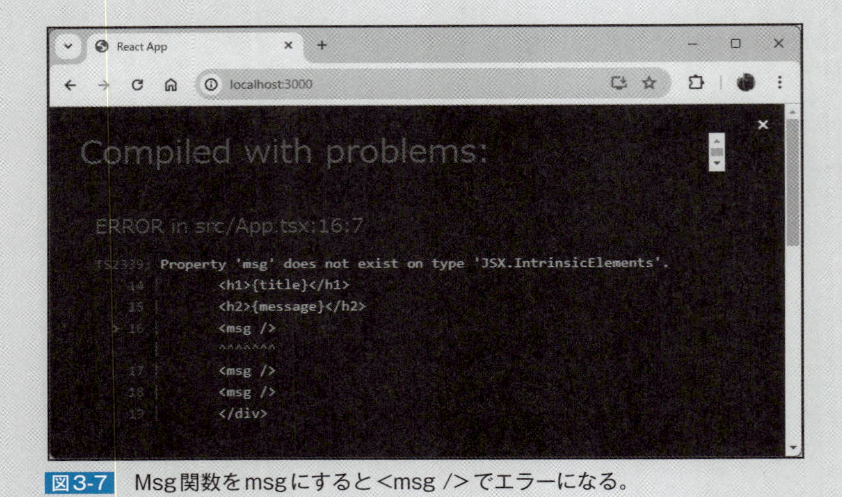

図3-7　Msg関数をmsgにすると<msg />でエラーになる。

関数を埋め込む

このMsgは、コンポーネントですが関数でもあります。JSXでは、JavaScript（あるいはTypeScript)のコードを直接埋め込んで実行させることもできます。

では、先ほどのサンプルで、Msgを関数として埋め込んで表示させてみましょう。App.tsxのApp関数を以下のように書き換えてみてください。

リスト3-11

```
function App() {
  return (
    <div className="container">
      <h1>{title}</h1>
      <h2>{message}</h2>
      { Msg() }
      { Msg() }
      { Msg() }
      </div>
  );
}
```

これでも、まったく同じように表示がされます。ここでは、{ Msg() }というようにしてMsg関数を呼び出していますね。このように、{}を使うことでコードを埋め込み、その場で実行することができるのです。

ただし、「コードが埋め込める」といっても、どんなものでも記述できるわけではありません。{}に埋め込めるのは、関数や変数などです。関数を埋め込めば、その戻り値が値として表示されますし、変数を記述すればその値が出力されます。また複数の文を記述することもできません。

JSXに{}で埋め込めるのは「値として表示できる1つの文」のみ、と考えてください。

引数で値を受け渡す

関数として定義したコンポーネントはとても手軽にJSXで利用できます。けれど、先ほどの<Msg />のように、ただ決まったメッセージを表示するだけでは汎用性がありませんね。表示するメッセージやスタイルの値などをコンポーネントに受け渡すことができれば、より実用的なコンポーネントが作れるでしょう。

では、どのようにしてコンポーネントに必要な値を受け渡して表示すればいいのでしょうか。まず、誰もが思い浮かぶのは、「関数の引数を使って値を渡せばいいのでは？」というものでしょう。

リスト3-12

```
import React from 'react';
import './App.css';

const title = "React page.";
const message = "メッセージを表示します。";
```

```
function Msg(msg:string, size:number, color:string) {
  const s = {
    fontSize: size + "pt",
    color: color,
  }
  return <p className='msg' style={s}>{msg}</p>;
}

function App() {
  return (
    <div className="container">
      <h1>{title}</h1>
      <h2>{message}</h2>
      <div>
        { Msg("最初のメッセージ", 36, "red") }
        { Msg('次のメッセージです.', 24, 'lightgray') }
        { Msg('最後のメッセージでした.', 12, 'black') }
      </div>
      </div>
  );
}

export default App;
```

図3-8　3つのメッセージが、テキスト、フォントサイズ、カラーを変えて表示される。

これを実行すると、フォントサイズとテキストカラーの異なる3つのメッセージが表示されます。このように表示を変更できるようになれば、コンポーネントはより便利になりますね。

引数でstyleを設定する

では、コードの内容をチェックしましょう。ここでは、以下のような形でMsg関数を定義していますね。

```
function Msg(msg:string, size:number, color:string) {……}
```

引数にmsg, size, colorという3つの値を用意しています。これらの値を使い、スタイル用のオブジェクトを作成します。

```
const s = {
  fontSize: size + "pt",
  color: color,
}
```

スタイル名は、ハイフンでつなげたものはキャメル記法(各単語の冒頭だけ大文字にしてひと続きにした形)に直します。例えば、font-sizeは、fontSizeという名前で指定をします。

こうして作成したスタイルのオブジェクトをstyleに指定して<p>を作成し、returnします。

```
return <p className='msg' style={s}>{msg}</p>;
```

この<p>は、JSXですね。classNameとstyleの属性を指定し、表示するコンテンツに{msg}で変数msgの値を指定しています。これが、このMsgコンポーネントの表示となるわけです。

このMsgを実行している部分を見ると、このようになっています。

```
{ Msg("最初のメッセージ", 36, "red") }
{ Msg('次のメッセージです.', 24, 'lightgray') }
{ Msg('最後のメッセージでした.', 12, 'black') }
```

ここでは、{}を使って関数の呼び出しを埋め込んでいます。これでMsgの戻り値である<p>がここに表示されるようになります。

<Msg />ではエラーになる

しかし、なぜMsgコンポーネントを、今回は<Msg />ではなく{}で関数呼び出しの形にしてあるのでしょうか。それは、Msg関数の引数にうまく値を渡せないからです。

試しに、記述したMsg関数の呼び出し部分を以下のように書き換えてみましょう。

```
{ Msg("最初のメッセージ", 36, "red") }
```

↓

```
<Msg msg="最初のメッセージ" size="36" color="red" />
```

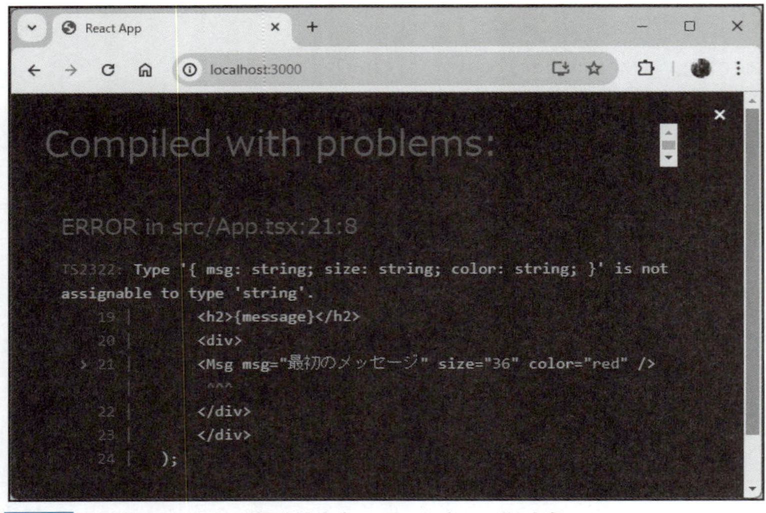

図3-9 <Msg />として埋め込むとエラーになってしまう。

こうすると、実行時にエラーになってしまいます。<Msg />の部分でエラーが発生していますね。このやり方では、Msg関数に値を渡せないことがわかります。

属性を利用する

では、<Msg msg="○○" />というように、コンポーネントの属性を使って必要な値を受け渡すにはどうすればいいのでしょうか。

これは、コンポーネントの関数の引数を正しく指定すればいいのです。コンポーネントの関数には、オブジェクトが1つだけ引数として渡されます。このオブジェクトの中に、属性の値がすべてまとめられているのです。

```
function 関数 ( props )
```

例えば、このように引数を用意すると、このpropsの中に属性が保管されます。<Msg msg="○○" />ならば、props.msgの値を取り出せば、msg属性の値が得られます。

このように、引数のオブジェクト内から必要な値を取り出して利用するようにすれば、属性の値を問題なく受け渡せるようになります。

Msg関数を修正する

では、先ほどのMsgコンポーネントの関数を修正し、<Msg />から属性を使って値を渡せるようにしてみましょう。App.tsxのコードを以下のように書き換えてください。

リスト3-13

```
import React from 'react';
import './App.css';

const title = "React page.";
const message = "メッセージを表示します。";

// MsgPropsインターフェースの定義
interface MsgProps {
  msg: string,
  size: number,
  color: string
}

function Msg(props: MsgProps) {
  const s = {
    fontSize: props.size + "pt",
    color: props.color,
  }
  return <p className='msg' style={s}>{props.msg}</p>;
}

function App() {
  return (
    <div className="container">
      <h1>{title}</h1>
      <h2>{message}</h2>
      <div>
      <Msg msg={"最初のメッセージ"} size={20} color={"red"} />
      <Msg msg={"次のメッセージです."} size={20} color={"green"} />
      <Msg msg={"最後のメッセージでした."} size={20} color={"blue"} />
      </div>
      </div>
  );
}

export default App;
```

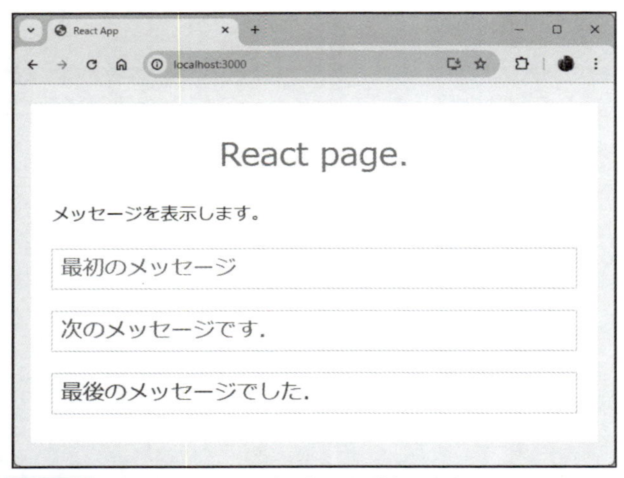

図3-10　3つのMsgコンポーネントが表示される。

これを実行すると、メッセージと色の違うMsgコンポーネントが3つ表示されます。問題なく属性の値を渡して表示を作成できていますね。

インターフェースを定義する

ここでは、まず最初に「インターフェース」というものを定義しています。この部分ですね。

```
interface MsgProps {
  msg: string,
  size: number,
  color: string
}
```

これは、「オブジェクトの内容を定義するもの」です。実際にこれを使ってオブジェクトを作ったりするわけではなく、「こういう内容のオブジェクトをこういう名前で定義します」ということを記すためのものです。このインターフェースは、型を重視するTypeScriptだからこそ必要となるものであり、JavaScriptの場合は不要です。

ここでは、MsgPropsというインターフェースを定義しています。このMsgPropsでは、その中にmsg, size, colorという3つの値が用意されます。msgとcolorは文字列、sizeは数値の値になります。

こうしてインターフェースを定義してから、Msg関数を定義します。

```
function Msg(props: MsgProps) {……
```

引数のpropsでは、値のタイプとしてMsgPropsが指定されていますね。これにより、「msg,

size, colorという値を持つオブジェクト」が引数として渡されるようになります。

このMsg関数では、まずsizeとcolorの値を取り出してスタイルのオブジェクトを作成しています。

```
const s = {
  fontSize: props.size + "pt",
  color: props.color,
}
```

やっていることは先に行った処理と同じですが、値を「props.size」「props.color」という形で取り出すようになっています。そしてこのオブジェクトを使い、以下のように<p>を作成して返しています。

```
return <p className='msg' style={s}>{props.msg}</p>;
```

ここでも、表示するコンテンツには{props.msg}と値を指定しています。これでmsg属性の値を表示する<p>が作成されます。

属性の値の設定

このMsgコンポーネントを利用しているのが以下の部分です。全部で3つのMsgを作成していますね。

```
<Msg msg={"最初のメッセージ"} size={20} color={"red"} />
<Msg msg={"次のメッセージです."} size={20} color={"green"} />
<Msg msg={"最後のメッセージでした."} size={20} color={"blue"} />
```

ここで注目してほしいのは、属性の値です。いずれも{}の中に値を記述していますね。

{}による変数などの埋め込みは、テキストコンテンツの部分だけしか使えないわけではありません。タグの属性の値として使うこともこともできるのです。

この場合の書き方は以下のようになります。

×	属性 ＝ "{〇〇}"
〇	属性 ＝ {〇〇}

属性は通常、テキストの値として指定します。しかし{}で値を埋め込む場合には、"{〇〇}"としてはいけません。これでは「{〇〇}というテキスト」として扱われてしまいます。"をつけず、直接{〇〇}を値として設定してください。

<style>タグは使えない？

コンポーネントで属性を利用する場合、もっとも注意が必要なのは「スタイルの設定」でしょう。style属性ではスタイルシートをオブジェクトにまとめて設定する必要がありました。このやり方は、ちょっと面倒くさい感じがしますね。「<style>でスタイルを書いておけばいいんじゃない？」なんて思った人もいることでしょう。

JSXで<style>は使えるのか？ 実をいえば、Reactでは長い間、JSX内で<style>を利用できなかったのですが、現在のバージョンではJSX内にインラインで<style>を用意できるようになっています。ただし、書き方には注意が必要です。

```
<style>{`……スタイルの設定内容……`}</style>
```

<style>～</style>のコンテンツには、{}で値を埋め込みます。その内容は、CSSファイルなどに記述するものをそのまま文字列として用意します。style属性に指定するようにオブジェクトにまとめた値ではありません。通常のCSSのコードそのものを用意してください。

<style>でスタイルを指定する

では、実際に<style>を利用した例を見てみましょう。App.tsxのApp関数を以下のように書き換えてみてください。

リスト3-14

```
function App() {
  return (
    <div className="container">
      <style>{`
        h1 {
          color: white;
          background-color: blue;
          padding: 5px;
        }
        h2 {
          color: white;
          background-color: red;
          padding: 5px 10px;
        }
        p.msg {
        background-color: lightyellow;
        }
      `}</style>
```

```
        <h1>{title}</h1>
        <h2>{message}</h2>
        <div>
        <Msg msg={"最初のメッセージ"} size={20} color={"red"} />
        <Msg msg={"次のメッセージです."} size={20} color={"green"} />
        <Msg msg={"最後のメッセージでした."} size={20} color={"blue"} />
        </div>
      </div>
  );
}
```

図3-11　表示されるコンテンツのスタイルが変わる。

これで、表示されるコンテンツのスタイルが変更されます。タイトルは青背景、その下のメッセージは赤背景、そして<Msg />の表示は淡い黄色の背景で表示されるようになります。

実際に試してみるとわかりますが、この<style>で指定したスタイルによって、<Msg />でstyle属性に指定されたスタイルを変更することはできません。

コンポーネントは、まず<style>で指定されたスタイルが割り当てられ、それから各コンポーネントでstyle属性で指定されたスタイルが適用されます。<style>と同じスタイルがコンポーネント側のstyleにあった場合は、<style>のスタイルは上書きされ変更されます。つまり、コンポーネントのスタイルをこれによって変更することはできないのです。

コンポーネントのスタイルは、コンポーネント内でstyle属性を指定して行うのが基本で、<style>は補助するもの、ぐらいに考えておきましょう。

Section 3-3 JSXの構文的な使い方

条件で表示する

JSXは、「タグをそのまま値として記述する」という非常にシンプルな機能です。これは、「スクリプト内でHTMLを記述するテンプレート」のような感覚で使うことができます。

が、最近のテンプレート技術では、条件分岐や繰り返しなどの構文のような機能も盛り込まれているものが増えてきています。JSXでは、こうした構文のような機能はないのでしょうか。

これは、ありません。JSXは良くも悪くも「タグをそのまま値として記述する」というものなので、構文のような機能は特に持っていないのです。

では「条件で表示を変えたり、繰り返したりすることはできないのか？」というと、そういうわけでもありません。JSXでは、{}を使ってJavaScriptの式や関数などが埋め込めましたね？ これを利用すれば、構文のような働きを用意することもできるのです。

ただし、記述できるのは式や関数のみで、長い構文などは使えません。このため、書き方に注意する必要があります。では、{}を使ったJSXの構文的な使い方について説明しましょう。

真偽値で表示を制御する

では、「条件をチェックして表示を行う」ということから行ってみましょう。JavaScript/TypeScriptなどでの「条件分岐」に相当するものですね。これは、JSX内に以下のような形で記述をします。

```
{ 真偽値 && ……JSXの記述…… }
```

真偽値の変数や式などを用意し、その後に&&をつけてJSXの記述をします。これで真偽値がtrueならば&&の後のJSXが表示され、falseならば表示されなくなります。

実際にやってみましょう。App.tsxの内容を以下のように修正してください。

リスト3-15

```
import React from 'react';
import './App.css';

const title = "React page.";
const message = "メッセージを表示します。";
const content = `※これが、trueのときに表示されるメッセージです。
  ちゃんと表示されていますか？`;

const flg = true; // ☆

function App() {
  return (
    <div className='container'>
      <h1>{title}</h1>
      <h2>{message}</h2>
    {flg &&
      <div className='msg'>
        <p>{content}</p>
      </div>
    }
    </div>
  );
}

export default App;
```

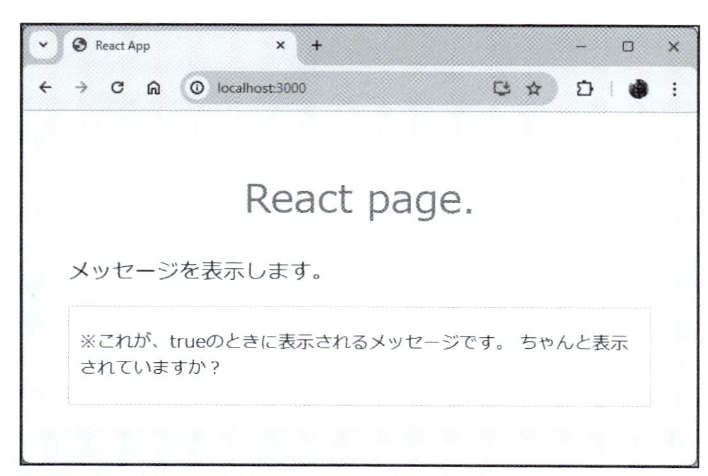

図3-12 変数flgの値がtrueだとメッセージが表示される。

これをWebブラウザで表示すると、アラートによるメッセージが表示されます。それを確認したら、☆マークの変数flgをfalseに変更してみましょう。すると、メッセージは表示されなくなります。

図3-13 flg変数をfalseにするとメッセージが表示されなくなる。

表示のコードをチェックする

では、表示部分のJSXを見てみましょう。ここでは、表示するメッセージを以下のような形で記述しています。

```
{flg &&
  <div className='msg'>
    <p>{content}</p>
  </div>
}
```

これで、flgの値がtrueならば、&&の後の<div>が表示されるようになります。ここでは見やすいように改行していますが、そのまま1行に続けて記述しても構いません。また複数行に渡る長いJSXを用意しても、それが1つの式として完結していれば問題なく動きます。

真偽値による表示の切り替え

if-elseのように、条件の真偽値によって切り替え表示をしたい場合には、三項演算子を利用するのがよいでしょう。三項演算子というのは「条件 ？ ○○ ： ××」という形式の式です。3つの項目でできているから三項演算子というのですね。

これを利用することで、条件によって異なる表示を行うことが可能になります。

```
{ 真偽値 ? true時の表示 : false時の表示 }
```

このように{}内に三項演算子の式を記述し、true時とfalse時にそれぞれ異なるJSXを用意すればいいのです。三項演算子がわかっていれば意外と単純ですね。

では、これも使ってみましょう。App.tsxの内容を以下のように書き換えてください。

リスト3-16

```
import React from 'react';
import './App.css';

const title = "React page.";
const message = "メッセージを表示します。";
const content_true = `※これが、trueのときに表示されるメッセージです。
    ちゃんと表示されていますか？`
const content_false = `※これは、falseのときの表示です……。`;

const flg = false; // ☆

function App() {
  return (
    <div className='container'>
      <h1>{title}</h1>
      <h2>{message}</h2>
    {flg ?
      <div className='msg'>
        <p>{content_true}</p>
      </div>
      :
      <div className='msg'>
        <p>{content_false}</p>
      </div>
    }
    </div>
  );
}

export default App;
```

Chapter 1 Chapter 2 Chapter 3 Chapter 4 Chapter 5 Chapter 6 Chapter 7 Chapter 8

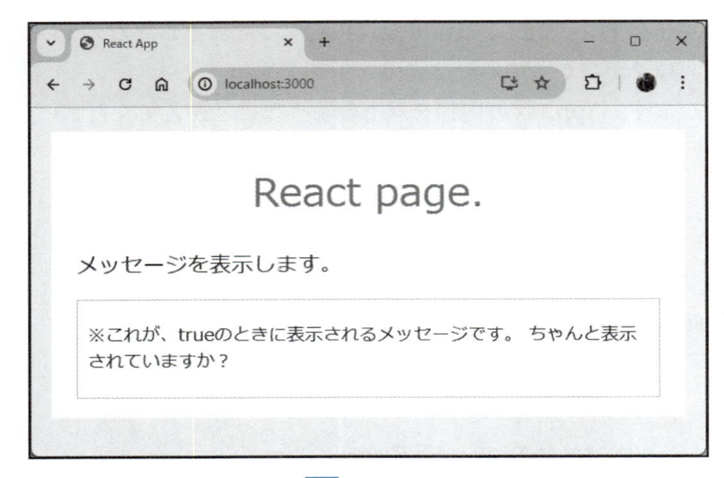

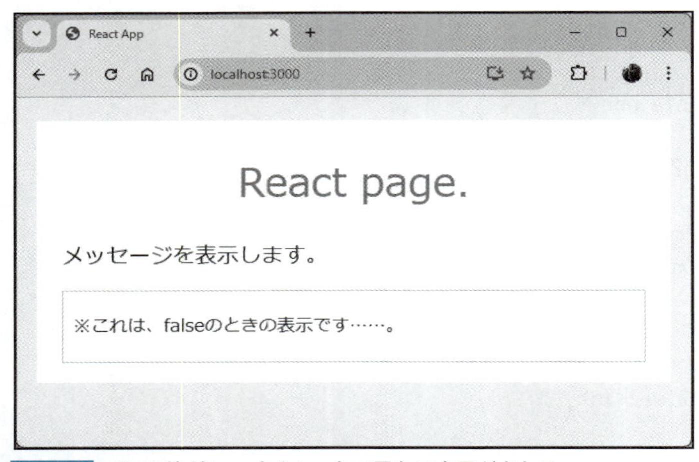

図3-14　flgの値がtrueかfalseかで異なる表示がされる。

Webブラウザで表示すると、true時のメッセージが表示されます。表示を確認したら、☆マークの変数flgの値をfalseに変更してみましょう。すると今度は別のメッセージが表示されます。

ここでは、変数elにJSXを用意していますが、その中で三項演算子による表示を埋め込んでいます。

```
{flg ?
  <div className='msg'>
    <p>{content_true}</p>
  </div>
  :
  <div className='msg'>
```

```
    <p>{content_false}</p>
  </div>
}
```

この部分ですね。この内容を整理すると、以下のような形で記述されていることがわかるでしょう。

```
{flg ? <div>～trueの表示～</div> : <div>～falseの表示～</div> }
```

これで用意された2つの表示をflgで切りかえることができるようになります。表示の切り替えは、このように意外と簡単です。

配列によるリストの表示

続いて、繰り返し表示について考えてみましょう。これにはいくつかの方法がありますが、もっとも単純なのは「配列」を使ったものでしょう。

これは、同じようなタグをいくつも用意するような場合に有効です。例えば、<ul>や<ol>では、いくつもの<li>を並べてリストを作成します。このようなときに、あらかじめ表示する<li>を配列に用意しておくことで簡単にそれを表示できるようになります。

では、やってみましょう。App.tsxを以下のように書き換えてください。

リスト3-17

```
import React from 'react';
import './App.css';

const title = "React page.";
const message = "メッセージを表示します。";

const data = [
  <li className="msg">One</li>,
  <li className="msg">Two</li>,
  <li className="msg">Three</li>
];

function App() {
  return (
    <div className='container'>
      <h1>{title}</h1>
      <h2>{message}</h2>
```

```
        <ul>
          {data}
        </ul>
      </div>
    );
}

export default App;
```

図3-15 配列の<li>タグを表示する。

Webブラウザで表示すると、「One」「Two」「Three」といった項目のリストが表示されます。ここでは、<ul>タグ内に {data} を表示しています。このdataに、表示する項目が配列にまとめて用意されています。

```
const data = [
  <li className="msg">One</li>,
  <li className="msg">Two</li>,
  <li className="msg">Three</li>
];
```

このように、<li>タグを配列の要素として用意しておけば、それをそのまま{}で表示することでリストの項目が表示されるようになります。単純に「複数の項目をまとめて表示する」というなら、これがもっとも簡単な方法でしょう。

mapを使った表示の繰り返し

ただ「用意したものを表示するだけ」というのでなく、あらかじめ用意したデータを元に表示する内容を作成して表示するような場合には、配列方式でなく、もっと複雑な繰り返し処理を行えるような仕組みが必要となります。

繰り返し構文はJSXでは使えませんが、関数やメソッドの呼び出しなどはJSXの中で使えます。これを利用して「繰り返し値を出力する関数やメソッド」を使い、繰り返し表示を実装することは可能なのです。

「そんな便利な関数やメソッドがあるのか？」と思った人。実は、あるんです。配列などのコレクション(多数の値をまとめて管理するオブジェクト)に用意されている「map」メソッドです。

mapメソッドは、配列オブジェクトから呼び出され、配列に保管されている値を元に新たな配列を生成して返します。といってもよくわからないかもしれませんが、要するに「配列の各要素を別の形に変換した新しい配列が作れる」ということなのです。

mapの使い方を覚えよう

これはちょっとわかりにくいので、順に説明していきましょう。このmapは、引数に関数を用意するという変わったメソッドです。書き方は、このようになります。

```
配列 .map( value=> 新しい項目 ) )
```

なんだかよくわからない形ですね。引数に用意してあるのは、アロー関数です。これは、関数をシンプルに記述したもので、こんな具合に書きます。

```
引数 => 戻り値
```

この引数の値に、配列の1つ1つの値が順番に渡されて呼び出されていきます。そして => の右側に記述した値が、そのまま「新しい配列の要素」として返されるのです。

例えば、こんな形を考えてみましょう。

```
let A = [1, 2, 3];
```

Aという変数に、[1, 2, 3]という配列を用意します。そして、このAからmapを呼び出して新しい配列を変数Bに作成します。

```
let B = A.map(value=> value * 2);
```

ここでは、value=> value * 2 というアロー関数を指定します。これは見ればわかるように、引数として渡されるvalueを2倍にするだけのものです。すると、Bには以下のような配列が代入されるのです。

```
[2, 4, 6]
```

Aの配列の各値が2倍になった配列が作成されていることがわかるでしょう。これが、mapの働きです。引数に用意した関数で値を加工することで、「元の値を加工して得られた値の配列」が作られるのです。

mapでリスト項目を作る

では、実際にmapを利用して表示を作成してみましょう。例によって、App.tsxを以下のように書き換えてください。

リスト3-18

```
import React from 'react';
import './App.css';

const title = "React page.";
const message = "データを表示します。";

const data = [
  {name:'Taro', mail:'taro@yamada', age:45},
  {name:'Hanako', mail:'hanako@flower', age:37},
  {name:'Sachiko', mail:'sachiko@happy', age:29},
  {name:'Jiro', mail:'jiro@change', age:18},
  {name:'Kumi', mail:'kumi@class', age:56}
];

function App() {
  return (
    <div className='container'>
      <h1>{title}</h1>
      <h2>{message}</h2>
      <table className="data-table">
      <thead>
        <tr>
          <th>name</th>
          <th>mail</th>
          <th>age</th>
        </tr>
```

```
        </thead>
        <tbody>
        {data.map(value=>(
          <tr>
            <td>{value.name}</td>
            <td>{value.mail}</td>
            <td>{value.age}</td>
          </tr>
        ))}
        </tbody>
        </table>
      </div>
  );
}

export default App;
```

今回は<table>で表を作成しているので、これに関するスタイルシートも追記しておきましょう。App.cssを開き、以下のコードを末尾に追記してください。

リスト3-19

```
table.data-table {
  font-size: 0.9em;
}
table.data-table thead {
  color: white;
  background-color: cadetblue;
}
table.data-table thead tr th {
  padding: 3px 10px;
}
table.data-table tbody tr td {
  border: lightblue 1px solid;
  padding: 2px 15px;
}
```

Webブラウザで表示すると、変数dataのデータがテーブルとして表示します。表示そのものはそう難しいものではありませんが、ただのデータがきちんと整形されて表示されることがわかります。

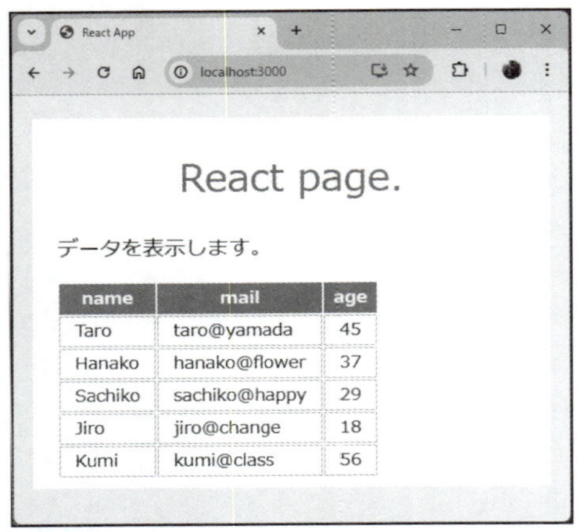

図3-16 データを元にテーブルを表示する。

dataをテーブルに変換する

では、スクリプトを見てみましょう。ここでは、dataには以下のような形でデータを用意してあります。

```
let data = [
  {name:'Taro', mail:'taro@yamada', age:45},
  ……略……
]
```

name, mail, ageといった項目を持つオブジェクトの配列としてデータをまとめてあるのがわかりますね。ここから順にオブジェクトを取り出して、テーブルに表示する項目を作成していきます。data.mapの引数を見ると、こうなっています。

```
value=>(
  <tr>
    <td>{value.name}</td>
    <td>{value.mail}</td>
    <td>{value.age}</td>
  </tr>
)
```

引数のvalueに、dataから順に取り出したオブジェクトが渡されます。そこから、value.nameというようにして値を取り出し、テーブルに表示する<tr>を作成します。dataから順にオブジェクトを取り出してはこのアロー関数で<tr>が作られ、それが配列にまとめられていくのです。

整理すると、mapによってdataの値がこんな具合に変換されます。

```
{name:'Taro', mail:'taro@yamada', age:45}
```

↓

```
<tr>
  <td>Taro</td>
  <td>taro@yamada</td>
  <td>45</td>
</tr>
```

いかがですか？ こんな具合に、dataの値から複雑なJSXが作れてしまうのです。後は、mapの戻り値をそのまま<table>内に書き出せば、dataの内容のテーブルが完成する、というわけです。

このmapが使いこなせるようになったら、繰り返しの表現が格段に向上すること間違いないでしょう。

関数定義を利用する

これで条件分岐と繰り返しという基本的な構文に相当する式の書き方がわかりました。しかし、これらで行えるのは基本的に一文で実行できる内容であり、それより複雑なことは行えません。

もし、「もっと複雑なものを作りたい」というのなら、そのときはエレメントを作成する関数を定義し、それを{}で埋め込んで表示を作成することになります。簡単な例を挙げましょう。

リスト3-20

```
import React from 'react';
import './App.css';

const title = "React page.";
const message = "データを表示します。";

const data = [
  {name:'Taro', mail:'taro@yamada', age:45},
  {name:'Hanako', mail:'hanako@flower', age:37},
  {name:'Sachiko', mail:'sachiko@happy', age:29},
  {name:'Jiro', mail:'jiro@change', age:18},
```

```
  {name:'Kumi', mail:'kumi@class', age:56}
];

function getData(n:number) {
  const flg = n % 2 == 0;
  return (
    <p className='msg'
      style={flg ? {backgroundColor:'gray', color:'white'} : {}}>
      [{n+1}] {data[n].name}({data[n].age}) &lt;{data[n].mail}&gt;
    </p>
  );
}

function App() {
  return (
    <div className='container'>
      <h1>{title}</h1>
      <h2>{message}</h2>
      {getData(0)}
      {getData(1)}
      {getData(2)}
      {getData(3)}
      {getData(4)}
    </div>
  );
}

export default App;
```

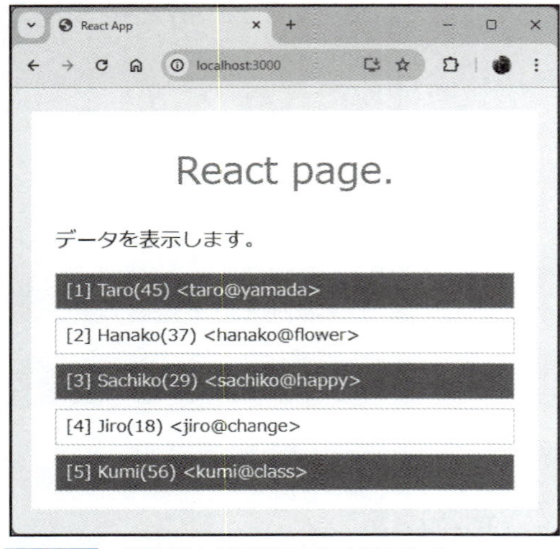

図3-17 偶数行と奇数行で表示が変わる。

これを実行すると、1，3，5行と2，4行で表示スタイルが変わるようにメッセージが表示されます。ここでは、あえてmapを使わず、繰り返しgetData関数を呼び出しています。このgetData関数で、引数で行番号を渡すとその値に応じて表示を作成して返すようにしています。

「つまり、複雑な表示を作るコンポーネントを用意して組み合わせるのか？」と思った人。基本的な考え方はその通りですが、必ずしも「コンポーネントを組み合わせる」必要はありません。

例えば、ここで定義したgetDataは、コンポーネントではありません。名前が小文字で始まっていますし、引数にはプロパティのオブジェクトではなく行番号を示すnumber値が用意されています。コンポーネントとしての仕様を満たしていません。しかし、{}でgetDataを呼び出すことで、コンポーネントと同様に表示を作成していくことができます。

コンポーネントは、「外部から読み込まれ再利用される」という使い方を想定して作られるものです。再利用する必要がない、その場だけでしか使わないものは、コンポーネントにせず、普通の関数として作成して利用すればそれで十分役に立ちます。

オブジェクトを記述する

{}では、値、式、関数といったものを指定することができますが、この他に「オブジェクト」を指定することもできます。例えば、属性などに値を指定する場合、数値や文字列などだけでなくオブジェクトを値として指定することもできるのです。

ただしオブジェクトを用意する場合、{}の書き方に注意が必要です。

```
属性={{……内容……}}
```

オブジェクトのリテラルは、{a:1, b:2, c:3, …}というように記述をしますから、これを{}内に記述すると、{{a:1, b:2, c:3, …}}というように{}が二重になります。こうすることで、オブジェクトをその場で用意し属性に渡すことができます。

では、簡単な利用例を見てみましょう。

リスト3-21

```
import React from 'react';
import './App.css';

const title = "React page.";
const message = "データを表示します。";

interface DataInterface {
```

```
  data:{
    name:string,
    mail:string,
    age:number
  }
}

function Data(props:DataInterface) {
  return (
    <p className='msg'>
      {props.data.name}({props.data.age}) &lt;{props.data.mail}&gt;
    </p>
  );
}

function App() {
  return (
    <div className='container'>
      <h1>{title}</h1>
      <h2>{message}</h2>
      <Data data={{name:'Taro', mail:'taro@yamada', age:45}}/>
      <Data data={{name:'Hanako', mail:'hanako@flower', age:36}}/>
      <Data data={{name:'Sachiko', mail:'sachico@happy', age:27}}/>
    </div>
  );
}

export default App;
```

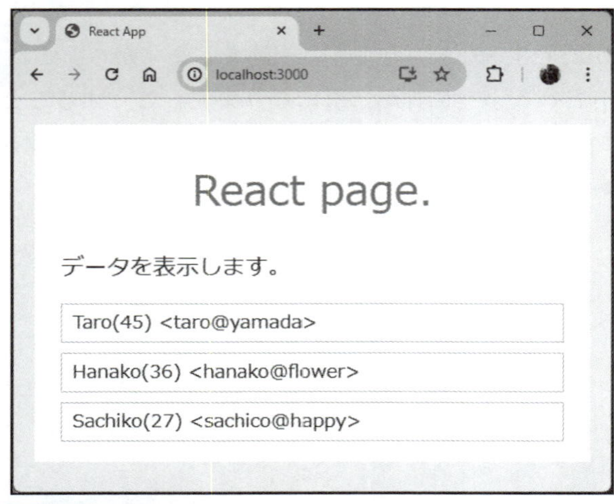

図3-18 <Data />のdata属性にオブジェクトを渡してコンポーネントを作る。

ここでは、Dataコンポーネントを定義し、これを3つ表示しています。ここでは、DataInterfaceというインターフェースを定義していますね。これは「data」というプロパティにname, mail, ageといった値を持つオブジェクトを用意するようになっています。このDataInterfaceを引数に指定して、Dataコンポーネント関数が定義されています。Dataの使い方を見てみましょう。

```
<Data data={{name:'Taro', mail:'taro@yamada', age:45}}/>
```

<Data/>の「data」属性に、{name:'Taro', mail:'taro@yamada', age:45}というオブジェクトが用意されていますね。コンポーネントの関数では、属性に用意される値を1つのオブジェクトにまとめたものが引数として渡されます。つまり、この<Data />ならば、{data: {……}}というような形で、dataプロパティにオブジェクトが代入されるような形でData関数の引数に値が渡されます。

Data関数側では、渡されたプロパティのオブジェクトからdata内にある値を取り出して利用することになります。例えば、{props.data.name}というようにすれば、data属性に指定されたオブジェクトからnameの値を取り出すことができます。

{}で属性にオブジェクトを渡すことができれば、あらかじめ複雑なオブジェクトを用意しておき、それを属性に設定することもできますね。そうすることで、複雑な情報をコンポーネントに渡せるようになります。

例えば、name, mail, age, address, tel, ……と十数個もの値をコンポーネントに渡す場合、それらを1つ1つ属性として記述していくのは非常に面倒です。しかしオブジェクトが渡せるなら、あらかじめ必要な情報をオブジェクトにまとめておき、それを属性に指定するだけで済みますからコードもだいぶシンプルになるでしょう。

アロー関数を活用しよう

JSXの{}内には関数などを埋め込めます。関数は、その場に記述してその場で実行させることもできます。これは、「アロー関数」を利用すると記述しやすいでしょう。アロー関数というのは、()=>○○という形で書いた、「その場限りで使う関数」のことでしたね。

では、その場で書いて、しかも「実行される」関数というのはどう書くのでしょうか。これは、以下のような形で記述します。

```
( 関数 )()
```

関数の定義自体を()でくくり、その後に()をつければ、記述した関数定義をその場で実行します。アロー関数を利用するなら、こんな感じで書けばいいでしょう。

```
( ()=>{……処理……} )()
```

こうして記述した関数を{}で埋め込めば、その場で関数を使って実行し、表示を作ることができます。といっても、何をいってるのかよくわからないかもしれませんね。

では実際に試してみましょう。App.tsxの内容を以下のように書き換えてください。

リスト3-22

```
import React from 'react';
import './App.css';

const title = "React page.";
const message = "データを表示します。";

const data = {
  url:'http://google.com',
  title:'Google',
  caption:`※これは、Googleの検索サイトです。
    このサイトは、Googleが提供しています。`,
}

function App() {
  return (
    <div className='container'>
    <h1>{title}</h1>
    <h2>{message}</h2>
    {(()=>
      <div className="card">
        <div className="header">
          {data.title}
        </div>
        <div className="body">
          {data.caption}
        </div>
        <div className="footer">
          <a href={data.url}>※{data.title}に移動</a>
        </div>
      </div>
    )()}
    </div>
  );
}

export default App;
```

今回はカード上に情報をまとめて表示するので、そのためのスタイルクラスも用意しておきましょう。App.cssに以下のコードを追記してください。

リスト3-23

```
.card {
  border: gray 1px solid;
  padding: 25px 50px;
  margin: 25px 0px;
  box-shadow: darkgray 5px 7px 5px;
}

.card .header {
  text-align: center;
  font-size: 1.5em;
  margin: 15px;
}
.card .body {
  text-align: left;
  font-size: 1.0em;
}
.card .footer {
  text-align: right;
  font-size: 0.8em;
  margin: 20px 0px;
}
```

Webブラウザで表示すると、カード状のデザインでコンテンツがまとめられて表示されます。カードには薄っすらと影もつき、立体的な感じになっていますね。

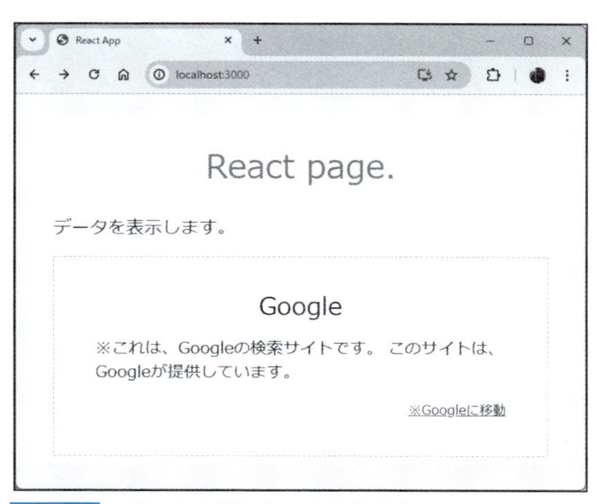

図3-19 データを元にカードを表示する。

アロー関数をチェック

ここでは、dataにある値を利用して、関数で表示を作っています。JSXにある{}部分を取り出してみましょう。すると、こうなっているのがわかります。

```
{(()=> <div>……略……</div>)()}
```

()=>の後に<div>タグがJSXで用意されています。そしてその中で、いろいろと値を埋め込んで表示内容を作っているのですね。

ここで用意されている関数は、どこからか呼び出して実行しているわけじゃありません。用意した関数が、その場で実行されて表示されているのです。「書いてあるだけで実行される関数」というのもJavaScript/TypeScriptでは作れるのですね！

複数コンポーネントの利用

コンポーネントの埋め込み

コンポーネントは、複数のものを組み合わせて利用できます。では、コンポーネントの組み合わせについて考えてみることにしましょう。

まずは、ここまでのコンポーネント利用で既にわかっている使い方からです。コンポーネントを別のコンポーネント内に埋め込んで表示するというものですね。簡単な例を見てみましょう。App.tsxを以下に書き換えます。

リスト3-24

```
import React from 'react';
import './App.css';

const title = "React page.";
const message = "メッセージを表示します。";

function Msg(props: any) {
  return (
    <div className="msg">
      {props.message}
    </div>
  );
}

function App() {
  return (
    <div className='container'>
      <h1>{title}</h1>
      <Msg message="Hello! This is Message component." />
      <Msg message="メッセージを表示するコンポーネントです。" />
    </div>
  );
```

```
}

export default App;
```

図3-20　Msgコンポーネントを埋め込んで表示する。

ここでは、Msgというコンポーネントを定義し、これを2つ作成して埋め込み表示しています。このコンポーネントは、以下のような形で使われています。

```
<Msg message=メッセージ />
```

messageという属性を使って表示するメッセージをコンポーネントに渡しています。Msgコンポーネントでは、以下のようにその値を利用しています。

```
function Msg(props: any) {
  return (
    <div className="msg">
      {props.message}
    </div>
  );
}
```

引数に渡されたpropsからmessageの値を取り出し、{props.message}と表示をしています。こうすることで、<Msg />のmessage属性の値を取り出し利用できるのでしたね。

コンポーネントのコンテンツを利用する

属性を使って値を受け渡す基本はもうわかりましたね。しかし、値を渡す方法は属性だけではありません。「コンテンツ」を利用する方法もあります。

コンテンツというのは、そのエレメント内に組み込まれているもののことです。例えば、HTMLのタグというのはこんな具合に記述できましたね。

```
<p>Hello!</p>
```

この場合、「Hello!」というのが、<p>のコンテンツです。コンポーネントでも、このように開始タグと終了タグの間にあるコンテンツを利用することができます。これは、引数で渡されるオブジェクトの「children」プロパティで取り出せます。

```
function 関数( props) {
  ……props.childrenでコンテンツを得る……
}
```

このような形ですね。では、実際にコンテンツを利用するコンポーネントを作成してみることにしましょう。App.tsxを以下に書き換えてください。

リスト3-25

```
import React from 'react';
import './App.css';

const title = "React page.";
const message = "メッセージを表示します。";

function Msg(props: {children: string}) {
  console.log(props.children);
  return (
    <div className="msg">
      {props.children}
    </div>
  );
}

function App() {
  return (
    <div className='container'>
      <h1>{title}</h1>
      <Msg>
```

```
            ※これは、メッセージです。
            複数行のメッセージを表示します。
          </Msg>
        </div>
    );
}

export default App;
```

図3-21 <Msg>のコンテンツを表示する。

ここでは、<Msg>～</Msg>というようにしてコンテンツを用意しています。Msgコンポーネントの関数を見ると、以下のようになっていますね。

```
function Msg(props: {children: string}) {……}
```

childrenに文字列を指定したオブジェクトが引数に指定されています。これで、childrenにコンテンツが文字列として渡され、その値を利用して表示が作成できるようになります。returnしているJSXを見ると、こうなっています。

```
<div className="msg">
  {props.children}
</div>
```

props.childrenでコンテンツを<div>タグで表示しています。このようにして、コンポーネントのコンテンツを利用した表示を作成できるのですね！

子エレメントを順に処理する

このpropsによるコンテンツの利用を考えたとき、コンテンツには必ずしも文字列だけが指定されるわけではない、ということを忘れてはいけません。コンテンツとして、さらにタグを利用したコンテンツが用意されていることだってあります。例えば、こんな具合ですね。

```
<Msg>
  <p>1つ目の要素</p>
  <p>2つ目の要素</p>
</Msg>
```

このようにした場合、内部にあるコンテンツはどのように扱われるのでしょうか。

これは、「エレメントの配列」としてchildrenに保管されるのです。配列ですから、例えば先に説明したようにmapメソッドを使って表示を作成することもできますね。

では、複数の子エレメントをコンテンツとして用意する場合の例を挙げておきましょう。App.tsxを以下に書き換えます。

リスト3-26

```
import React from 'react';
import './App.css';

const title = "React page.";
const message = "メッセージを表示します。";

function Msg(props: {children:Array<any>}) {
  return (
    <ol className="msg">
      {props.children.map((child: any) => {
        return <li style={{margin:"10px 50px"}}>
          {child.props.children}
        </li>;
      })}
    </ol>
  );
}

function App() {
  return (
    <div className='container'>
      <h1>{title}</h1>
```

```
        <Msg>
          <p>※これは、メッセージです。</p>
          <p>複数行のメッセージを表示します。</p>
          <p>番号をつけて順に表示視されます。</p>
        </Msg>
      </div>
    );
}

export default App;
```

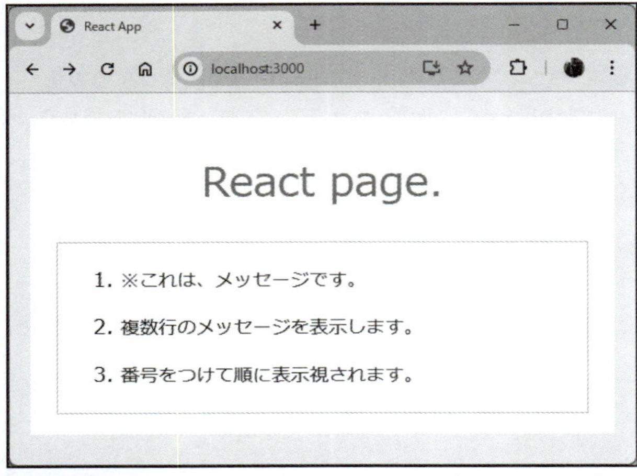

図3-22 <Msg>内に用意したエレメントがリストとして表示される。

ここでは、<Msg>～</Msg>に用意したエレメントが先頭に番号を表示したリストとして表示されます。ここでは、Msgコンポーネントの関数内で、以下のようにして子エレメントの表示を作成しています。

```
props.children.map((child: any) => {
  return <li style={{margin:"10px 50px"}}>
    {child.props.children}
  </li>;
})
```

props.childrenのmapを呼び出し、その引数に指定したアロー関数で引数childの値を<li>として表示しています。childの出力はそのまま{child}で表示するのではなく、{child.props.children}としています。これはつまり、childで渡されたエレメントのコンテンツの値を取り出して出力するわけですね。

このようにして、<Msg>内に用意した<p>のコンテンツだけを取り出して<li>に変換し、表示していたのですね。

コンポーネントを別ファイルにする

ここまで、サンプルで作ったMsgコンポーネントはApp.tsx内にAppコンポーネントと一緒に用意してありました。もし、コンポーネントを汎用的に使えるようなものとして用意したいのであれば、独立したファイルとして作成することもできます。この場合、だいたい以下のような形で作成をします。

```
import React from 'react';

function コンポーネント名() {
  ……内容……
}

export default コンポーネント名;
```

冒頭でReactなどの必要なモジュールをインポートしておき、コンポーネントの関数を定義します。そしてその後で、exportを使い、コンポーネントをエクスポートします。こうすることで、そのファイルからコンポーネントをインポートできるようになります。

Ellipseコンポーネントを作る

では、実際に新しいファイルでコンポーネントを作ってみましょう。「src」フォルダー内に「Ellipse.tsx」という名前で新しいファイルを用意します。そして、以下のように記述をします。

リスト3-27

```
import React from 'react';

function Ellipse(props: {width:number, height:number,
      x:number, y:number, color:string}) {
  const ellipseStyle:React.CSSProperties = {
    width: `${props.width}px`,
    height: `${props.height}px`,
    backgroundColor: props.color,
    position: 'absolute',
    left: `${props.x}px`,
    top: `${props.y}px`,
    borderRadius: '50%'
  };
  return <div style={ellipseStyle}></div>;
```

```
}

export default Ellipse;
```

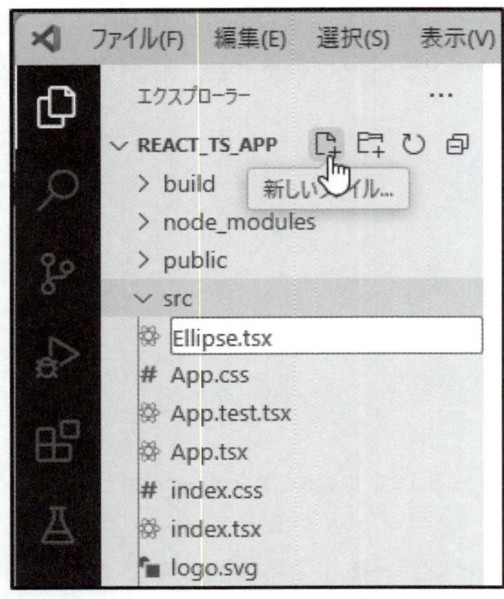

図3-23 「src」フォルダーに新しく「Ellipse.tsx」ファイルを作る。

ここでは、propsに以下のようなオブジェクトが渡されるように引数を定義してあります。

```
{width:number, height:number, x:number, y:number, color:string}
```

縦横幅、表示位置、色といった値を属性で渡すようにしておきました。これらの値を元にスタイルシートのオブジェクト(ellipseStyle)を作成し、これをstyleに指定して<div>を作成しています。一体、何をしているのかというと、指定した位置に指定の大きさ、指定の色で楕円を表示するものなのです。スタイルシートを使えば、内部を円形に塗りつぶした図形を簡単に作れます。

こうして定義された関数は、export default Ellipse;で外部にエクスポートされます。これでEllipse.tsxからEllipseが読み込めるようになりました。

コラム React.CSSPropertiesとは？ Column

ここではスタイルシートの値をオブジェクトにまとめたものをellipseStyleという定数に用意していますが、このタイプとして「React.CSSProperties」というものが指定されていますね。

これは、Reactのエレメント用に用意されているCSSのプロパティをまとめたものです。これをタイプに指定することで、Reactのエレメントで使われるスタイルシートのプロパティだけがオブジェクトのプロパティとして設定され、それ以外の値が追加されないようにできます。

Ellipseコンポーネントを利用する

では、Ellipseコンポーネントを使ってみましょう。App.tsxを開き、以下のようにコードを修正してください。

リスト3-28

```
import React from 'react';
import Ellipse from './Ellipse';
import './App.css';

const title = "React page.";
const message = "図形を表示します。";

function App() {
  return (
    <div className='container'>
      <h1>{title}</h1>
      <p>{message}</p>
      <Ellipse width={100} height={100} x={50} y={250} color="#f006" />
      <Ellipse width={125} height={125} x={100} y={300} color="#f006" />
      <Ellipse width={150} height={150} x={150} y={350} color="#f006" />
      <Ellipse width={175} height={175} x={200} y={400} color="#f006" />
    </div>
  );
}

export default App;
```

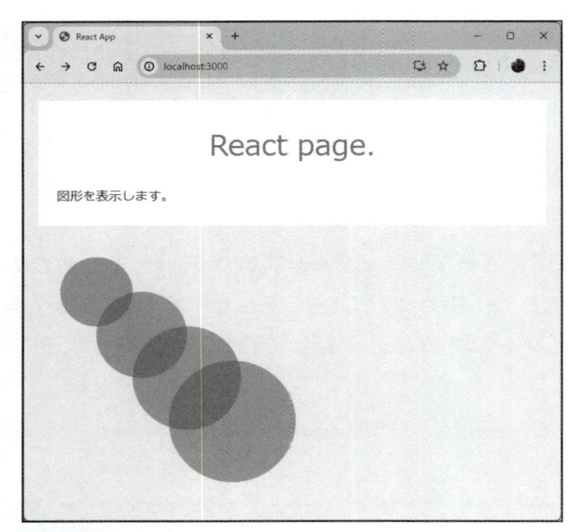

図3-24　4つの赤い半透明な円が描かれる。

ここでは4つの<Ellipse />を配置してあります。それぞれ位置と大きさを変えながら配置しています。簡単な図形程度なら、このようにCSSで作ることができます。

ここでは、importでEllipse.tsxからEllipseをインポートしています。

```
import Ellipse from './Ellipse';
```

fromにインポートするファイルのパスを指定します。これは、'./Ellipse.tsx'ではなく、'./Ellipse'で問題ないことを確認してください。importする場合、ファイルの拡張子は必要ありません。

ここでは、このfromを指定したファイルから、import Ellipseとコンポーネントを取り込んでいます。これは、export default Ellipse;でEllipseがデフォルトでインポートできるように指定されているためです。

ここで利用している<Ellipse />を見ると、以下のように記述されていますね。

```
<Ellipse width={100} height={100} x={50} y={250} color="#f006" />
```

これらの属性を元に、Ellipseコンポーネントは図形を表示していたのです。exportとimportの仕組みがわかれば、このようにコンポーネントを独立したファイルとして作成し、さまざまなところでインポートして利用できるようになります。

子コンポーネントから親コンポーネントへ！

コンポーネントの利用は、基本的に「親(ベースとなるもの)から子(その中に組み込まれるもの)」へと値を渡していきます。逆に、内部に組み込まれている子コンポーネントから、その組み込み元である親コンポーネントに何かを渡すことはできません。

ただ、こうしたことができると便利なことはよくあります。本当に、子から親に情報を渡すことはできないのでしょうか。ちょっと試してみましょう。

App.tsxを開いて、内容を以下のように書き換えてみてください。

リスト3-29

```
import React from 'react';
import './App.css';

let title = "React page."
let message = "メッセージを表示します。"

interface MsgProps {
  message: string;
  callback: (msg: string) => void;
}

function Msg(props: MsgProps) {
  props.callback("コールバックが返されました。");
  return (
    <div className="msg">
      {props.message}
    </div>
  );
}

function App() {
  let callback = "none";
  return (
    <div className='container'>
      <h1>{title}</h1>
      <Msg message={message}
        callback={(msg: string)=>{
          callback = msg;
          console.log(callback);
          alert("callback: " + callback);
        }} />
    </div>
```

```
  );
}

export default App;
```

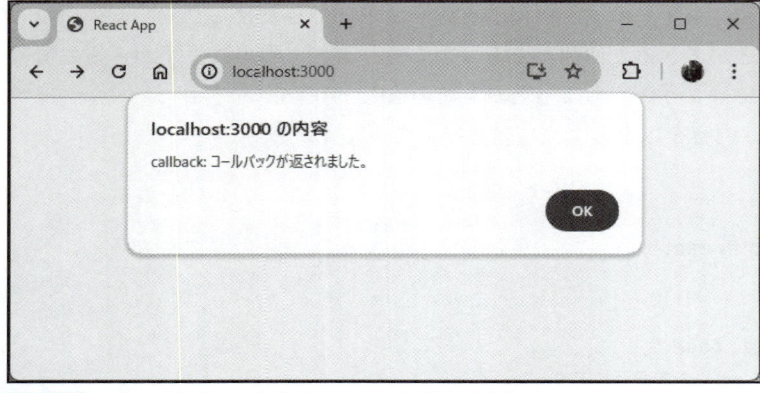

図3-25　ページをリロードするとアラートが表示される。

図3-26　アラートを閉じた後でこのように表示される。

保存したらページをリロードしてください。すると、画面にアラートが表示されます。そしてアラートを閉じると、<Msg />のコンポーネントが表示されます。

ちょっと挙動がわかりにくいのですが、ここではMsgコンポーネントに「callback」という属性を用意してあります。これは、関数を渡すようになっています。Msgの引数に渡される値は、MsgPropsインターフェースとして以下のように定義してありますね。

```
interface MsgProps {
  message: string;
  callback: (msg: string) => void;
```

```
}
```

callbackには、stringの引数を持ち戻り値のない関数が指定されているのがわかります。Msgコンポーネントを見ると、このようにcallbackを呼び出していますね。

```
function Msg(props: MsgProps) {
  props.callback("コールバックが返されました。");
  ……略……
```

callback関数に引数を指定して実行しているのですね。

では、このMsgが組み込まれている側を見てみましょう。AppコンポーネントのJSXコードでは、以下のように<Msg />が用意されています。

```
<Msg message={message}
  callback={(msg: string)=>{
    callback = msg;
    console.log(callback);
    alert("callback: " + callback);
}} />
```

何をやっているのかよくわからないかもしれませんが、このほとんどはcallback属性に指定されている関数です。ここでは、以下のような関数が用意されています。

```
(msg: string)=>{
  callback = msg;
  console.log(callback);
  alert("callback: " + callback);
}
```

引数のmsgで渡された値を出力してからalertで表示しています。このmsg値は、Msgコンポーネント側から返されたものです。つまり、子コンポーネントからこの関数の引数として渡された値なのです。

ここでは単純に値を表示しているだけですが、「子コンポーネント側から送られた値が関数の引数として受け取ることができる」ということがわかるでしょう。つまり、子コンポーネントから親コンポーネントに値を返しているのです。

これをさらに発展させれば、子コンポーネントで用意した値を親コンポーネント側で受け取り表示などを設定できるようになります。ただし！ 今の段階ではこれはできません。なぜなら、値が返されたときには、もう親コンポーネント側の表示はレンダリング済みであるため、表示を更新できないからです。

この「子コンポーネントから渡した値を使って親コンポーネントの表示を更新する」ということを行うためには、次章で説明する「ステート」というものが使えるようにならないといけません。

というわけで、ここでは「関数を属性に渡すことで、子から親へ値を渡すことは可能だ」ということだけ頭に入れておきましょう。実際に「子から親を操作する」という処理は次章で改めて触れることにしましょう。

Chapter 1
Chapter 2
Chapter 3
Chapter 4
Chapter 5
Chapter 6
Chapter 7
Chapter 8

Section 3-5 表示の更新とイベント

表示を更新する

JSXの基本的な使い方はわかりました。が、ただ表示するだけでなく、必要に応じて更新したりする方法も頭に入れておく必要がありますね。こうした表示の扱いについても考えてみることにしましょう。

まずは、「表示を一定間隔で更新する」ということを考えてみましょう。

表示更新というと難しそうですが、実はそう大変なことではありません。ここまでのReactの表示は、すべてルートの「render」というメソッドを使って行っています。ということは、表示を更新したければ、そのときにルートrenderを実行すればいいのです。

先に「クリックしてカウントする」というサンプルを作ったときのことを思い出してください。clickイベントが発生したら、数字を増やしてレンダリングすることでコンポーネントを更新していたでしょう？

では、「表示を定期的に更新する」ということから考えてみましょう。定期的に表示を更新するには、JavaScriptのタイマーを利用すればいいでしょう。setIntervalで、一定間隔でReactDOM.renderするように処理を作成すれば、常に更新し続けることができます。

では、実際にやってみましょう。App.tsxの内容を以下のように書き換えてください。

リスト3-30

```
import React from 'react';
import './App.css';

let title = "React page.";
let message = "メッセージを表示します。";

var counter = 0;
```

```
setInterval(() => {
  counter += 1;
}, 1000);

function App() {
  return (
    <div className='container'>
    <h1>{title}</h1>
    <h2>{message}</h2>
      <h5 className="msg">
        count: {counter}.
      </h5>
    </div>
  );
}

export default App;
```

図3-27 アクセスすると、「count:」の数字が増えない。

ここでは、setIntervalで更新処理を行っています。setIntervalは、一定間隔で処理(関数)を実行するものですね。ここではこんな形で利用しています。

```
setInterval(() => {……処理……}, 1000);
```

第1引数には、アロー関数で実行する処理を用意しています。そして第2引数に1000を指定し、1000ミリ秒(＝1秒)ごとに処理が実行されるようにしています。

このアロー関数では、counter++で変数counterの値を増やしていけば、数字がカウントされるだろう、というわけです。

ところが、実際に試してみるとわかりますが、これではまったくコンポーネントの数字は増えていかないのです。これは一体なぜでしょうか。

JSXは変数代入時にコンパイルされる

なぜ表示が更新されないのか。それは、「count: 0の表示の後、Appコンポーネントが更新されないから」です。

ここで書いたスクリプトは、「JSXにある {counter} の値が1増えれば、それに合わせてエレメントとノードが更新され、画面に表示される」と考えて作成しました。しかし、実際にはそうはなりません。

JSXは、コンポーネントが表示される際にレンダリングされます。このとき、JSXの中に記述してあった {counter} などの値も、変数に代入されている値に置き換えられています。

このため、setIntervalの関数でcounterが変更されても、ただ変数の値が変わるだけでコンポーネント自体は変化しないのです。エレメントが更新されるようにするためには、setIntervalの関数でコンポーネントを更新する必要がある、というわけです。

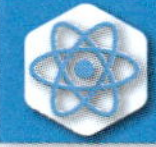

index.tsxでAppを更新する

では、どうすれば定期的に表示が更新されるコンポーネントを作れるのか。1つの解決策は、「index.tsxで、タイマーを使い定期的にrenderを実行する」というものでしょう。コンポーネントは、ルートのrenderによってレンダリングされます。したがって、定期的にrenderを実行すれば、コンポーネントを更新することができます。

では、やってみましょう。まず、App.tsxの内容を以下に書き換えておきます。

リスト3-31

```
import React from 'react';
import './App.css';

let title = "React page.";
let message = "メッセージを表示します。";

function App(props: {counter?: number }) {
  return (
    <div className='container'>
    <h1>{title}</h1>
    <h2>{message}</h2>
      <h5 className="msg">
        count: {props.counter || 0}.
      </h5>
    </div>
```

Chapter 1 Chapter 2 Chapter 3 Chapter 4 Chapter 5 Chapter 6 Chapter 7 Chapter 8

```
  );
}

export default App;
```

ここでは、引数のprops内にcounterの値を渡すようにしてありますが、ちょっと書き方が変わっていますね。

```
function App(props: {counter?: number }) {……
```

counterの後に「?」がつけられていますね。これは、この属性がオプショナルである(任意である)ことを示します。つまり、値がない場合がある、ということですね。こうすることで、counter属性があってもなくても問題なくMsgを使えるようにしています。

では、counterがない場合、エラーが起きないようにするにはどうすればいいのか。これは、以下のようにしています。

```
count: {props.counter || 0}.
```

props.counterを表示していますが、この値がない場合、これは真偽値でfalseとなるため、||の後の0が値として出力されます。

Appコンポーネントを更新する

続いて、Appコンポーネントを組み込んでいるindex.tsxを修正し、一定間隔で更新するようにしましょう。以下のように内容を書き換えてください。

リスト3-32

```
import React from 'react';
import ReactDOM from 'react-dom/client';
import './index.css';
import App from './App';

var counter = 0;

setInterval(() => {
  counter += 1;
  root.render(
    <React.StrictMode>
      <App counter={counter} />
    </React.StrictMode>
```

```
  );
}, 1000);

const root = ReactDOM.createRoot(
  document.getElementById('root') as HTMLElement
);
root.render(
  <React.StrictMode>
    <App counter={counter} />
  </React.StrictMode>
);
```

図3-28　数字をカウントするようになった。

これで、表示するとcountにある数字がカウントされていくようになりました。ここでは、setIntervalで実行する関数の中で、root.renderを実行しています。こうすることで、1000ミリ秒ごとにrenderが実行されるようになり、表示が更新される(結果、counterの値が増えていく)ようになります。

コンポーネントの更新は、このようにルートのrenderを実行することで可能になります。ただし、例えばこの例のように「counterの値だけ変更したい」というような場合に、ルートからすべてを書き換えるのは非効率すぎるでしょう。

そこでReactには、特定の値だけを更新するような仕組み(ステートというもの)も用意されています。これについては次章で改めて説明をします。

クリックして更新する

タイマーなどでなく、ユーザーの操作によって表示が更新される、ということもありますね。例えば、表示をクリックすると何かが更新されるような操作です。

こうした操作は、JavaScriptではイベントを利用して設定するのが一般的です。JSXで記述するタグでもイベントのための属性は用意されます。ただし、少しだけ注意が必要です。

例えば、「<p>タグをクリックすると、doAction関数を実行する」といった処理を考えてみましょう。これは、JSXではこんな具合に記述をします。

```
<p onClick={doAction}>……
```

属性は「onClick」です。これがonclickなどになっていると正しく認識されません。JSXでは、大文字小文字まで正確に記述する必要があります。また、指定する関数は、{doAction}というように関数名のみを記述します。{doAction()} のようには記述しません。

クリックでカウントする

では、実際に試してみましょう。先ほどのサンプルをさらに修正し、表示されたテキストをクリックすると数字をカウントするようにしてみます。

まず、App.tsxから修正しましょう。以下のように内容を書き換えてください。

リスト3-33

```
import React from 'react';
import './App.css';

let title = "React page.";
let message = "メッセージを表示します。";

function App(props: {counter?: number,
    onClick?: () => void}) {
  return (
    <div className='container'>
    <h1>{title}</h1>
    <h2>{message}</h2>
      <h5 className="msg" onClick={props.onClick}>
        count: {props.counter || 0}.
      </h5>
    </div>
  );
}
```

```
export default App;
```

では、作成したコードを確認しましょう。ここでは、Appコンポーネントの関数を以下のように修正してありますね。

```
function App(props: {counter?: number, onClick?: () => void}) {……
```

counterの他に、onClickという属性も渡されるようにしておきました。これを<h5>のonClickに割り当てておきます。

```
<h5 className="msg" onClick={props.onClick}>
```

これで、<h5>の表示をクリックしたらprops.onClickの関数が実行されるようになります。

index.tsxを修正する

では、このApp.tsxを利用しているindex.tsx側を修正しましょう。以下のようにコードを書き換えてください。

リスト3-34

```
import React from 'react';
import ReactDOM from 'react-dom/client';
import './index.css';
import App from './App';

const root = ReactDOM.createRoot(
  document.getElementById('root') as HTMLElement
);

let counter = 0;

const doAction = () => {
  counter++;
  render();
}

function render() {
  root.render(
    <React.StrictMode>
      <App onClick={doAction} counter={counter} />
```

```
    </React.StrictMode>
  );
}

render();
```

図3-29 「count:○○」の表示部分をクリックすると数字が1増える。

Webブラウザでアクセスし、「count: ○○」と表示されているアラートの部分をクリックすると、数字が1ずつ増えていきます。クリックイベントで処理が実行されているのがわかりますね。

ここでは、doAction関数を以下のように定義しています。

```
const doAction = () => {……略……};
```

だいぶおなじみになってきた、アロー関数を使っていますね。この中で、変数counterを増やし、JSXをレンダリングするrender関数を呼び出しています。先ほどいったように、JSXの値は処理を実行する際にその都度レンダリングする必要がある(しないと表示が更新されない)ので注意しましょう。

これでクリックにより表示が更新されるようになりましたが、正直、どこか納得できない部分があることでしょう。それは、「なんでAppコンポーネントの中だけで完結できないのか」という疑問です。いちいち、<App />を組み込んでいるindex.tsx側に表示の更新に関する処理を用意しないといけないのは、どこか釈然としませんね。

この問題も、実はもっと簡単に解決できます。次章で使う「ステート」というものを使えば、シンプルにAppコンポーネントだけで解決できるようになります。これについては次章で改めて説明をします。

 コンポーネントを使い込むには？ 

コンポーネントの基本的な使い方についてはだいぶわかってきました。しかし、表示の更新やイベント処理については、どうも今ひとつな感じがしましたね。

コンポーネントというのは、独立した部品として機能するものです。それなのに、表示の更新やイベントの処理などを組み込もうとすると、コンポーネントを組み込んだ側で処理を用意しないといけない。これは本末転倒な感じがします。

これは、コンポーネントの機能をフルに使っていないからです。コンポーネントには、さまざまな機能が用意されています。それらを活用することで、もっと便利なものにしていくことができるのです。

次章から、こうしたコンポーネントの機能について説明していきましょう。

Chapter

4

フックによる状態管理

コンポーネントで値を保管し、表示を更新するのに不可欠なのが「ステート」です。そしてステートを利用するのに用意されているのが「ステートフック」です。フックはコンポーネントを拡張する重要な技術です。ここでは基本となるステートフックと副作用フックについて説明しましょう。

Section 4-1 ステートとフック

コンポーネントとステート

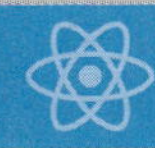

関数を使ってコンポーネントを作成したとき、表示を更新するのに苦労しましたね。Appコンポーネントの表示を更新するには、それを組み込んでいるindex.tsxにコードを用意しないといけませんでした。

コンポーネントというのは、独立して扱える部品であるはずです。例えば、数字をカウントするコンポーネントなら、コンポーネント内に変数などを使ってカウントする値を保管し、イベントで実行する処理などを利用して数字をカウントアップしていく、というようなやり方を当然思い浮かべるでしょう。なぜ、これができないのでしょうか。

コンポーネントを使って数字をカウントすることができない理由。それは、「コンポーネントが関数だから」です。

関数内の値は保持されない

関数というのは、どこからか呼び出されると実行されるものです。その中にある変数などは、関数が実行される際に作られ、実行が終わると消えます。

これは、コンポーネントの関数でも同じです。コンポーネント内で変数などを用意しても、それがコンポーネントとしてJSXに記述されて実行されたときには値が存在しますが、実行し終えて(つまりコンポーネントを描画し終えて)関数が終了されると、関数内にあった変数はすべて消えてしまいます。関数である以上、コンポーネントは値を保持し続けることができないのです。

「ステート」の登場！

しかし、「コンポーネントが表示されている間もずっと値を保持し続けてほしい」と思うことはありますよね？ そこでReactでは、常に値を保持し続ける特別な機能を用意しました。それが「ステート」です。

ステートは、コンポーネント内でデータを保持し、管理するためのオブジェクトです。Reactに用意されているステートを利用するための専用関数を利用することで、必要に応じていくつでもステートを作成することができます。関数が実行し終えた後でも、ステートの値は保たれるのです。

Reactでは、React全体を管理するグローバルな環境が存在します。ステートは、そのReactグローバル環境に保管されています。これは「ステートフック」というものを使うことで、ステートの値をグローバル環境に保管したり、そこから取り出したりできるようになっています。

作成されたステートは、ページがリロードされるなどして表示が初期化されない限り、ずっと値を保持し続けます。

ステートは表示を自動更新する

ステートの最大の特徴、それは「表示が自動更新される」という点です。

ステートは、{}などでJSXに埋め込んで表示することができます。そのステートの値が変更されると、そのコンポーネントは自動的に再レンダリングされます。これにより、コンポーネントの表示は最新のデータに基づいて更新されます。コンポーネントを作る側は、「値を変更したら、いつどこでどうやって表示を更新するか」など考える必要がありません。ステートの値を変更するだけで、自動的に表示も更新されるのです。

フックとは？

このステートを活用するためにReactに用意されているのが「ステートフック」です。これは、Reactに用意されている「フック」と呼ばれる機能の1つです。

「フック」は、コンポーネントに「再利用可能な振る舞い」を付加するために用意されたものです。

コンポーネントは、ステートなどを使ってさまざまな振る舞い（動作）が実装されています。こうした振る舞いをコンポーネントから切り離し、簡単に組み込んで利用できるようにするため用意されているのが「フック」です。フックを使えば、ステートを含むさまざまな機能をコンポーネントから切り離し、再利用することができるようになります。

このフックは、機能に応じてさまざまなものが用意されています。ステートを利用するために用意されているのが「ステートフック」なのです。

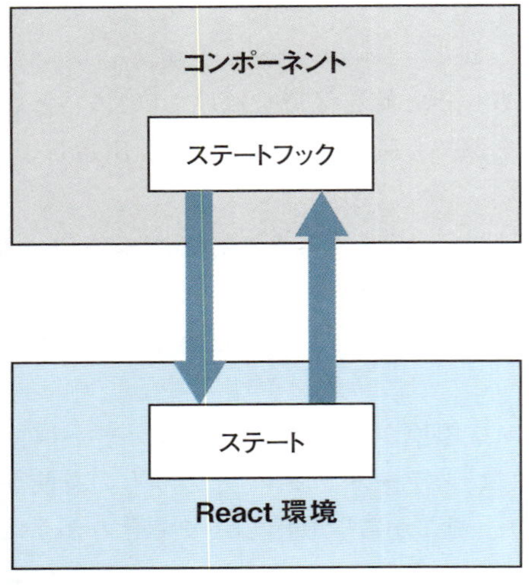

図4-1 ステートフックは、コンポーネントに追加したステートをReact環境に保管し管理する。ステートフックにより、ステートの値を操作できる。

Chapter 1
Chapter 2
Chapter 3
Chapter 4
Chapter 5
Chapter 6
Chapter 7
Chapter 8

ステートフックについて

ステートフックは、ステートを作成し利用するための機能を提供します。

ステートは、値をコンポーネント内で保持し、その値を更新することで表示も更新できる特別な値です。このステートを利用するステートフックは、「useState」という関数として用意されています。これは以下のように利用します。

```
const [ 変数A , 変数B ] = useState( 初期値 )
```

このuseStateは、ステートを作成するためのものです。引数には、そのステートの初期値を指定します。そして戻り値は、2つの値が返されます。上の[変数A , 変数B]という2つの変数に、戻り値がそれぞれ代入されるのです。

この2つの変数には、以下のようなものが返されます。

変数A	ステートの値。ここから現在のステートの値が得られる。
変数B	ステートの値を変更する関数。この変数に引数をつけて呼び出すことでステートの値が変更される。

この2つの変数を利用することで、ステートの値を操作できるわけですね。「値の読み書きをそれぞれ別に用意する」というやり方になっているのがステートフックの特徴です。

(※ただし、すべてのフックがこのように2つの値を返すわけではありません。フックの中にはステートフック以外のものもありますし、自分で作ることもできます。これは、あくまで「useStateの場合」と考えてください)

useStateの戻り値は、配列？ Column

このuseStateでは、戻り値を[a, b]というように2つの変数を持った配列のようなもので受け取っています。この[a, b]というもの、一体何でしょう？「これって配列だろう？」と思った人も多いかもしれませんね。

この配列のような形をした戻り値は、「分割代入」と呼ばれるものです。JavaScript/TypeScriptでは、関数などで複数の値を返したいとき、それらを配列やオブジェクトにまとめて返します。この返される配列やオブジェクトから直接値を変数に取り出すのに使われるのが分割代入です。

フックでステートを表示する

では、実際に使ってみましょう。まずは、ごく簡単なサンプルとして「ステートフックを使い、ステートの値を用意して表示する」ということをやってみましょう。

今回も、前章まで利用していたプロジェクト(react_ts_app)を使います。まずは、Appコンポーネントを組み込んでいるindex.tsxの内容を初期状態に戻しておきましょう。

リスト4-1

```
import React from 'react';
import ReactDOM from 'react-dom/client';
import './index.css';
import App from './App';

const root = ReactDOM.createRoot(
  document.getElementById('root') as HTMLElement
);

function render() {
  root.render(
    <React.StrictMode>
      <App />
    </React.StrictMode>
  );
```

```
}

render();
```

続いて、App.tsxを修正してステートを利用するサンプルを作ります。以下のように内容を修正してください。

リスト4-2

```
import React, { useState } from 'react'
import './App.css';

function App() {
  const [message] = useState("Welcome to Hooks!")

  return (
    <div>
      <h1>React app</h1>
      <div className="container">
        <h2>Hooks sample</h2>
        <div className="message">
          <p>{message}.</p>
        </div>
      </div>
    </div>
  )
}

export default App;
```

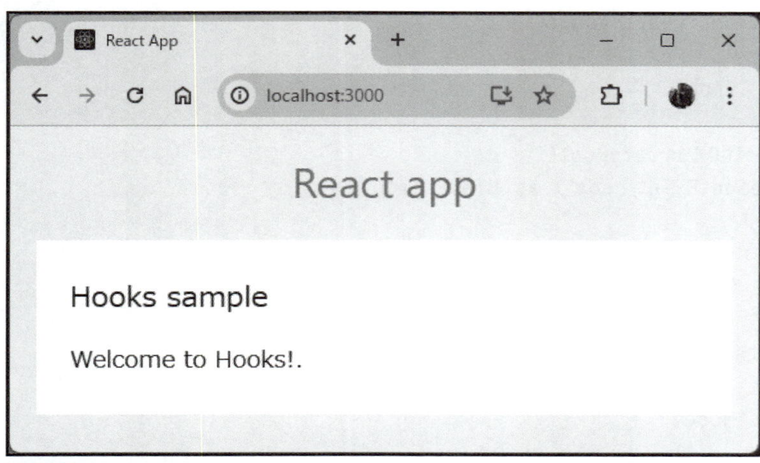

図4-2 アクセスすると、アラートに「Welcome to Hooks!」と表示される。

修正したらnpm startでアプリケーションを起動し、http://localhost:3000/にアクセスして表示しましょう。アラートに「Welcome to Hooks!」とメッセージが表示されます。これが、ステートによるメッセージです。

ステートの扱いをチェック

では、コードを見てみましょう。ここでは、まず冒頭でuseStateをインポートしています。この文ですね。

```
import React, { useState } from 'react'
```

useStateは、reactモジュールに用意されています。利用の際は、このようにしてuseStateをインポートします。

これを利用しているのが、Appコンポーネントです。ここでは、以下のようにステートを作成しています。

```
const [message] = useState("Welcome to Hooks!")
```

今回は、ステートの値を取り出して表示するだけで変更は特に行いません。そこで、[message]というように取り出した値が代入される変数messageだけを用意しておきました。

そして、これをJSX内に以下のように表示させています。

```
<p>{message}.</p>
```

これで、{message}のところに変数messageの値が表示されます。useStateを使っていますが、基本は「用意した変数(constなので正確には定数)をJSXに埋め込んで表示する」というだけです。

 ステートで数字をカウントする 

では、ステートによる値の変更も行ってみましょう。先ほどと同様にApp.jsを書き換えて使います。以下のように修正をしましょう。

リスト4-3

```
import React, { useState } from 'react'
import './App.css'

function App() {
  const [count, setCount] = useState(0)
  const clickFunc = () => {
    setCount(count + 1)
  }

  return (
    <div>
      <h1>React</h1>
      <div className="container">
        <h4>Hooks sample</h4>
        <div>
          <p>click: {count} times!</p>
          <div><button onClick={clickFunc}>
            Click me
          </button></div>
        </div>
      </div>
    </div>
  )
}

export default App
```

今回はボタンを作成しているので、ボタンに関するスタイルシートも追加しておきましょう。App.cssを開き、以下を追記してください。

リスト4-4

```
button {
  border: gray 1px solid;
  border-radius: 0.25em;
  color: white;
  background-color: blue;
```

```
  padding: 10px 25px;
  margin: 10px 0px;
  font-size: 0.9em;
  cursor: pointer;
}
```

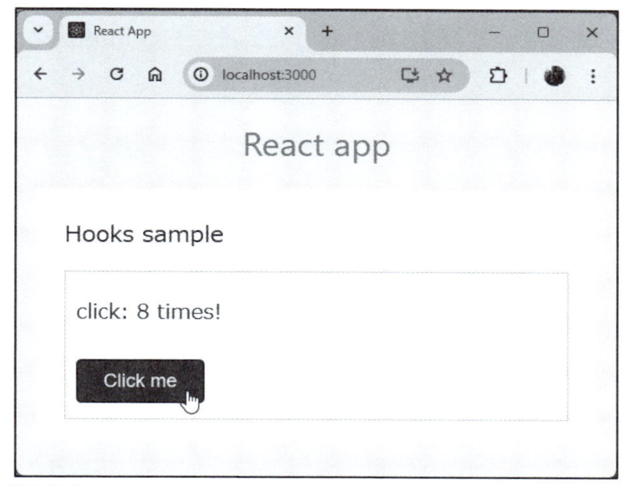

図4-3 ボタンをクリックすると数字が1ずつ増えていく。

今回は画面にメッセージとボタンが表示されます。このボタンをクリックすると、メッセージに表示される数字が1ずつ増えていきます。ボタンクリックごとにステートの値が変更され、表示が更新されていることがわかるでしょう。

ステートの更新処理

では、コードを見てみましょう。ここでは、以下のようにステートを用意しました。

```
const [count, setCount] = useState(0)
```

これで、ステートの値を取り出すときはcount、変更するときはsetCountが使えるようになります。そして、このステートを変更する関数を以下のように用意します。

```
const clickFunc = () => {
  setCount(count + 1)
}
```

「アロー関数」が使われていますね。ここでは、clickFunc関数内でsetCount(count + 1)を実行しています。setCountを使い、ステートの値をcount + 1に変更している（つまり、

1増やしている)わけですね。

後は、このステートの表示と、ボタンクリックで値の変更を行う処理を用意するだけです。表示はcountを埋め込んでおくだけですね。

```
<p>click: {count} times!</p>
```

これで、countの値が<p>タグで表示されるようになりました。そして<button>タグに、クリックしたらclickFunc関数を実行するように設定をしておきます。

```
<button onClick={clickFunc}>
  Click me
</button>
```

onClick={clickFunc}で、ボタンをクリックしたらclickFuncが呼び出されるようになります。このclickFuncでsetCountによりステートの値が変更されると、{count}で埋め込まれている表示が更新され、数字が1増えて表示されるというわけです。

既にステートの使い方がわかっていれば、「ステートを操作する」という基本的な仕組みも理解できるでしょう。

コラム なぜ定数なのに変更できるの？ Column

ここでは、useStateで作成したステートをmessageという定数に代入しました。定数というのは、値を変更できないはずです。なのに、なぜ変更できたのでしょうか。

これは、「コンポーネントは関数である」ということを思い出せばわかります。ボタンをクリックすると表示が更新されますが、これは「Reactのグローバル環境にあるステートの値を1増やし、コンポーネントのApp関数を再実行して表示を更新している」のです。

表示が更新されるということは、再度コンポーネントの関数が実行されているからなのです。コンポーネントの関数の実行中に値を変更しているわけではありません。だから定数でもエラーにはならないのです。

ステートは複数作れる

このuseStateを使ったフックのステートで注意したいのは、ステートが「1つの値を設定するだけ」という点です。というと「なんだ、複数の値を作れないのか」と思うかもしれませんが、そうではありません。

useStateで作成できるのは、1つの値を操作する一対の変数のみです。が、このuseStateは、いくらでも用意できます。3つのステートがほしければ、useStateを3つ用意して、それぞれの値を操作する変数を作成すればいいのです。

2つのステートを操作する

では、実際に複数ステートを操作してみましょう。App.tsxの内容を以下のように書き換えてください。

リスト4-5

```
import React, { useState } from 'react';
import './App.css';

function App() {
  const [count, setCount] = useState(0);
  const [flag, setFlag] = useState(false);

  const clickFunc = () => {
    setCount(count + 1);
  }

  const changeFlag = (e: React.ChangeEvent<HTMLInputElement>) => {
    setFlag(e.target.checked);
  }

  return (
    <div>
      <h1>React app</h1>
      <div className="container">
      {flag ?
        <div className="true_msg">
          <p>click: {count} times!</p>
          <div>
            <button onClick={clickFunc}>
              Click me
            </button>
```

```
          </div>
        </div>
        :
        <div className="false_msg">
          <p>click: {count} times!</p>
          <div>
            <button className="false_button"
                onClick={clickFunc}>
              Click me
            </button>
          </div>
        </div>
        }
        <div>
          <input type="checkbox"
              id="check1" onChange={changeFlag} />
          <label htmlFor="check1">
            Change form style.
          </label>
        </div>
      </div>
    </div>
  );
}

export default App;
```

コンポーネントはこれで完成です。さらに、表示を変更したときのためのスタイルシートを追加しておきます。App.cssに以下を追記してください。

リスト4-6

```
.true_msg {
  color: red;
  background-color: white;
  border: gray 1px solid;
  padding: 5px 20px;
  margin: 10px 0px;
}

.false_msg {
  color:white;
  background-color: cadetblue;
  border: cadetblue 1px solid;
```

```
  padding: 5px 20px;
  margin: 10px 0px;
}

.false_button {
  background-color: lightcyan;
  color: darkblue;
}
```

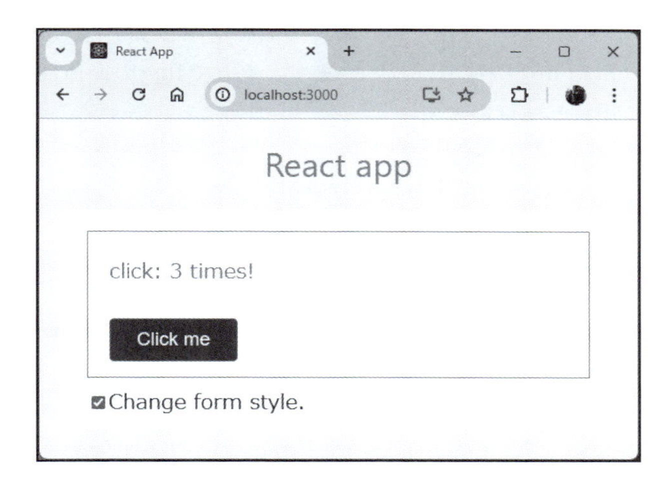

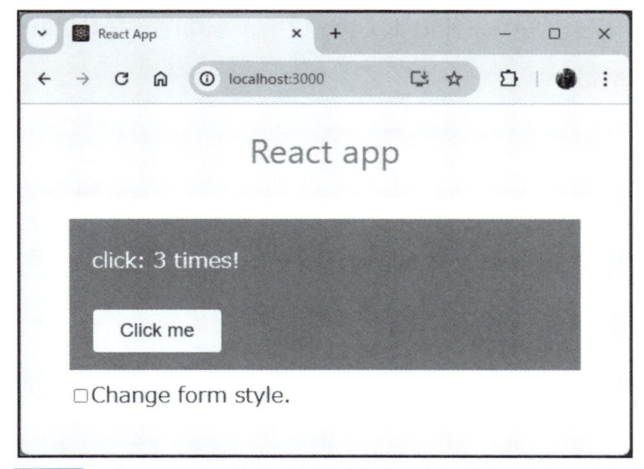

図4-4　チェックボックスをON/OFFすると表示スタイルが切り替わる。

ここでは、先ほどの「ボタンクリックで数字をカウントする」という表示の下にチェックボックスを1つ追加してあります。これをON/OFFすることで、表示のスタイルが切り替わります。

ステートの利用をチェック

では、コードを見てみましょう。ここでは、以下の2つのステートを用意しています。

```
const [count, setCount] = useState(0);
const [flag, setFlag] = useState(false);
```

countが数字をカウントしていくステートで、flagが表示スタイルを切り替えるためのステートです。これらのステートをイベントから操作するために関数を用意します。countの操作は、先に作成したのと同じくclickFunc関数で行っています。そしてflagの操作は以下のようにchangeFlagという関数を用意して行います。

```
const changeFlag = (e: React.ChangeEvent<HTMLInputElement>) => {
  setFlag(e.target.checked);
}
```

changeFlagでは、引数にeという変数が用意されていますね。これは、Reactの仮想DOMのエレメントで使われるクリックイベントのオブジェクト(React.ChangeEvent)が渡されます。このe.targetには、イベントが発生したエレメントのオブジェクトが用意されています。ここからcheckedの値を調べれば、イベントが発生したコントロールのチェック状態が得られるようになっているのです。

まぁ、細かいことはいいので、「引数のイベント用のオブジェクトからtargetを取り出せば、イベントが発生したエレメントがわかる」ということだけ覚えておきましょう。

チェックボックスのイベント

後は、これらの関数をイベントに設定しておくだけです。<button>のonClickは先のサンプルと同じですからわかりますね。チェックボックスのイベントは、以下のように用意してあります。

```
onChange={changeFlag}
```

onChangeは、チェック状態が変更された際に発生するイベント用の属性です。これはチェックボックスやラジオボタンに用意されているイベントです。チェックボックスでもonClickなどのイベントは使えるのですが、onChangeならば、直接ボタンをチェックボックスを操作せず、スクリプトなどで変更した際にもちゃんとイベントが発生してくれます(onClickは、実際にクリックしないとイベント発生しません)。ですので、状態が変更されたときのイベント処理はonChangeを利用したほうがよいでしょう。

 あらゆる値は「ステート」で保管する 

ここまでのサンプルでわかったこと。それは「関数コンポーネントでは、コンポーネントで利用する値は基本的にすべてステートとして保管する」ということでしょう。表示に使われていないものでも、「コンポーネント内で値を保持するもの」はすべてステートにする、と考えてください。

「別に、表示に使わないなら普通の変数に入れておけばいいんじゃない？」と思った人。いいえ。それではダメです。なぜなら、変数の値は、関数コンポーネントでは保持されないからです。

関数コンポーネントは、ただの関数です。表示や更新などのタイミングで呼び出されて実行され、それで終わりです。一見するとオブジェクトのようにその場に存在していてリアルタイムに動いているように見えますが、これは必要に応じて何度も繰り返し呼び出されて表示が更新されるために、常に動いているように見えるだけです。

関数コンポーネント内にある変数は、そのコンポーネントが更新されるたびに関数が再実行されるため、常に初期状態に戻ります。ですから、変数に値を保管しておくことはできないのです。変数は、あくまで「関数コンポーネント内の処理を実行中の間、一時的に値を保管しておくだけ」のものなのです。

したがってコンポーネントの関数では、コンポーネントの状態として常に値を保管しておきたいものは、すべてステートとして用意しておく必要があります。これは、コンポーネントの非常に重要な性質としてしっかり頭に入れておいてください。

Section 4-2 コンポーネントを使いこなす

コンポーネントにコンポーネントを組み込む

コンポーネントの利点の1つに、「複数のコンポーネントを作って組み込んだりしても、複雑怪奇にならない」ということが挙げられるでしょう。関数コンポーネントは、シンプルなものなら数行でできてしまいますから、組み合わせるのもそれほど大変ではありません。前章で、簡単なコンポーネントを組み合わせてみましたね。ごく簡単に組み込めたことを思い出してください。

「コンポーネントではステートを使って状況を保持し更新できる」ということを知った今、このステートを複数コンポーネントで活用することも考えてみましょう。

コンポーネントでは、ステートを使って値を保持します。このステートは、コンポーネント内にさらに子コンポーネントを配置したとき、値はどうなるのでしょうか。試してみましょう。

App.tsxの内容を以下に書き換えてください。

リスト4-7

```
import React, { useState } from 'react';
import './App.css';

function AlertMessage(props: { message: string }) {
  return <div className="alert">
    {props.message}
  </div>;
}

function CardMessage(props: { message: string }) {
  return <div className="card">
    {props.message}
  </div>;
```

```
}

function App() {
  const [msg] = useState("This is sample message!");

  return (
    <div>
      <h1>React app</h1>
      <div className="container">
        <h2>Hooks sample page.</h2>
        <AlertMessage message={msg} />
        <CardMessage message={msg} />
      </div>
    </div>
  );
}

export default App;
```

合わせて、今回のコンポーネントで利用するスタイルシートの値をApp.cssに追加しておきます。

リスト4-8

```
.alert {
  color:white;
  background-color: royalblue;
  border: white 6px double;
  padding: 25px 50px;
  margin: 25px 0px;
  border-radius: 0.5em;
}
```

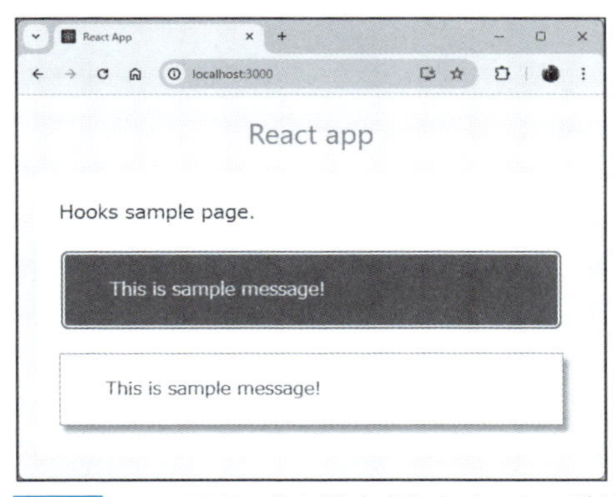

図4-5 msgステートに設定されたメッセージがアラートとカードにそれぞれ表示される。

Appコンポーネント内にAlertMessageとCardMessageという2つの子コンポーネントが組み込まれています。それぞれアラートとカードのスタイルを設定してあります。この2つには、同じメッセージが表示されるのがわかるでしょう。ここでは、Appに以下のような形でステートを用意しています。

```
const [msg] = useState("This is sample message!")
```

このmsgステートを使い、AppコンポーネントのJSX内で以下のような形で属性に値を設定しています。

```
<AlertMessage message={msg} />
<CardMessage message={msg} />
```

これで、AlertMessageとCardMessageにそれぞれmessageという属性の値が渡されるようになります。この値を取り出して表示すればいいのです。例えばAlertMessageコンポーネントを見ると、以下のように表示を作成していますね。

```
function AlertMessage(props: { message: string }) {
  return <div className="alert">
    {props.message}
  </div>;
}
```

これで、{props.message}の値がアラートとして表示されるようになります。Appから、その中に組み込まれている子コンポーネント(AlertMessageなど)に必要な値を渡すのは、このように非常に簡単なのです。

属性は更新される？

ここで考えておきたいのは、「属性は更新されるのか？」という点でしょう。例えば今のサンプルで、AlertMessageなどのコンポーネントが表示された後で、App側からmsg属性の値を変更したら、これを使っているAlertMessageなどの表示は更新されるのでしょうか。それとも、そのまま変化しない？

正解は「更新される」です。実際にやってみましょう。App.tsxを以下に書き換えてください。

リスト4-9

```
import React, { useState } from 'react';
import './App.css';
```

```
function AlertMessage(props: { message: string }) {
  return <div className="alert">
    {props.message}
  </div>;
}

function CardMessage(props: { message: string }) {
  return <div className="card">
    {props.message}
  </div>;
}

function App() {
  const [msg, setMsg] = useState("This is sample message!");

  const doAction = ()=>{
    let res = window.prompt('type your name:');
    setMsg("Hello, " + res + "!!");
  }

  return (
    <div>
      <h1>React app</h1>
      <div className="container">
        <h2>Hooks sample page.</h2>
        <AlertMessage message={msg} />
        <CardMessage message={msg} />
        <button onClick={doAction}>
            Click me!
        </button>
      </div>
    </div>
  );
}

export default App;
```

Chapter 1
Chapter 2
Chapter 3
Chapter 4
Chapter 5
Chapter 6
Chapter 7
Chapter 8

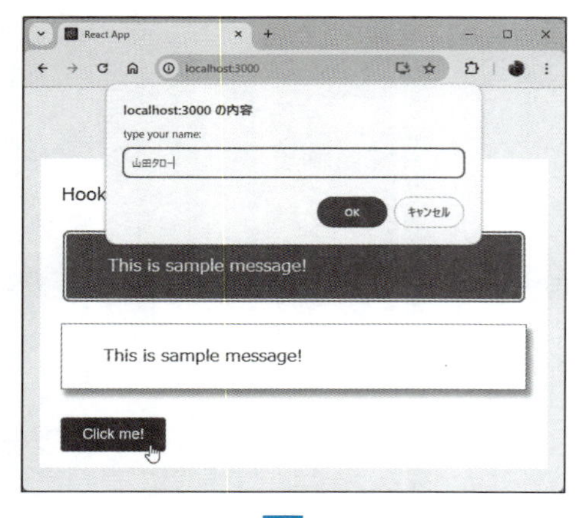

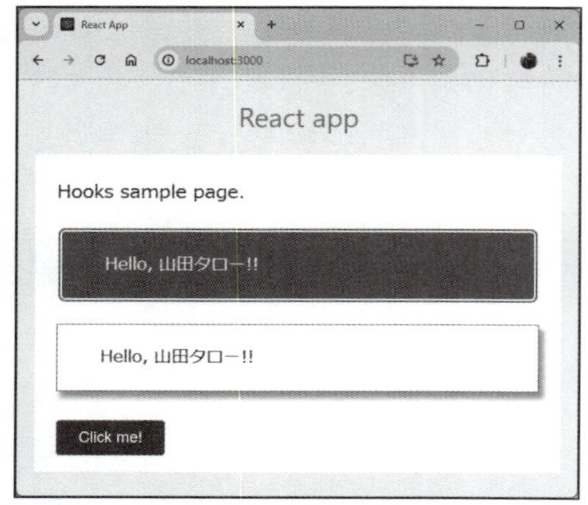

図4-6　ボタンをクリックすると名前を入力するダイアログが現れる。ここで名前を記入するとメッセージが変わる。

今回は、メッセージの表示の下にボタンが1つ追加されました。このボタンをクリックすると、画面に名前を入力するダイアログが現れます。ここで名前を書いてOKすると、「Hello, ○○!!」と表示メッセージが更新されます。

ここでは、表示されているメッセージを変更するのにdoActionというボタンのイベント用関数を用意しています。この部分ですね。

```
const doAction = ()=>{
  let res = window.prompt('type your name:');
  setMsg("Hello, " + res + "!!");
}
```

window.promptというのはJavaScriptの標準機能で、テキストを入力するダイアログを表示するものです。これで入力した値が戻り値として返されます。それをsetMsgでmsgステートに設定すると、このmsgを表示しているコンポーネントが更新される、というわけです。

更新されるのはステートのおかげ！

ただし！ これを見て、「コンポーネントの属性は、変更すると表示も自動更新されるのか」と早合点してはいけません。

今回のサンプルで表示が更新されたのは、属性で使われている値が「ステート」だったからです。「ステートは値を変更すると表示も更新される」という基本機能がここでも発揮されていた、ということなのです。ステートではなく、普通の変数を使っていたら、値を変更しても表示は更新されません。

「属性の値の更新」はステートの恩恵なのだ、ということを忘れないでください。

双方向に値をやり取りする

Appコンポーネント側から、内部に組み込んでいる子コンポーネント(AlertMessageやCardMessage)に値を渡すには、属性を使ってステートを渡せばいいことがわかりました。では、逆はどうでしょうか。つまり、内部にある子コンポーネント側から、それを組み込んでいるコンポーネント(Appコンポーネントなど)の値を操作することはできるのでしょうか。

これは、可能です。ステートは、コンポーネントの中ならばどこからでも操作できます。内部に組み込まれている子コンポーネントの中からでも、です。

ただし、そのためにはステートの値を変更する関数も子コンポーネントに渡す必要があるでしょう。つまり、値を変更する関数を渡すための属性を用意してやればいいのです。

これは、実際の例を見ないといってることがよくわからないかもしれませんね。では、先のAlertMessageとCardMessageを修正して、子コンポーネントからAppのステートを操作してみましょう。

リスト4-10

```
import React, { useState } from 'react';
import './App.css';

function AlertMessage(props: {alert: string,
      setAlert: (alert: string)=>void}) {
  const data = ["Hello!", "Welcome...", "Good-bye?"];

  const actionAlert = ()=> {
    const re = data[Math.floor(Math.random() * data.length)];
    props.setAlert('message: "' + re + '".');
  }
```

```
  return (
    <div className="alert">
      <h5>{props.alert}</h5>
      <button onClick={actionAlert}>
        Click me!
      </button>
    </div>
  );
}

function CardMessage(props: {card: string,
      setCard: (card: string)=>void}) {
  const [count, setCount] = useState(0);

  const actionCard = () => {
    setCount(count + 1);
    props.setCard("card counter: " + count + " count.");
  }

  return (
    <div className="card">
      <h5>{props.card}</h5>
      <button onClick={actionCard}>
        Click me!
      </button>
    </div>
  );
}

function App() {
  const [alert, setAlert] = useState("This is alert message!");
  const [card, setCard] = useState("This is card message!");

  return (
    <div>
      <h1>React app</h1>
      <div className="container">
        <h2>Hooks sample page.</h2>
        <AlertMessage alert={alert} setAlert={setAlert} />
        <CardMessage card={card} setCard={setCard} />
        <hr />
        <div className="text-right">
          <p>{alert}</p>
          <p>{card}</p>
        </div>
```

```
        </div>
      </div>
    );
  }

export default App;
```

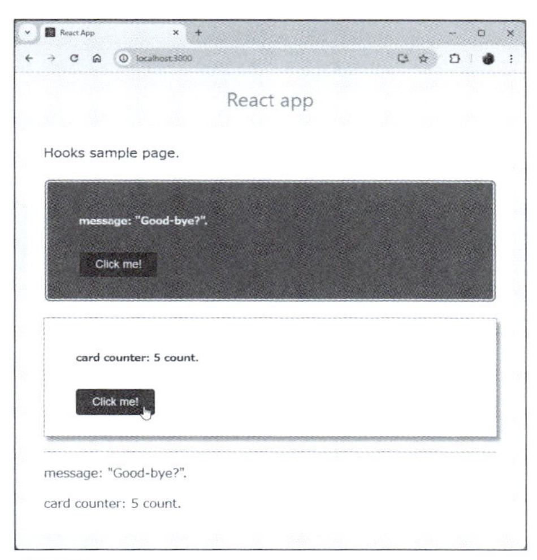

図4-7　アラートとカードにそれぞれメッセージが表示される。ボタンをクリックすると、アラートにはランダムなメッセージが、カードには数字をカウントするメッセージが表示される。

アクセスすると、アラートには「This is alert messsage!」、カードには「This is card messsage!」とメッセージが表示されます。これらのコンポーネントのさらに下に、両メッセージのテキストだけが表示されていますね。

アラートとカードにはそれぞれボタンが用意されています。アラートのボタンをクリックすると、「message: "○○".」といった形でメッセージがランダムに変更されます。そしてカードのボタンをクリックすると、「card counter: 数字 count.」と表示され、数字がカウントされていきます。これらのメッセージが更新されると、コンポーネントのさらに下に見えるメッセージのテキストも更新されます。このテキストは、コンポーネントの外側(つまり、Appコンポーネント内)にあります。内部にある子コンポーネントでメッセージを操作すると、その外側にある表示も更新されることがこれでわかるでしょう。

ステートの利用をチェック

では、どのようにステートが使われているのか見てみましょう。表示するメッセージのステートが用意されているのは、ベースとなっているAppコンポーネントの中です。

```
  const [alert, setAlert] = useState("This is alert message!");
```

```
  const [card, setCard] = useState("This is card message!");
```

これで、alertとcardという2つのステートが作成されました。このステートを、JSXに用意した2つのコンポーネントタグに設定します。

```
<AlertMessage alert={alert} setAlert={setAlert} />
<CardMessage card={card} setCard={setCard} />
```

それぞれ2つずつ属性が用意されていますね。これでAlertMessageとCardMessageに、ステートの取得と変更の値が属性として渡されました。後は、子コンポーネント側でこれらを利用してステートを操作するだけです。

AlertMessageのメッセージ操作

では、AlertMessageコンポーネントを見てみましょう。ここでは、dataという定数にあらかじめメッセージを配列にまとめたものを用意しています。

```
const data = ["Hello!", "Welcome...", "Good-bye?"];
```

そして、actionAlertという関数で、このdataからランダムにメッセージを取り出し、setAlertでalertステートを変更する処理を用意します。

```
const actionAlert = ()=> {
  const re = data[Math.floor(Math.random() * data.length)];
  props.setAlert('message: "' + re + '".');
}
```

reにdataからランダムに1つを取り出し、props.setAlertでメッセージを設定します。このsetAlertは、Appコンポーネントの<AlertMessage />タグのsetAlert属性に設定された、alertステートの値を変更するsetAlertですね。これが呼び出されることで、Appコンポーネントのalertステートの値が更新されます。そしてそれによって、Appコンポーネントの{alert}や、AlertMessageのalertステートを埋め込んだ表示も更新されるわけですね。

もう1つのCardMessageについても見てみましょう。こちらも、数字をカウントするステートを以下のように用意しています。

```
const [count, setCount] = useState(0);
```

そして、ボタンクリックで実行されるactionCard関数で、このcountの値を1増やし、

cardステートのメッセージを変更する操作を行っています。

```
const actionCard = () => {
  setCount(count + 1);
  props.setCard("card counter: " + count + " count.");
}
```

これでcountの値が変更され、Appコンポーネントにあるcardステートのメッセージが更新されます。そしてそれによりCardMessageコンポーネントの表示も更新されるというわけです。

このように、親コンポーネント(ここでは、App)に用意されたステートを変更する関数も子コンポーネントに属性として渡すことで、「子から親のステートを操作する」ということができるようになります。「親→子」「子→親」と双方向にステートの値を操作できるようになるのです。

コンポーネントの変数は消える！

CardMessageでは、数字をカウントするのにcountというステートを用意していました。これを見て、「countは画面に直接表示してるわけでもないんだから、普通の変数でもよくない？」と思った人もいることでしょう。

が、実際に試してみるとわかりますが、これはダメなのです。実際にCardMessageのcountステート関係を以下のように書き換えてみましょう。

●countの変更

```
const [count, setCount] = useState(0);
```

↓

```
let count = 0;
```

●イベント用関数の変更

```
const actionCard = () => {
  setCount(count + 1);
  props.setCard("card counter: " + count + " count.");
}
```

↓

```
const actionCard = () => {
  count++;
  props.setCard("card counter: " + count + " count.");
}
```

actionCardでcountの値を1増やしてsetCardに設定しています。特に問題はなさそうですね。ですが、実際に動かしてみると、カウントする数字が増えていきません。

なぜ、ダメなのか？ これは、実は既に説明をしています。コンポーネントは、状態を保持しません。なぜなら「コンポーネントが更新されるとき関数は再実行される」からですね。

コンポーネントはただの関数です。関数の中に用意されている変数は、関数を実行し終えると消えてしまいます。コンポーネントに用意されたcount変数も同じで、CardMessage関数を実行し終わるとその中のcountは消えてしまいます。

このため、コンポーネントの関数内で常に保持しておきたい値は、変数ではなくステートとして用意しておく必要があります。ステートならば、関数を実行し終えても値は保持され続けます。

フォームを利用する

値の管理について考えるとき、「フォームをどのように処理するか」は重要でしょう。コンポーネントの場合、値を変数に取り出しておいても関数の呼び出しが終わったら値は消えてしまいます。このため、入力された値もすべてステートとして保管しておく必要があります。

これも具体的なサンプルを見ながら説明したほうがわかりやすいでしょう。App.tsxを以下のように書き換えてください。

リスト4-11

```
import React, { useState } from 'react'
import './App.css';

function AlertMessage(props: {data: any, setData: any}) {
  const data = props.data;
  const msg = JSON.stringify(data);

  return (
    <div className="alert">
      <h5>{msg}</h5>
      <hr />
      <table>
```

```
        <tbody>
        <tr><th>Name</th><td>{data.name}</td></tr>
        <tr><th>Mail</th><td>{data.mail}</td></tr>
        <tr><th>Age</th><td>{data.age}</td></tr>
        </tbody>
      </table>
    </div>
  );
}

function App() {
  const [name, setName] = useState("");
  const [mail, setMail] = useState("");
  const [age, setAge] = useState(0);
  const [form, setForm] = useState({
    name:'no name', mail:'no mail', age:0
  });

  const doChangeName = (event: any)=> {
    setName(event.target.value);
  }
  const doChangeMail = (event: any)=> {
    setMail(event.target.value);
  }
  const doChangeAge = (event: any)=> {
    setAge(event.target.value);
  }

  const doSubmit:any = (event: any) => {
    event.preventDefault();
    setForm({name:name, mail:mail, age:age})
    setName('');
    setMail('');
    setAge(0);
  }

  return (
    <div>
      <h1>React app</h1>
      <div className="container">
        <h2>Hooks sample page.</h2>
        <AlertMessage data={form} setData={setForm} />
        <form onSubmit={doSubmit}>
        <table>
          <tbody>
```

Chapter 1 Chapter 2 Chapter 3 Chapter 4 Chapter 5 Chapter 6 Chapter 7 Chapter 8

```
          <tr>
            <td><label>Name:</label></td>
            <td><input type="text"
                onChange={doChangeName} /></td>
          </tr>
          <tr>
            <td><label>Mail:</label></td>
            <td><input type="text"
                onChange={doChangeMail} /></td>
          </tr>
          <tr>
            <td><label>Age:</label></td>
            <td><input type="number"
                onChange={doChangeAge} /></td>
          </tr>
          <tr><td></td><td>
          <button type="submit">Click</button>
          </td></tr>
          </tbody>
          </table>
          </form>
      </div>
    </div>
  );
}

export default App;
```

また、フォームで利用する<input>用にスタイルシートを追記しておきましょう。App.cssを開き、以下のコードを追記してください。

リスト4-12

```
input {
  border: gray 1px solid;
  border-radius: 0.25em;
  color: black;
  background-color: white;
  padding: 7px 10px;
  margin: 3px 0px;
  font-size: 0.9em;
}
```

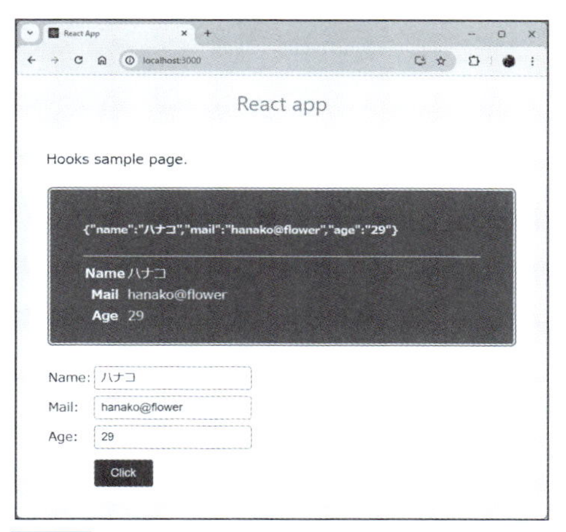

図4-8 フォームに入力して送信すると、送られたフォームの内容が上のアラートにまとめて表示される。

今回のサンプルでは、フォームの内容を表示するアラートと、その下に3つの入力フィールドを持つフォームが表示されます。フォームの各項目に値を入力して送信すると、送られた値の内容がアラートに表示されます。フォーム全体はJSON形式のテキストにまとめて表示され、その下にname, mail, ageの各項目の値がテーブルにまとめて表示されます。

JSONについて

JSONというのは、JSON（JavaScript Object Notation）の略です。これは、JavaScriptのオブジェクトをテキストとして表すのに使われるオブジェクトリテラルの記述方式でオブジェクトを記したものです。{x:123, y:456, ……}という、あの書き方ですね。

JavaScriptでは、オブジェクトをJSONフォーマットのテキストに変換したり、逆にJSONテキストをもとにオブジェクトを作ったりできるようになっているのですね。

このJSONの機能は、そのまま「JSON」という名前のオブジェクトとしてJavaScriptに用意されています。このJSONオブジェクトからメソッドを呼び出して、オブジェクトをテキストにしたり、逆にテキストからオブジェクトを作ったりできるようになっています。もちろん、これらの機能はすべてTypeScriptでも同様に利用できます。

フォームをステートに保管する

では、どのようにフォームの処理を行っているのか見てみましょう。まずAppコンポーネントに、フォームの内容を保管しておくステートを用意します。

```
const [name, setName] = useState("");
const [mail, setMail] = useState("");
const [age, setAge] = useState(0);
```

```
const [form, setForm] = useState({
  name:'no name', mail:'no mail', age:0
});
```

name, mail, ageはそれぞれフォームに入力された値を保管しておくためのものです。そしてformは、これら3つの値をひとまとめにしたオブジェクトを値として保管します。まぁ、各値のステートだけあればいいのですが、ここでは「多数の値をひとまとめにしたステート」についても使ってみました。

これらのステートは、まずフォームの<input>タグにonChangeイベントの値として用意される関数で利用しています。3つの入力フィールドのonChange用関数は以下のようになっています。

```
const doChangeName = (event:any)=> {
  setName(event.target.value);
}
const doChangeMail = (event:any)=> {
  setMail(event.target.value);
}
const doChangeAge = (event:any)=> {
  setAge(event.target.value);
}
```

それぞれ、対応するステートの値を設定していることがわかりますね。値は、event.targetからイベントの発生したエレメントを取得し、そのvalueで値を取り出しています。これで、フォームの値が3つのステートに常に保管されるようになります。

actionで送信処理する

続いて、送信ボタンをクリックしたときの処理です。これは、以下のようにフォームに設定を行っていますね。

```
<form onSubmit={doSubmit}>
```

<form>のonSubmitに、doSubmitという関数を指定しています。このonSubmitは、このように関数を割り当てることができます。

割り当てている関数doSubmitは、以下のようになっています。

```
const doSubmit:any = () => {
  setForm({name:name, mail:mail, age:age})
```

```
    setName('')
    setMail('')
    setAge(0)
}
```

この関数では、name, mail, ageの3つのステートを使ってオブジェクトを作成し、それをsetFormでformステートに設定しています。これで、「送信ボタンでフォームの内容がformステートにまとめられる」という処理ができました。後は、各フィールドの値を初期値に戻して完成です。

AlertMessageで値を表示する

このformステートは、AlertMessageコンポーネントに属性を使って渡されています。

```
<AlertMessage data={form} setData={setForm} />
```

今回は、実は値を渡すだけで、AlertMessage側でformステートの値を変更することはないのですが、「値の読み書き」を属性で渡す例としてdataとsetDataの2つの属性を用意しておきました。

そしてAlertMessageです。ここでは引数に渡された属性からdataの値を変数に取り出して利用しています。

```
function AlertMessage(props: {data: any, setData: any}) {
  const data = props.data;
  const msg = JSON.stringify(data);
```

これで、フォームの内容がオブジェクトとしてdataに渡され、そのJSON形式のテキストがmsgに用意されました。JSON.stringifyというのは、JSONオブジェクトにあるメソッドで、オブジェクトをJSON形式のテキストとして得るためのものです。後はこれらを使って表示を作成するだけです。

関数コンポーネントでフォームを利用しようとすると、このように「入力項目の数だけステートが必要になる」のが難点です。またフォームに入力された値をまとめて他のコンポーネントに渡そうとすると、フォームの値を1つのオブジェクトにまとめたステートを用意する必要があるでしょう。

関数コンポーネントといえども、こんな具合にステートの数が増えてくると全体の構造などが把握しにくくなってきます。ステートの値の流れをよく考えながらコンポーネントを設計していきましょう。

Section 4-3 副作用フックの利用

更新時に処理を実行する

ここまで「ステートフック」の利用について説明をしてきました。フックによるステートの操作は、だいぶ理解できたことでしょう。

ステートは、値を変更すると自動的に表示が更新されます。ステートを利用する限りにおいて、表示は常に最新の状態に保たれます。「ステートを利用する限りにおいて」は、です。

ということは、ステートが直接表示に使われていない場合、当たり前ですがステートが変更されても更新はされません。が、ページにアクセスしたり表示が更新されたりした際に何らかの処理を実行したりすることはあるでしょう。例えばサーバーにアクセスしてデータを取得するようなアプリでは、必要に応じて最新のデータを取得して表示を更新しなければいけないこともあります。

このように、「データ更新時に必要な処理を実行する」ということは結構あるのです。このような場合、どのように処理を実装すればいいのでしょうか。

副作用フックについて

このようなときのために用意されているのが「副作用フック」と呼ばれるものです。これは、コンポーネントがマウントされたり更新された際に必要な作業を行えるようにするものです。これは、以下のように記述します。

```
useEffect( 関数 )
```

useEffectというReactに用意されている関数を使います。引数には、実行する処理をまとめた関数を指定します。これだけで、コンポーネントが更新された際に指定の関数を実行して必要な処理を行えるようになります。使い方は意外と簡単なのです。

副作用フックで計算をさせる

では、実際に副作用フックを使って処理を実行させてみましょう。App.jsを以下のように書き換えてください。

リスト4-13

```
import React, { useState, useEffect } from 'react';
import './App.css';

function AlertMessage(props: {msg: string}) {
  return (
    <div className="alert">
      <h4>{props.msg}</h4>
    </div>
  );
}

function App() {
  const [val, setVal] = useState(0);
  const [msg, setMsg] = useState('set a number...');

  const doChange = (event: React.ChangeEvent<HTMLInputElement>) => {
    setVal(+event.target.value);
  }

  useEffect(() => {
    let total = 0;
    for (let i = 0;i <= val;i++) {
      total += i;
    }
    setMsg("total: " + total + ".");
  })

  return (
    <div>
      <h1>React app</h1>
      <div className="container">
        <h2>Hooks sample page.</h2>
        <AlertMessage msg={msg} />
        <div className="form-group">
          <label>Input:</label>
          <input type="number"
                onChange={doChange} />
        </div>
```

Chapter 1 Chapter 2 Chapter 3 Chapter 4 Chapter 5 Chapter 6 Chapter 7 Chapter 8

```
      </div>
    </div>
  );
}

export default App;
```

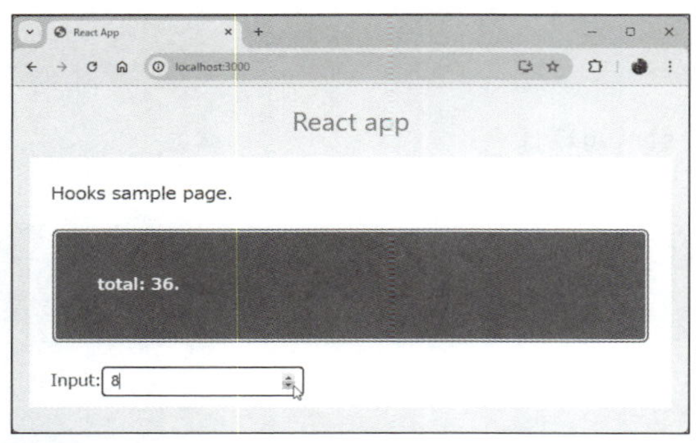

図4-9 フィールドの数字を変更すると瞬時に合計が計算される。

ここでは数字を入力するフィールドと結果を表示するアラートを用意しました。フィールドの数字を操作すると、瞬時に1からその数字までの合計を計算してアラートに表示します。まぁ、やっていることはこれまで作ったサンプルなどとそう違いはないので「どこが副作用なのか？」と思ったかもしれませんね。

副作用フックの働き

では、コンポーネントの内容を見てみましょう。まずAppでは2つのステートを用意しています。この部分ですね。

```
const [val, setVal] = useState(0);
const [msg, setMsg] = useState('set a number...');
```

valがフィールドから入力された値を、そしてmsgは結果を表示するメッセージをそれぞれ保管します。入力フィールドでは、onChangeイベントを使って以下のdoChange関数を実行するようにしています。

```
const doChange = (event: React.ChangeEvent<HTMLInputElement>) => {
  setVal(+event.target.value);
}
```

さぁ、ここでちょっと違和感ですね。従来の方法ならば、ここで「event.target.valueで値を取り出してsetValueし、それからvalまでの合計を計算して結果のメッセージをsetMsgする」といったことを行っていたはずです。ここで計算とメッセージの表示を行わないと、入力フィールドの値が更新されても合計は更新されなくなってしまいます。

が、今回のサンプルでは、valの値を更新しているだけです。計算も結果の表示も行っていません。では、どこで行っているのか？ それは以下の部分です。

```
useEffect(() => {
  let total = 0;
  for (let i = 0;i <= val;i++) {
    total += i;
  }
  setMsg("total: " + total + ".");
})
```

これが副作用フックです。useEffectの中に関数が用意されていますね？ ここで、valの値を使って変数totalに合計を計算していき、setMsgで結果をmsgに設定しています。

このように、useEffectで関数を設定しておくだけで、コンポーネントがマウントされたりステートが更新されたりした際には指定の関数が実行されるようになります。doChangeでsetValによりvalの値を更新すると、コンポーネントが更新され、それによりuseEffectで設定された関数が自動的に呼び出され計算と結果表示が行われていたのです。

計算処理を副作用フックとして実装することで、onChangeのイベントではシンプルに「ステートを更新する」だけ行えば済むようになります。値の更新イベントで、「更新された値ともとに○○を計算して××を変更して△△を更新して……」などと山のような処理を用意する必要はありません。値を更新したなら、「値が更新された処理」だけ実行すればいいのです。後は「更新されたときに実行される副作用フック」に処理を用意しておけば、それが必要に応じて実行されます。

複数の副作用フック

この副作用フックも、ステートフックと同様、いくつでも作成することができます。1つにまとめる必要はありません。いくらでも追加できるのです。

ということは、さまざまな処理を行う必要があるときも、それらをまとめて行うのでなく、「実行する処理ごとに分けてフックを用意する」ことができるのです。これにより、それぞれの処理をフックごとに分けて整理できるため、プログラムの見通しが格段によくまります。

実際に、複数の副作用フックを使った例を見てみましょう。

リスト4-14

```
import React, { useState, useEffect } from 'react';
import './App.css';

function AlertMessage(props: {msg: JSX.Element}) {
  return (
    <div className="alert">
      <h4>{props.msg}</h4>
    </div>
  );
}

function App() {
  const [val, setVal] = useState(1000);
  const [tax1, setTax1] = useState(0);
  const [tax2, setTax2] = useState(0);
  const [msg, setMsg] = useState(<p>set a price...</p>);

  const doChange = (event: React.ChangeEvent<HTMLInputElement>) => {
    setVal(+event.target.value);
  }

  const doAction = () => {
    let res = (
      <div>
        <p>軽減税率(8%) : {tax1} 円</p>
        <p>通常税率(10%): {tax2} 円</p>
      </div>
    );
    setMsg(res);
  }

  useEffect(() => {
    setTax1(Math.floor(val * 1.08));
  });

  useEffect(() => {
    setTax2(Math.floor(val * 1.1));
  });

  return (
    <div>
      <h1>React app</h1>
      <div className="container">
        <h2>Hooks sample page.</h2>
```

```
        <AlertMessage msg={msg} />
          <label>Input:</label>
          <input type="number"
            onChange={doChange} />
        <button onClick={doAction}>Calc</button>
      </div>
    </div>
  );
}

export default App;
```

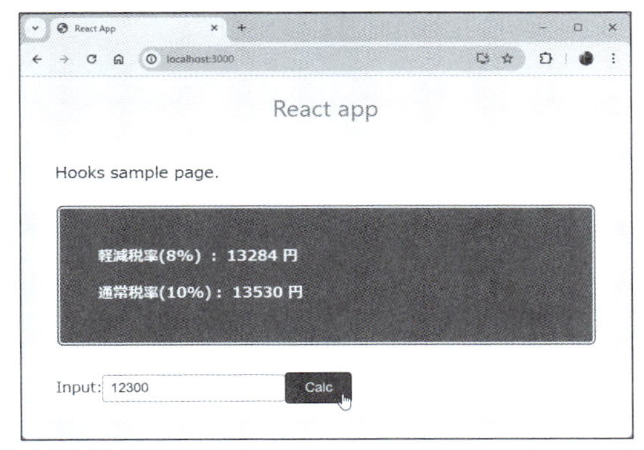

図4-10 金額を入力しボタンを押すと、軽減税率(8%)と通常の税率(10%)を計算する。

ここでは、金額を入力するフィールドと計算のボタンを用意しています。金額を記入し、ボタンをクリックすると、軽減税率と通常税率の税込金額を計算してアラートに表示します。

ここでは、入力フィールドのonChangeとボタンのonClickにそれぞれ以下のような関数を割り当てています。

```
const doChange = (event: React.ChangeEvent<HTMLInputElement>) => {
  setVal(+event.target.value);
}

const doAction = () => {
  let res = (
    <div>
      <p>軽減税率(8%) : {tax1} 円</p>
      <p>通常税率(10%): {tax2} 円</p>
    </div>
  );
  setMsg(res);
}
```

入力フィールドでは、値が変更されたらsetValでvalステートを更新します。そしてボタンをクリックしたら、tax1とtax1の値をJSXでまとめて表示します。doChangeでは「入力値の更新」だけ、そしてdoActionでは「結果の表示」だけを行っていますね。

では、肝心の計算は？ それを行っているのが副作用フックです。

```
useEffect(() => {
  setTax1(Math.floor(val * 1.08));
})

useEffect(() => {
  setTax2(Math.floor(val * 1.1));
})
```

setTax1で軽減税率を計算する処理と、setTax2で通常税率を計算する処理をそれぞれ副作用フックで用意しています。まぁ、ここでは単純な計算ですから2つに分けなくてもそれほど混乱はしませんが、これが複雑な計算だった場合を考えてみてください。1つの関数内に、複数の異なる複雑な計算処理がまとめられているより、それぞれの計算処理を別々の関数として分けてあったほうが圧倒的にわかりやすいですね。

副作用フックなら、このような「処理ごとに関数を分けて組み込む」ということが簡単に行えるのです。

副作用のスキップ

ところで、今作成したサンプルでは、「ボタンを押して結果を表示する」というようにしていました。Reactはリアルタイムに表示が更新されます。ならば、ボタンなんかつけず、入力したら即座に更新されるようにしたほうが便利ですよね？ では、やってみましょう。

リスト4-15

```
import React, { useState, useEffect } from 'react'
import './App.css';

function AlertMessage(props: {msg: JSX.Element}) {
  return (
    <div className="alert">
      <h4>{props.msg}</h4>
    </div>
  );
}
```

```
function App() {
  const [val, setVal] = useState(1000);
  const [tax1, setTax1] = useState(0);
  const [tax2, setTax2] = useState(0);
  const [msg, setMsg] = useState(<p>set a price...</p>);

  const doChange = (event: React.ChangeEvent<HTMLInputElement>) => {
    setVal(+event.target.value);
  }

  // ☆新たに追加したフック
  useEffect(() => {
    let res = <div>
      <p>軽減税率(8%) : {tax1} 円</p>
      <p>通常税率(10%): {tax2} 円</p>
    </div>
    setMsg(res)
  });

  useEffect(() => {
    setTax1(Math.floor(val * 1.08));
  });

  useEffect(() => {
    setTax2(Math.floor(val * 1.1));
  });

  return (
    <div>
      <h1>React app</h1>
      <div className="container">
        <h2>Hooks sample page.</h2>
        <AlertMessage msg={msg} />
          <label>Input:</label>
          <input type="number"
            onChange={doChange} />
      </div>
    </div>
  );
}

export default App;
```

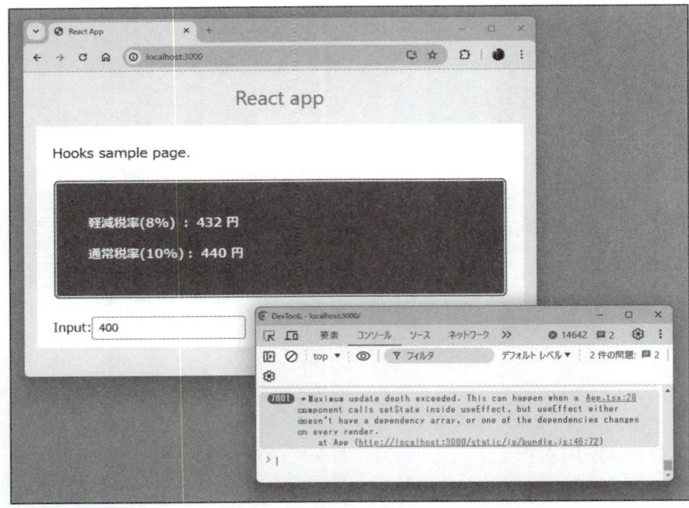

図4-11 金額を入力すると瞬時に結果が表示されるが、猛烈な勢いでuseEffectが呼び出されているのがわかる。

useEffectが3つに増えました。tax1とtax2の計算と、そしてこれらの値を使った結果の表示です。アクセスすると、入力フィールドに数字を入力すれば瞬時に結果が表示されます。これは便利！

……ですが、実をいえばこのプログラムには大きな問題があります。試しに、デベロッパーツール(ブラウザによって「開発者ツール」「ウェブ開発ツール」などの名前になっていることもあります)を開いてみてください。するとコンソールに猛烈な勢いで「Warning: Maximum update depth exceeded.」というメッセージが出力されていくのがわかるでしょう。

これは、呼び出しの頻度が限度を超えてるよ、という警告です。呼び出しというのは、関数などの呼び出しのことです。例えば関数Aの中から関数Bを呼び出し、その中からAを呼び出し、その中からBを……という具合に「関数の中から別の関数を呼び出す」というのを際限なく繰り返していくとこの警告が現れます。

setTax1とsetTax2を呼び出しているuseEffectだけならば問題はありませんでした。が、これにsetMsgのuseEffectが付け加えられると、無限に関数が呼び出し合うことになってしまうのです。このuseEffectでは、setMsgでJSXが使われています。JSXは、内容をレンダリングして結果を出力するため、useEffectで表示更新時にsetMsgするように設定されていると無限にsetMsgが呼び出し続けられてしまうのです。

フックを使っていると、こういう「コンポーネントを更新したら、結果として自分自身がまた呼び出されることになり無限に呼び出し続けてしまう」ということはよくあります。注意しないと、バックで無限にコンポーネントが更新され続けている」なんてことになりかねないのです。

再呼び出しのフックを指定する

このような場合は、useEffectの際に以下のような形で引数を追加することで、自分自身の呼び出しを回避できます。

```
useEffect( 関数 , [ ステート ] )
```

第2引数に、ステートの配列を指定します。これはこの副作用フックが呼び出されるステートフックを指定するものです。第2引数の配列に指定したステートが更新されたときは、この副作用フックを再度呼び出すことが許可されます。それ以外の場合は、再度呼び出されない(スキップ)ようになります。

では、先ほどのプログラムを修正しましょう。新たに追加した副作用フック(☆のフック)を以下のように修正してください。

リスト4-16

```
useEffect(() => {
  let res = <div>
    <p>軽減税率(8%) : {tax1} 円</p>
    <p>通常税率(10%): {tax2} 円</p>
  </div>
  setMsg(res)
}, [tax1, tax2]);
```

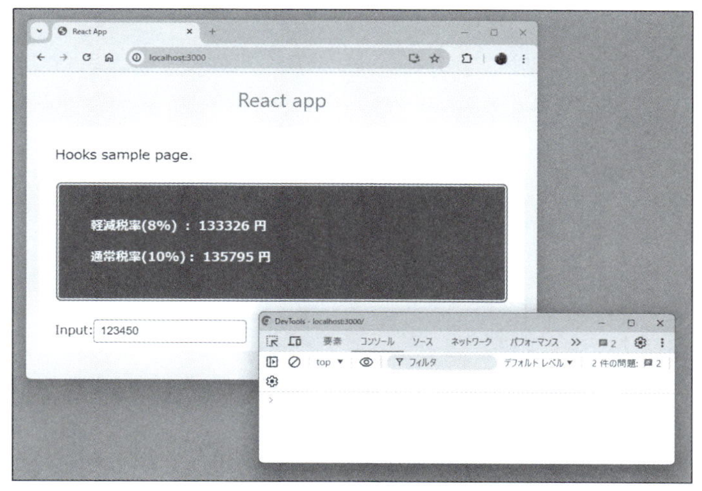

図4-12 副作用フックを修正する。もう警告は現れない。

修正したらページをリロードして動作を確認してみてください。もう今度は先ほどの警告は現れなくなります。

ここでは、useEffectの第2引数に[tax1, tax2]を指定しています。tax1, tax2が更新されたときは、この副作用フックの再実行が許可されます。これらはsetMsgするJSXで使っていますから、値が変更されたときは表示が更新されないと困りますね。それ以外の更新では、もうこの副作用フックの処理は呼び出されなくなります。これで「自分自身を呼び出し続けてしまう」という問題は回避できます。

副作用フックは、場合によってはこのように「どのステートが更新されたときに実行されるか」をよく考えなければ、膨大な回数の無駄な呼び出しを実行してしまうことになりがちです。デベロッパーツールを使い、処理の呼び出し状況をよく確認しながら開発していきましょう。

Chapter

5

独自フックを定義する

Reactでは、自分でフックを作成することができます。ここでは独自フックの作成について説明をします。そしてステートの永続化フックを作成し、これを利用したサンプルとしてメモアプリを作成してみます。

独自フックの作成

関数コンポーネントの汎用性

フック(特にステートフック)は、平たくいえば「コンポーネントでステートのようなコンポーネント固有の機能を実装するもの」といえます。副作用フックになると少しニュアンスが違ってきますが、基本的に「関数コンポーネントを強化するもの」と考えていいでしょう。

関数は非常に構造がシンプルです。クラスなどのオブジェクトの場合、さまざまな機能を追加したりできますが、関数ではそうもいきません。そこで「フック」という新しい機能が考案されたわけですね。

では、フックによってコンポーネントは誰でも簡単に作れるようになったのか？ 残念ながら、そう断言できるまでには至っていないでしょう。複雑なコンポーネントになってくると、ステートフックと副作用フックをいくつも組み込んで仕組みを構築していかないといけません。これはかなり大変です。

そして、苦労して作っても、その仕組みを簡単に他で利用できるようにはなりません。すべてのフックはコンポーネントの中に組み込まれているため、別のコンポーネントに同じ機能を実装するためには、またいくつものフックを同じように組み込んでいかないといけないのです。

もし、「コンポーネントで使える汎用的な機能を作成し、さまざまなコンポーネントで利用できるようにしたい」と考えたなら、どうすればいいのでしょうか。そもそも、「自分で作った複雑な機能をコンポーネントから切り離して汎用的に使えるようにする」ということはできないのでしょうか。

実は、これは「できる」のです。では、どうやって実現すればいいのか。それは作成する機能を「独自フック」として定義すればいいのです。

関数コンポーネント内に既存のフックを使って機能を実装するのではなく、機能そのものをコンポーネントとは別の独立した「オリジナルのフック」として作成する。これができれば、必要に応じてそのフックをコンポーネントに追加するだけで、どのコンポーネントでも用意した機能が簡単に使えるようになります。まさに究極の汎用性を手に入れられるのです。

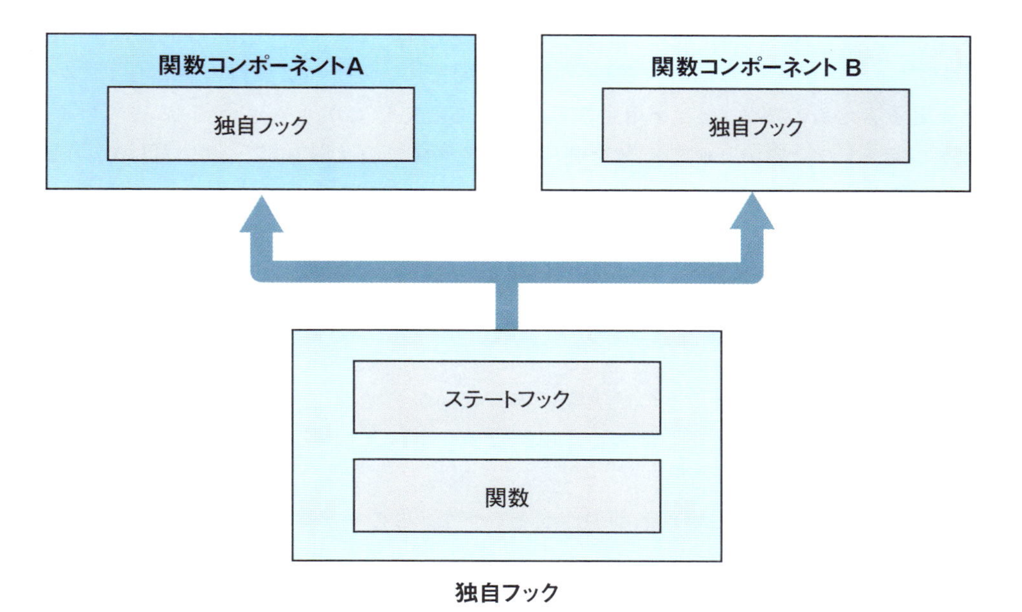

図5-1 独自の機能を「独自フック」として定義すれば、それをどの関数コンポーネントでも利用できるようになる。

独自フックの基本

では、独自フックというのはどのように作成すればいいのでしょうか。実は、これは意外と簡単です。「use」で始まる名前で関数を作成すれば、それはフックとして認識されるようになるのです。

もう少し整理すると、だいたい以下のような形になると考えればいいでしょう。

```
function use○○ () {
  ……処理……
  return [ 値 ];
}
```

関数名は、必ず「use○○」というように「use」で始まる名前にします。この点だけよく注意をしてください。

この関数では、必ず値を返します。この値は、普通の値ではなく、[値]というように配列の形で値をまとめておく必要があります。これは、ステートフックを作成するuseStateが必ず分割代入で複数の値を得るようになっていたことを思い出せばわかるでしょう。あのように分割代入で複数の値を得られるようにするためには、値を配列の形にして返すようにします。

独自フックを作成する場合も、返される値は複数必要になります。一般的には1つ目の値として「フックの値を得るための変数」などが必要です。そして2つ目の値として「フックの値を変更するための関数」などを用意する必要があるでしょう。

そうして、1つ目の戻り値の変数を利用してフックの値を取り出し、2つ目の戻り値の関数を呼び出してフックに値を設定できるようにするのですね。

数字をカウントするフックを作る

まぁ、この独自フックというのは実際に作って動かしてみないとなかなかその仕組みが理解できないかもしれません。では、ごく単純なサンプルとして「数字をカウントするフック」というのを考えてみましょう。

ここでは「useCounter」という名前で作成をします。このフックには以下のものが必要です。

1. **数字を保管するステート**
2. **呼び出すと1だけ増やす関数**

このステート用の変数と1増やす関数をまとめてreturnするような関数を定義すればいいのです。すると、ざっと以下のようなものになります。

リスト5-1

```
function useCounter() {
  const [num, setNum] = useState(0);

  const count = ()=>{
    setNum(num + 1);
  }

  return [num, count];
}
```

これが、独自フックの関数です。意外と簡単に作れてしまいましたね。では、内容を確認しておきましょう。まず、値を保管するステートです。

```
const [num, setNum] = useState(0)
```

useStateでゼロで初期化しています。これで、変数numでこの値が取り出せるようになります(変更はsetNumですね)。続いて、数字をカウントする関数「count」を以下のように用意しています。

```
const count = ()=>{
  setNum(num + 1)
}
```

()=> {……}というのが関数の内容ですね。ここでは、setNumを呼び出してnumステートを1増やしています。これで、カウントする値と、これを1増やす関数ができました。

後は、これらをまとめて返すだけです。戻り値は以下のように指定されていますね。

```
return [num, count]
```

numは、numステートの値を得るもの、countは数字を1増やす関数ですね。この2つをまとめて返し、これらを使って「数字を1ずつ増やしていくステート」ができた、というわけです。

useCounterステートを利用する

では、作成したuseCounterステートを利用するサンプルを作成しましょう。今回も、前章まで使った「react_ts_app」プロジェクトを利用します。App.tsxの内容を以下に書き換えてください。なお、useCounter関数も含んでいるので、先ほどのuseCounterのコードは別途どこかに記述する必要はありません。

リスト5-2

```
import React, { useState, useEffect } from 'react'
import './App.css';

// 独自フックの定義
function useCounter():[number, ()=>void] {
  const [num, setNum] = useState(0);

  const count = ()=>{
    setNum(num + 1);
  }

  return [num, count];
}

//  コンポーネントの定義
function CardMessage(props: any) {
  const [counter, add] = useCounter();

  return (
```

```
      <div className="card">
        <h4>count: {counter} .</h4>
        <button onClick={add}>count</button>
      </div>
    );
}

// Appコンポーネント
function App() {
  return (
    <div>
      <h1>React app</h1>
      <div className="container">
        <h2>Hooks sample page.</h2>
        <CardMessage />
      </div>
    </div>
  );
}

export default App;
```

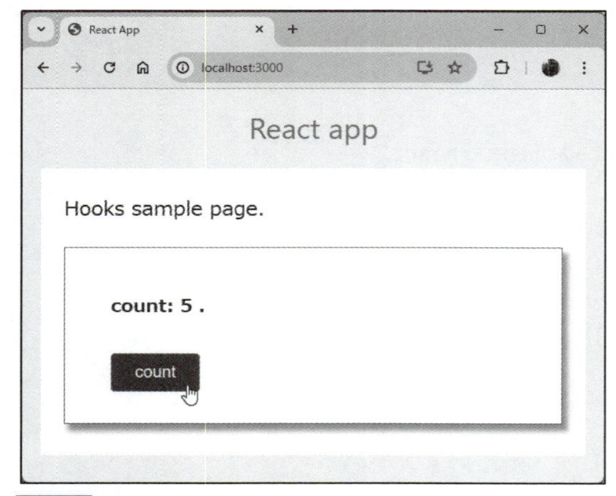

図5-2 ボタンをクリックすると数字が1ずつ増えていく。

これで完成です。アクセスすると、メッセージの下にボタンが1つ表示されます。このボタンをクリックすると、メッセージに表示される数字が1ずつ増えていきます。

ここでは、以下のようにしてuseCounterフックを利用していますね。

```
const [counter, add] = useCounter()
```

使い方は、useStateと同じです。戻り値に[counter, add]というように2つの変数を用意し、それぞれに値と関数を代入します。これらを利用して表示とボタンクリックの処理を作成しています。

```
<h4>count: {counter} .</h4>
<button onClick={add}>count</button>
```

<h4>タグでは、{counter}でcounterステートの値を表示しています。そして<button>タグではonClick={add}としてクリックすると、userCounterフックのaddが実行され、値が1増えるようになります。addで値が増えると、(useCounterフックでは値をステートフックで管理しているので){counter}の表示が更新されて数字が増える、というわけです。

こんな具合に、独自フックの基本は意外に難しくはありません。「値を得る変数」と「値を変更する関数」の2つを用意し、それらをまとめてreturnするような関数を定義する、というだけです。これさえしっかり理解できれば、シンプルなフックはすぐに作れるようになります。

別ファイルに切り分ける場合

なお、ここではコンポーネントのスクリプトファイル内にフックも記述しましたが、フックだけを独立したファイルとして用意することも可能です。

先ほどのuseCounterならば、例えば「useCounter.ts」というファイル名で以下のようにコードを記述すればよいでしょう。

リスト5-3

```
export default function useCounter():[number, ()=>void] {
  const [num, setNum] = useState(0);

  const count = ()=>{
    setNum(num + 1);
  }

  return [num, count];
}
```

exportで、定義した関数をエクスポートするのを忘れないでください。後は、これを利用したいコンポーネントでファイルからuserCounterをインポートすればいいだけです。例えば、以下のように追記すればいいでしょう。

```
import useCounter from '/useCounter'
```

これでuseCounter関数が使えるようになります。後は、先ほどのサンプルとまったく同様にuseCounterを呼び出して利用できます。

 より複雑な操作を行うフック 

独自フックの利点は、ステートフックのように「値を得る変数と変更する関数」を返すという形にとらわれないところです。返す値は2つである必要はないのです。いくつあっても構いません。また独自フックの関数を呼び出すときも、引数を使って必要な値を渡すことだってできるのです。

では、先ほどより少しだけ複雑なフックを作ってみましょう。作成するのは「消費税計算」のフックです。ここでは以下のような形でフックを作ります。

1. **引数に通常税率、軽減税率を渡して設定できる。**
2. **戻り値に金額、通常税率の税込価格、軽減税率の税込価格、金額の設定といったものを用意する。**

税率をフックを呼び出し、戻り値から金額を設定すると税込価格が得られるようになるわけですね。では、実際に作ってみましょう。

リスト5-4

```
const useTax = (t1: number, t2: number):
    [number, () => number, () => number,
    React.Dispatch<React.SetStateAction<number>>] => {
  const [price, setPrice] = useState<number>(1000);
  const [tx1] = useState<number>(t1);
  const [tx2] = useState<number>(t2);

  const tax = (): number => {
    return Math.floor(price * (1.0 + tx1 / 100));
  }
  const reduced = (): number => {
    return Math.floor(price * (1.0 + tx2 / 100));
  }
  return [price, tax, reduced, setPrice];
}
```


Chapter 1 Chapter 2 Chapter 3 Chapter 4 Chapter 5 Chapter 6 Chapter 7 Chapter 8

useTaxの戻り値

このようになりました。定義される関数では、戻り値を正確に型指定しています。戻り値は、このようになっているのがわかりますね。

```
[
  number,
  () => number,
  () => number,
  React.Dispatch<React.SetStateAction<number>>
]
```

number型の値、戻り値がnumberの関数、そしてReact.Dispatchというオブジェクトがそれぞれ指定されています。2つの関数型は、ステートの値を変更するためのものです。

そして最後のReact.Dispatchというのは、useStateで生成されるステート設定の関数を示すものです。useStateでは、値の変更を行う関数が作成されますが、これは正確にはReact.Dispatchというオブジェクトとして用意されるのです。そしてこのオブジェクトでは、設定する値を受け取るのにReact.SetStateActionというものが使われており、これをジェネリックで指定することで正確な型指定が記述できます。

ちょっとわかりにくいでしょうが、「useStateでステートを変更する関数はReact.Dispatchというオブジェクト型になっている」ということだけ覚えておけば十分でしょう。

useTaxの仕組み

このuseTaxでは、(t1, t2)というように2つのnumber型引数を用意しています。そして金額、税率1、税率2の3つのステートを用意します。

```
const [price, setPrice] = useState<number>(1000);
const [tx1] = useState<number>(t1);
const [tx2] = useState<number>(t2);
```

price, tx1, tx2は、それぞれ金額、標準税率、軽減税率を保管するnumber型のステートです。そして、税率から税込価格を計算する関数として、以下の2つを用意しています。tx1とtx2は、それぞれ整数値を用意します(例えば、税率10%ならば0.1ではなく「10」とする)。

```
const tax = (): number => {
  return Math.floor(price * (1.0 + tx1 / 100));
}
```

```
const reduced = (): number => {
  return Math.floor(price * (1.0 + tx2 / 100));
}
```

taxは、標準税率による税込価格を計算し返します。そしてreducedは軽減税率による税込価格を計算して返します。tx1とtx2を100で割り、1.0と足したものをpriceにかけていますね。例えばtx1が10ならば、price * 1.1を計算しているわけですね。

そして、最後にpriceとsetPrice、そしてtax/reduced関数をまとめて返します。

```
return [price, tax, reduced, setPrice];
```

これで、金額と税込価格を一通り扱えるフックができました！

Chapter 1
Chapter 2
Chapter 3
Chapter 4
Chapter 5
Chapter 6
Chapter 7
Chapter 8

useTaxを利用する

では、実際にuseTaxフックを使ってみましょう。App.tsxを以下のように書き換えてください。なお、useTaxも含んでいるので別途用意する必要はありません。

リスト5-5

```
import React, { useState } from 'react';
import './App.css';

// 独自フックの定義
const useTax = (t1: number, t2: number): [number,
    () => number, () => number,
    React.Dispatch<React.SetStateAction<number>>] => {
  const [price, setPrice] = useState<number>(1000);
  const [tx1] = useState<number>(t1);
  const [tx2] = useState<number>(t2);

  const tax = (): number => {
    return Math.floor(price * (1.0 + tx1 / 100));
  }
  const reduced = (): number => {
    return Math.floor(price * (1.0 + tx2 / 100));
  }
  return [price, tax, reduced, setPrice];
}

// コンポーネントの定義
```

```
function CardMessage() {
  const [price, tax, reduced, setPrice] = useTax(10, 8);

  const doChange = (e: React.ChangeEvent<HTMLInputElement>) => {
    let p = e.target.valueAsNumber;
    setPrice(p);
  }

  return (
    <>
      <p>通常税率: {tax()} 円.</p>
      <p>軽減税率: {reduced()} 円.</p>
      <label>Price:</label>
      <input type="number"
        onChange={doChange} value={price} />
    </>
  );
}

// Appコンポーネント
function App() {
  return (
    <div>
      <h1>React app</h1>
      <div className="container">
        <h2>Hooks sample page.</h2>
        <CardMessage />
      </div>
    </div>
  );
}

export default App;
```

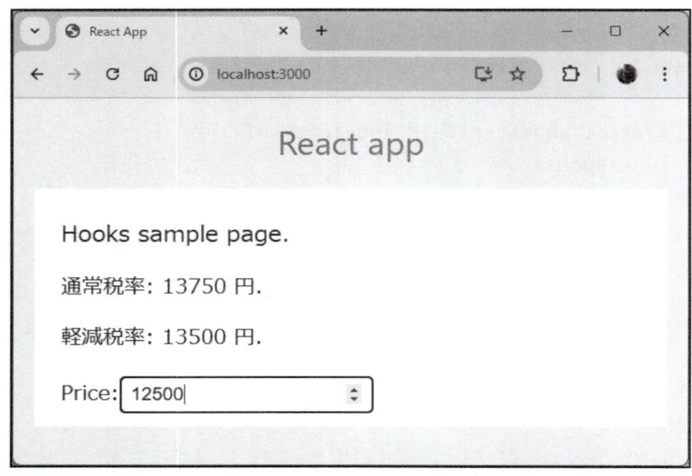

図5-3 入力フィールドから金額を入力すると、通常の税込価格と軽減税率の税込価格が表示される。

ここでは金額を記入するフィールドを1つだけ用意しています。ここから金額を入力すると、リアルタイムに通常税率と軽減税率の税込価格が計算され表示されます。

コードの内容をチェックする

ここでは、CardMessage関数コンポーネントに以下のようにuseTaxの値を用意しています。

```
const [price, tax, reduced, setPrice] = useTax(10, 8);
```

これで、金額と税込価格がまとめて定数に取り出されました。ここで注意したいのは、「priceのみが変数で、他の3つは関数である」という点です。税込価格を表示している<p>タグの部分を見てみましょう。

```
<p>通常税率: {tax()} 円.</p>
<p>軽減税率: {reduced()} 円.</p>
```

このように、{tax()}や{reduced()}を埋め込んでいますね？ {tax}や{reduced}ではなく、最後に()と引数がつけられています。これにより、taxやreducedの実行結果が表示されるようになります。

引数や戻り値が増えると、単純な値だけでなく、いくつもの値を1つのフックで扱えるようになります。より高度な機能をフックとして用意しようと思うと、引数や戻り値はどんどん増えていくことになります。多数の引数や戻り値を扱うのに少しずつ慣れていくようにしましょう。

アルゴリズムをフックに注入する

消費税計算のフックは、引数に税率など必要な値を渡していました。これをさらに一歩進めて、「計算の仕方」まで引数として渡せるようになると、ぐんと応用範囲が広まります。「計算の仕方を引数に渡す？ 一体、どうやって？」と思った人。それはですね、「関数を引数に渡す」のですよ！

関数は値だ、ということはもうだいぶ皆さんも飲み込めてきているはずです。アロー関数を使って定数に関数を代入して利用したり、今まで何度もやりましたね。ならば、関数を引数にだってできるはず。そうすれば、計算処理の関数を引数に指定してフックを作成することだってできるでしょう。引数で渡された関数を使って計算を行い、その結果を返すようにすれば、計算の仕方そのものをコンポーネントから切り離せます。

useCalcフックを作る

では、実際にフックを考えてみましょう。ここでは初期値と計算の関数を引数として渡して処理を行う「useCalc」というフックを考えてみます。

リスト5-6

```
function useCalc(num: number,
    func: (n: number) => number):
      [JSX.Element, (s: number) => void] {
  const [msg, setMsg] =
    useState<JSX.Element>(<>default value: {num}</>);

  const setValue = (s: number): void => {
    let res = func(s);
    setMsg(<p>※ {s} の結果は、{res} です。</p>);
  }

  return [msg, setValue];
}
```

このようになりました。ここでは引数に型を指定していますが、こんな具合に設定されています。

```
(num: number, func: (n: number) => number): [JSX.Element, (s: number) => void]
```

1つ目の引数はわかりますね。number型の変数numが引数として渡されるわけですね。問題は第2引数です。これは、nというnumber型の引数を持ち、number型の値を返す関数を表しています。こういう形の関数が、funcという引数に渡されるよ、ということなんですね。

では、その後にある[JSX.Element, (s: number) => void]というのは？ これは、戻り値の型なのです。ここでは、JSX.Elementというオブジェクトと、(s: number) => voidという型の関数の2つの値を持つ配列になっているのですね。

TypeScriptは、関数の引数や戻り値に正確な型指定を記述します。が、こんな具合にぱっと見ても何だかよくわからないこともあります。こういうときは、コンマ(,)とコロン(:)で改行して考えるようにすると次第にわかってきます。

msgステートの役割

ではコードを見てみましょう。ここでは､メッセージをステートとして用意してあります。

```
const [msg, setMsg] = useState<JSX.Element>(<>default value: {num}</>);
```

これは、計算結果のメッセージを保管しておくものです。メッセージの設定は、setValueという関数を用意し、この中からsetMsgを呼び出して行っています。

```
const setValue = (s: number): void => {
  let res = func(s);
  setMsg(<p>※ {s} の結果は、{res} です。</p>);
}
```

見ればわかるように、このsetValueの中で、useCalcの引数で渡された関数(func)を実行して結果を取得し、それを使ってsetMsgでメッセージを設定しています。後は、このsetValueと、そしてメッセージのmsgを戻り値として返すだけです。

```
return [msg, setValue];
```

これで完成です。setValueで引数に数値を設定すれば、その計算結果がmsgとして取り出せるようになる、というわけです。

useCalcで各種の計算を行う

では､作成したuseCalcを実際に使ってみましょう。App.tsxを書き換えて､useCalcを使った関数コンポーネントをいくつか作成してみます。コードにはuseCalc自体も含むので別途useCalcを用意する必要はありません。

リスト5-7

```
import React, { useState, useEffect, ChangeEvent } from 'react';
import './App.css';

// 合計計算の関数
const total = (n: number): number => {
  let re = 0;
  for(let i = 0; i <= n; i++) {
    re += i;
  }
  return re;
};

// 消費税計算の関数
const tax = (n: number): number => {
  return Math.floor(n * 1.1);
};

// 数値を計算しメッセージを返す独自フック関数
function useCalc(num: number,
    func: (n: number) => number):
      [JSX.Element, (s: number) => void] {
  const [msg, setMsg] =
    useState<JSX.Element>(<>default value: {num}</>);

  const setValue = (s: number): void => {
    let res = func(s);
    setMsg(<p>※ {s} の結果は、{res} です。</p>);
  }

  return [msg, setValue];
}

// デフォルトのコンポーネント
function PlainMessage() {
  const [n, setN] = useState(0);
  const [msg, setCalc] = useCalc(0, (n) => n);

  const onChange = (e: ChangeEvent<HTMLInputElement>) => {
    setN(+e.target.value);
    setCalc(+e.target.value);
  }

  return (
    <div>
```

```
      <hr />
      <h5>{msg}</h5>
      <input type="number" onChange={onChange}
        value={n}/>
      <hr />
    </div>
  );
}

// 合計計算コンポーネント
function AlertMessage() {
  const [n, setN] = useState(0);
  const [msg, setCalc] = useCalc(0, total);

  const onChange = (e: ChangeEvent<HTMLInputElement>) => {
    setN(+e.target.value);
    setCalc(+e.target.value);
  }

  return (
    <div className="alert">
      <h5>{msg}</h5>
      <input type="number" onChange={onChange}
        min="0" max="10000" value={n} />
    </div>
  );
}

// 消費税計算コンポーネント
function CardMessage() {
  const [n, setN] = useState(0);
  const [msg, setCalc] = useCalc(0, tax);

  const onChange = (e: ChangeEvent<HTMLInputElement>) => {
    setN(+e.target.value);
    setCalc(+e.target.value);
  }

  return (
    <div className="card">
      <h5>{msg}</h5>
      <input type="range" onChange={onChange}
        min="0" max="10000" step="100" />
    </div>
  );
```

```
}

// Appコンポーネント
function App() {
  return (
    <div>
      <h1>React</h1>
      <div className="container">
        <h3>Hooks sample</h3>
        <PlainMessage />
        <AlertMessage />
        <CardMessage />
      </div>
    </div>
  );
}

export default App;
```

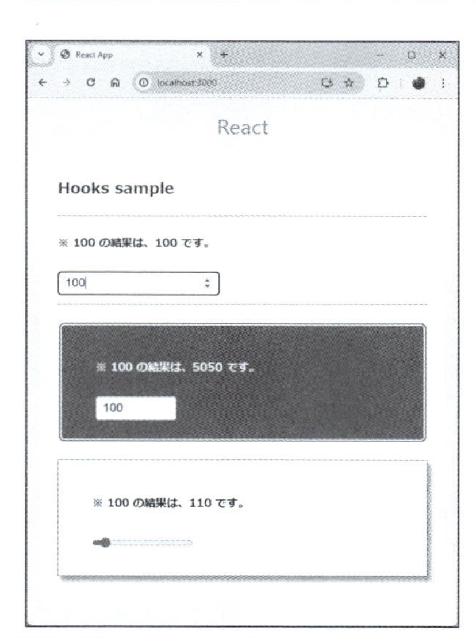

図5-4 3つのコンポーネントを用意し、それぞれにuseCalcフックを組み込んで動かす。

コンポーネントと関数の呼び出しを確認！

ここでは、全部で3つの関数コンポーネントを作成し、これを表示させています。上から、「PlainMessage」「AlertMessage」「CardMessage」となっています。この内、PlainMessageには関数は用意されていません（つまり、デフォルトの値がそのまま使われています）。他の2つのコンポーネントでは、それぞれ以下の関数を利用します。

●合計を計算する

```
const total = (n: number): number => {
  let re = 0;
  for(let i = 0; i <= n; i++) {
    re += i;
  }
  return re;
};
```

●消費税額を計算する

```
const tax = (n: number): number => {
  return Math.floor(n * 1.1);
};
```

どちらもそれほど難しいことをしているわけではないのでだいたいわかるでしょう。引数で値を渡すと、それを使って計算をし、その結果をreturnするようにしているのですね。

では、これらの関数はどうやって利用しているのでしょうか。例としてAlertMessageコンポーネントを見てみましょう。ここでは以下のようにuseCalcを使っています。

```
const [n, setN] = useState(0);
const [msg, setCalc] = useCalc(0, total);
```

nステートは、入力された値を保管するものです。msgステートでは、初期値にゼロとtotalを指定していますね。このtotalというのは、合計を計算する関数を代入しているtotal定数のことです。これで、total関数をuseCalcに渡して計算させていたのですね。

その他の部分は、だいたい今まで作ってきたコンポーネントと同じです。onChange関数でsetCalcを呼び出して計算結果のメッセージを作成し、それをJSXに埋め込んだ{msg}で表示させる、というものですね。

独自フックの基本がだいぶわかってきたなら、これらコンポーネントの内容もすぐに理解できるようになるでしょう。

Section 5-2 ステートフックの永続化

ステートはリロードで消える！

さて、ここまでフックを使って関数コンポーネントに値を保管する方法をいろいろと考えてきました。だいぶフックの使い方もわかってきました。が、このあたりで「フックの致命的な欠点」についても触れておかないといけません。

それは、「ステートの値をずっと保持できない」という点です。ステートフックは、現在のページにおいてのみ値が利用できます。ページをリロードしたりすると、もう値は消えてしまうのです。これはかなり問題です。フックを使ってさまざまなデータを保管しても、次にアクセスした際には綺麗サッパリと消えてしまうのですから。

フックは、Reactの機能です。Reactは、JavaScriptのスクリプトです。つまり、フックはJavaScriptのスクリプトを使い、JavaScriptの変数として値を保持していただけだったのですね。

では、値をずっと保ち続けたいときはどうすればいいのでしょうか。いろいろと方法は考えられますが、もっとも利用しやすいのは「ローカルストレージ」を使った方法でしょう。

ローカルストレージ

ローカルストレージは、WebブラウザのJavaScriptに搭載されている機能です。これはローカル環境に値を保管しておくものです。このローカルストレージは、windowオブジェクトにある「localStorage」というプロパティに機能をまとめられています。ここから以下のメソッドを呼び出すことで、ローカルストレージへのアクセスが行えます。

●指定のキーから値を取得する

```
変数 = window.localStorage.getItem( キー );
```

●値を指定のキーで保管する

```
window.localStorage.setItem( キー , 値 );
```

最初のwindowは省略することもできます。この場合は、単にlocalStorage.getItem、localStorage.setItemという形で記述します。

ローカルストレージは、「キー」と呼ばれるものを使って値を保管します。キーは、保管する名前につけておく名前のようなものです。getItemは、引数に指定したキーの値を取り出します。そしてsetItemでは第1引数に指定したキーに第2引数の値を代入します。

たったこれだけの操作で、値に名前をつけてWebブラウザの中に保管しておくことができるのです。別にそれほど難しい機能ではありませんから、ぜひここで覚えておいてくださいね！

ローカルストレージに保管するフックを作る

では、このローカルストレージを機能を利用した「独自フック」を作成してみましょう。これは汎用的に使えるように別ファイルとして用意することにします。プロジェクトの「src」フォルダーの中に、新しいテキストファイルを作成してください。ファイル名は「Persist.tsx」としておきましょう。そしてファイルが用意できたら、以下のように記述をしてください。

リスト5-8

```
import { useState } from 'react';

type UsePersistReturn<T> =
    [T | null, (val: T | null) => void];

function usePersist<T>(key:string, initVal:T | null):
    UsePersistReturn<T> {
  const storageKey = "hooks:" + key;

  const getValue = ():T | null => {
    try {
      const item = window.localStorage.getItem(storageKey);
      return item ? JSON.parse(item) : initVal;
    } catch (err) {
      console.log(err);
      return initVal;
    }
```

```
  }

  const [savedValue, setSavedValue] =
      useState<T | null>(getValue);

  const setValue = (val:T | null): void => {
    try {
      setSavedValue(val);
      window.localStorage.setItem(storageKey, JSON.stringify(val));
    } catch (err) {
      console.log(err);
    }
  }

  return [savedValue, setValue];
}

export default usePersist;
```

なんだか難しそうに見えますね。実際、これまでのフックとはちょっと違って難しいです。

valueとsetValueの働き

このusePersistでは、値を保管するキーの名前を示す定数keyの他に、「value」と「setValue」という2つの関数を用意しています。

valueは、window.localStorage.getItem(key)を呼び出してローカルストレージから値を取り出しています。そして値が存在したならJSON.parse(item)でJSON形式のテキストをもとにオブジェクトを生成して返しています。

「JSON.parse」は、引数のJSON形式のテキストをもとにオブジェクトを生成して返すメソッドです。こうすることで、JSON形式のテキストの場合はオブジェクトに変換して値を取り出せるようにしているのですね。

そしてsetValueは、window.localStorage.setItem(storageKey, JSON.stringify(val))を実行して引数valの値をJSON形式のテキストに変換してローカルストレージに保管します。

その前にsetSavedValue(val)というものを呼び出していますが、これはこの後にあるsavedValueというステートに値を設定するためのものです。

これら2つの関数は、その後にある2文で使われています。

```
const [savedValue, setSavedValue] = useState<T | null>(getValue);
return [savedValue, setValue];
```

savedValueというステートは、保管する値を保持するためのステートです。useStateの引数にはvalue関数が指定されていますね？ これで、valueを使って値が取り出されるように設定されます。

そして保管された値のsavedValueと、値をローカルストレージに保存するsetValueを戻り値としてreturnしています。これで、値をローカルストレージに保管し取り出すフックが完成しました。

皆さんの中には、「何やってるか全然わからない」という人も、きっといることでしょう。でも、心配はいりません。一応、ざっと説明をしましたが、このusePersistの中身がどうなっているかなんて理解できなくても、usePersistは使えますから。

使うことさえできれば、データをローカルストレージに保管することができます。そして、それで十分なのです。このフックは、「使えればそれでOK」と考えましょう。中で何をやっているかは「まぁ、そのうち調べてみると面白いよ」という程度に考えておきましょう。

usePersistフックでデータを保存する

では、実際にusePersistを使ってみましょう。ごく簡単な例として、名前、メールアドレス、年齢といった情報を入力するフォームを用意し、その内容をローカルストレージに保管してみましょう。App.tsxを以下のように書き換えてください。

リスト5-9

```
import React, { useState, ChangeEvent } from 'react';
import './App.css';
import usePersist from './Persist';

interface Data {
  name: string;
  mail: string;
  age: number;
}

function AlertMessage() {
  const [name, setName] = useState<string>("");
  const [mail, setMail] = useState<string>("");
  const [age, setAge] = useState<number>(0);
  const [mydata, setMydata] =
      usePersist<Data>("mydata", null);

  const onChangeName =
      (e: ChangeEvent<HTMLInputElement>) => {
```

```
    setName(e.target.value);
  };

  const onChangeMail =
      (e: ChangeEvent<HTMLInputElement>) => {
    setMail(e.target.value);
  };

  const onChangeAge =
      (e: ChangeEvent<HTMLInputElement>) => {
    setAge(Number(e.target.value));
  };

  const onAction = () => {
    const data: Data = {
      name: name,
      mail: mail,
      age: age
    };
    setMydata(data);
  };

  return (
    <div className="alert">
      <h5>{JSON.stringify(mydata)}</h5>
      <table><tbody>
        <tr>
          <td><label>Name</label></td>
          <td>
            <input type="text"
              onChange={onChangeName} value={name} />
          </td>
        </tr>
        <tr>
          <td><label>Mail</label></td>
          <td>
            <input type="email"
              onChange={onChangeMail} value={mail} />
          </td>
        </tr>
        <tr>
          <td><label>Age</label></td>
          <td><input type="number"
            onChange={onChangeAge} value={age} />
          </td>
```

```
          </tr>
          <tr><td></td>
            <td>
              <button onClick={onAction}>
                Save it!
              </button>
            </td>
          </tr>
        </tbody></table>
      </div>
  );
}

function App() {
  return (
    <div>
      <h1>React</h1>
      <div className="container">
        <h2>Hooks sample</h2>
        <AlertMessage />
      </div>
    </div>
  );
}

export default App;
```

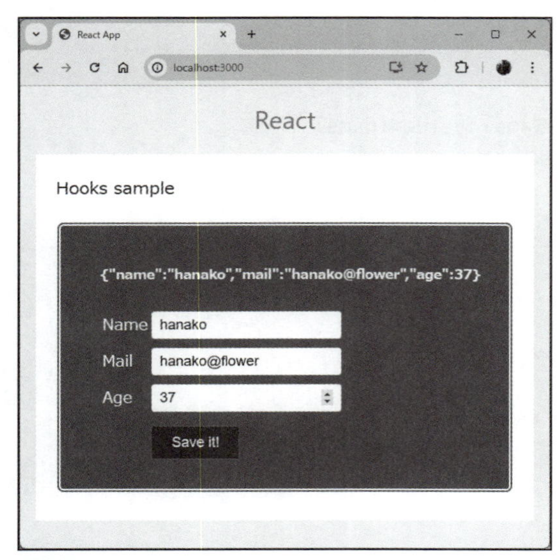

図5-5　フォームに入力しボタンを押すと、ローカルストレージに保管される。

サンプルのページに表示されるフォームに値を記入し、ボタンをクリックしてみましょう。フォームの上に、保管されている値が表示されます。それを確認したら、ページをリロードしてみてください。リロードしても値は保持されたままです。さらに、実行中のプロジェクトを終了し、再起動してからまたアクセスしてみましょう。それでも問題なく保管された値が表示されます。

念のために、Webブラウザのデベロッパーツールを開いて「アプリケーション」を選択し、「ローカルストレージ」にある「http://localhost:3000/」という項目を見てみましょう。そこに「hoooks:mydata」という項目が作成され、フォームから送信されたデータが保存されているのが確認できるでしょう。

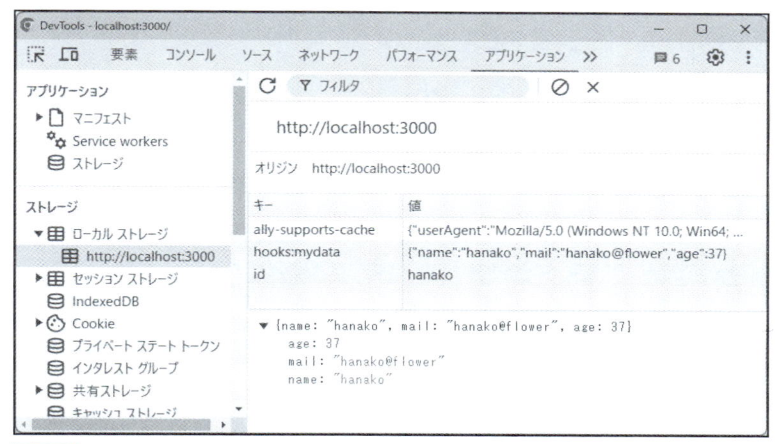

図5-6 デベロッパーツールでローカルストレージを見ると、「hooks:mydata」というキーでデータが保管されていることがわかる。

usePersist利用の流れ

では、usePersistがどのように使われているか見てみましょう。ここでは、まず保管するデータの構造を表すインターフェースを以下のように用意しておきました。

```
interface Data {
  name: string;
  mail: string;
  age: number;
}
```

これで、Data型の値を作成し利用するようにコードを作成すればいいわけですね。

フォームを扱っているAlertMessageコンポーネントでは、以下のような形でステートを用意しています。

```
const [mydata, setMydata] = usePersist<Data>("mydata", null);
```

Data型の値を管理するステートmydataを用意していますね。これで、mydataに保管した値が代入され、setMydataで値の設定が行えるようになります。データの保管は、ボタンのonClickに割り当てたonAction関数で行っています。

```
const onAction = () => {
  const data: Data = {
    name: name,
    mail: mail,
    age: age
  };
  setMydata(data);
};
```

各フィールドの値を保管するname, mail, ageといったステートを使い、これらをひとまとめにしたオブジェクトをdataに用意しています。そしてそれをsetMydataで保管します。保管されたデータは、以下のようにして表示されています。

```
<h5>{JSON.stringify(mydata)}</h5>
```

mydataで得られる値はオブジェクトなので、JSON.stringifyでテキストに変換して表示をしています。もちろん、mydata.nameというようにmydataから各値を取り出して利用することもできます。

いかがですか？ usePersistを利用することで、値を簡単にWebブラウザに保管できるようになりました。これでぐっと実用性が高まりますね！

Section 5-3 簡易メモを作ろう！

フックを使ってメモアプリを作る

フックを利用したアプリの基本はわかってきましたが、もう少し本格的なアプリでフックを実装するとなると、いろいろと考えないといけないことが増えてくるでしょう。

何より、これまでのように「全部App.jsの中に書いて作る」というやり方では限界が見えてくるはずです。コンポーネントごとにファイルを分割し、それぞれを組み合わせて開発するスタイルになるでしょう。その場合、どのようにフックを実装していけばいいのでしょうか。考えるといろいろ難しいことがありそうですね。

こうしたことは、1つ1つの機能の説明というより、実際にアプリを作りながら、ノウハウの1つとして覚えていくしかありません。そこで、簡単なサンプルを実際に作ってみることにしましょう。

作成するのは、ごく簡単なメモアプリです。メモの一覧表示、メモの追加、削除といった機能を用意することにしましょう。

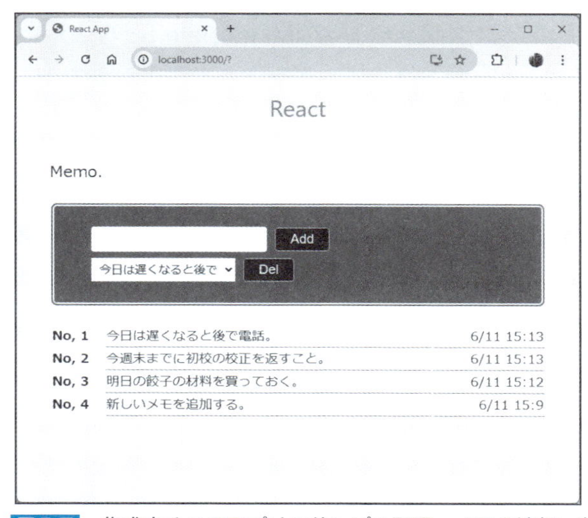

図5-7 作成するメモアプリのサンプル画面。メモの追加、削除ができる。

全体の構成を考える

では、プログラムの構成を考えてみます。1つ1つのコンポーネントを別ファイルとして用意するならば、かなりのファイルを作成することになるでしょう。

ベースとなるもの

index.tsx	ベースとなるスクリプトですね。これはプロジェクトにあるものをそのまま再利用します。
App.tsx	アプリのベースコンポーネントです。これも既にあるファイルをそのまま再利用します。
Persist.tsx	usePersistフックのスクリプトですね。これも先ほど作成したものをそのまま利用します。

新たに作るコンポーネント

MemoPage.tsx	メモとフォーム類をまとめてページを表示するコンポーネントです。
Memo.tsx, Item.tsx	メモの表示と、メモの各項目の表示を担当するコンポーネントです。
AddForm.tsx, DelForm.tsx	メモの作成、削除のフォーム用コンポーネントです。
MemoData.tsx	メモの構造を定義するインターフェースです。

メモの表示は、Memo.tsxとItem.tsxの組み合わせで作成をします。そしてAddForm.tsx, DelForm.tsxは、メモを操作するためのフォームとその機能を提供します。これらは、すべてMemoPage.tsxの中に配置されレイアウトされます。MemoData.tsxは表示には関係ありませんが、メモのデータを扱うコンポーネントでインポートして利用します。

新たに作るファイル類は、まとめておいたほうがわかりやすいので、「src」フォルダーの中に「memo」というフォルダーを作成し、その中に保管しておくことにしましょう。

VSCodeを利用している場合は、エクスプローラーのファイル類のリスト表示部分から「src」フォルダーを選択し、上部にあるアイコンから「新しいフォルダー」をクリックします。これでフォルダーが作成されるので、そのままフォルダー名を入力してください。

なお、VSCodeを使わず、プロジェクトのフォルダーを直接開いて「src」フォルダー内に「memo」フォルダーを作っても構いません。

図5-8 「src」を選択し、プロジェクトの「新しいフォルダー」アイコンをクリックしてフォルダーを作成し、「memo」と名前を入力する。

メモの構造を考える

もう1つ、メモにどのようなデータを用意するか決めましょう。ここでは、「message」と「created」という2つの値を用意することにしました。messageがメモのテキスト、createdは作成した時刻をそれぞれ表します。この2つの値を持つオブジェクトとしてメモを用意し、その配列を保管して管理すればいいのです。

App.tsxを作成する

まずは、ベースとなるApp.tsxを書き換えておきます。これらは、この後に作るコンポーネント類を利用する前提で書いておきます。

リスト5-10

```
import './App.css';
import MemoPage from './memo/MemoPage';

function App() {
  return (
    <div>
      <h1>React</h1>
      <div className="container">
        <h2>Memo.</h2>
        <MemoPage />
```

```
      </div>
    </div>
  )
}

export default App;
```

ここでは、<MemoPage />というコンポーネントのタグが1つ追加されているだけです。これは、以下のimport文で読み込まれます。

```
import MemoPage from './memo/MemoPage'
```

これは、App.jsの置かれている場所にある「memo」フォルダーの中から「MemoPage」というものをロードしています。今回、メモ関係は「memo」フォルダーの中にファイルをまとめておく予定です。そこからMemoPageというコンポーネントを読み込んで表示していたわけです。このMemoPageが、メモ全体を1つにまとめるベースとなるコンポーネントです。このMemoPageの中に、各種のコンポーネント類を組み込んでページを作成します。

MemoPageコンポーネントを作る

では、メモのコンポーネントを作成していきましょう。最初に用意するのは、MemoPageコンポーネントです。これは、この後に作成していく各機能のコンポーネント全体をまとめて表示するものです。

では、「memo」フォルダーの中に「MemoPage.tsx」という名前でファイルを作成しましょう。そして以下のように内容を記述してください。

リスト5-11

```
import Memo from './Memo';
import AddForm from './AddForm';
import DelForm from './DelForm';

function MemoPage() {
  return (
    <div>
      <div className="alert">
        <AddForm />
        <DelForm />
      </div>
      <Memo />
```

```
    </div>
  );
}

export default MemoPage;
```

コンポーネント類のロード

では、スクリプトのポイントを整理しておきましょう。まずは、冒頭のimport文です。ここでは、作成したコンポーネント類をインポートしています。

```
import Memo from './Memo';
import AddForm from './AddForm';
import DelForm from './DelForm';
```

「memo」フォルダー内にある3つのコンポーネントを利用しているのがわかりますね。これらをインポートし、JSXに組み込んで使います。

JSXの表示部分を見ると、<AddForm />, <DelForm />, <Memo />といったコンポーネントが組み込まれていることがわかるでしょう。これらコンポーネントの組み合わせでメモは完成します。

スクリプトを見ると気がつきますが、これらのファイルには、具体的な処理などは一切用意されていません。コンポーネント化すると、このようにそれぞれのコンポーネントごとに処理がまとめられるため、このようにすっきりとまとめられることができます。

MemoDataインターフェースを用意する

メモ関係のコンポーネントを作る前に、メモのデータ構造を定義するコードを作成しましょう。「memo」フォルダーの中に「MemoData.tsx」という名前でファイルを作成してください。そして以下を記述します。

リスト5-12

```
interface MemoData {
  message: string;
  created: Date;
}

export default MemoData;
```

ここでは、messageとcreatedという2つの値を保管するオブジェクトとしてMemoDataを定義しています。もし、将来的にメモに保管できる項目を拡大したければ、ここで定義を修正すればいいでしょう。

Memoコンポーネントを作る

では、アプリの本体となる「メモの表示」を行う部分を作成しましょう。これはメモ本体とメモの項目の2つのコンポーネントを組み合わせて作ります。

まずはメモの本体から作りましょう。「memo」フォルダーの中に「Memo.tsx」というファイルを新しく作ってください。そして以下のように記述をします。

リスト5-13

```
import  usePersist  from '../Persist';
import MemoData from './MemoData';
import Item from './Item';

function Memo() {
  const [memo, setMemo] = usePersist<MemoData[]>("memo", []);

  let data: JSX.Element[] = memo!.map((value,key)=>(
    <Item key={value.message} value={value} index={key + 1} />
  ));

  return (
    <table className='memo' width={'100%'}>
      <tbody>{data}</tbody>
    </table>
  );
}

export default Memo;
```

mapで配列を作りなおす

ここでは、memoのmapメソッドを呼び出して表示内容を作っています。このmapというメソッド、前にも使いましたが覚えてますか？ 配列から1つずつ要素を取り出して別の形にアレンジし、新しい配列を作るものでしたね。

ここでは、以下のように呼び出しています。

```
let data: JSX.Element[] = memo!.map((value,key)=> 項目の内容 )
```

これで、引数に用意しているアロー関数で、配列の各項目を返すようにすればいいのでしたね。ここでは、<Item key={value.message} value={value} index={key + 1} />というJSXを返しています。ということは、これで作成されるdataには以下のような配列が代入されることになります。

```
data = [
  <Item key="メッセージ1" value=メモ1 index=インデックス0 />
  <Item key="メッセージ2" value=メモ2 index=インデックス1 />
  <Item key="メッセージ3" value=メモ3 index=インデックス2 />
  ……略……
]
```

keyにメッセージを、valueにはメモのオブジェクトを、そしてindexにはインデックス番号を指定して<Item />が用意されます。その<Item />の配列としてdataが用意され、これを表示していたのです。

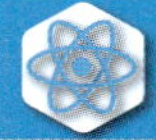

Itemコンポーネントを作る

では、メモの項目となるItemコンポーネントを作りましょう。「memo」フォルダーの中に、「Item.tsx」という名前でファイルを作成してください。そして以下のように記述をしましょう。

リスト5-14

```
function Item (props: {value: any, index: number}) {
  const th = {
    textAlign: "left" as const,
    width: "70px"
  }
  const td = {
    textAlign: "right" as const,
    width: "150px"
  }
  let d = new Date(Date.parse(props.value.created));
  let f = d.getMonth() + '/' + d.getDate() + ' '
      + d.getHours() + ':' + d.getMinutes();

  return (
    <tr><th style={th}>No, {props.index}</th>
      <td>{props.value.message}</td>
      <td style={td}>{f}</td>
    </tr>
```

Chapter 1 Chapter 2 Chapter 3 Chapter 4 Chapter 5 Chapter 6 Chapter 7 Chapter 8

```
  );
}

export default Item;
```

スタイル関係の値が書かれていますが、それ以外の処理は日付の表示の処理と表示するJSXを返すだけです。

Itemの働き

ここでは、props.indexとprops.value.message、そしてprops.value.createdの値から作成した時刻のテキストfをテーブルの行にまとめています。このthis.propsに用意される値は、MemoコンポーネントでItemコンポーネントを作成する際に渡される値です。こんな感じでItemを作っていましたね。

```
<Item key={value.message} value={value} index={key + 1}/>
```

これで、indexには通し番号が、valueにはメモのオブジェクトがそれぞれ指定されます。メモのオブジェクトには、messageとcreatedが保管されていました。それらを利用して、項目の表示を作っていたわけです。

AddFormコンポーネントを作る

後は、フォーム関係のコンポーネントですね。これらはどれもだいたい同じような形になっています。

まずは、AddFormからです。これはメモを作成するためのフォームですね。「memo」フォルダーの中に「AddForm.tsx」という名前でファイルを作成してください。そして以下のように記述しましょう。

リスト5-15

```
import React, { useState } from 'react';
import  usePersist  from '../Persist';
import MemoData from './MemoData';

function AddForm () {
  const [memo, setMemo] = usePersist<MemoData[]>("memo", []);
  const [message, setMessage] = useState('');
```

```
  const doChange = (e: React.ChangeEvent<HTMLInputElement>)=> {
    setMessage(e.target.value);
  }

  const doAction = (e: React.FormEvent<HTMLFormElement>)=> {
    e.preventDefault();
    const data: MemoData = {
      message: message,
      created: new Date()
    }
    memo!.unshift(data);
    setMemo(memo!);
    window.location.reload();
  }

  return (
    <form onSubmit={doAction}>
      <div>
        <input type="text"
          onChange={doChange} value={message} required />
        <input type="submit" value="Add" />
      </div>
    </form>
  );
}

export default AddForm;
```

ここでは、<form>タグ内に<input type="text">と<input type="submit">タグを用意しています。<input type="text">では、onChange={doChange}として記入するとdoChange関数を呼び出すようにしています。また<form>では、onSubmit={doAction}で送信時にdoActionが実行されるようにしてあります。

doChangeとdoAction

まず、doChangeを見てみましょう。これは非常にシンプルなものです。単にsetMessageでmessageステートを設定しているだけです。

```
const doChange = (e: React.ChangeEvent<HTMLInputElement>)=> {
  setMessage(e.target.value)
}
```

これで、入力したテキストがmessageに設定されました。doActionは、messageと

Dateオブジェクトを1つにまとめ、それをunshiftでmemoに追加しています。

```
const data: MemoData = {
  message: message,
  created: new Date()
}
memo!.unshift(data);
```

unshiftでは、memo!というようにmemoの後に「!」という記号がついていますね。これは、この変数(memo)が空ではないことを保証するものです。

ただし、これはmemoに代入されている配列に追加されただけで、memoステート(usePersistで永続化されているステート)は変更されていません。そこでsetMemoで値を更新します。

ただし、この状態ではページに表示されているメモなどは更新されません。今回はメモをusePersistでローカルストレージに保管しているので、ページをリロードして更新させています。この文ですね。

```
window.location.reload();
```

Reactの場合、ページのリロードはあまり使うべきでない、という考えの人が多いでしょう。が、今回のように表示に関する情報をすべてどこかに保管していて、それを元にページを作成しているのであれば、リロードしても問題ありません。

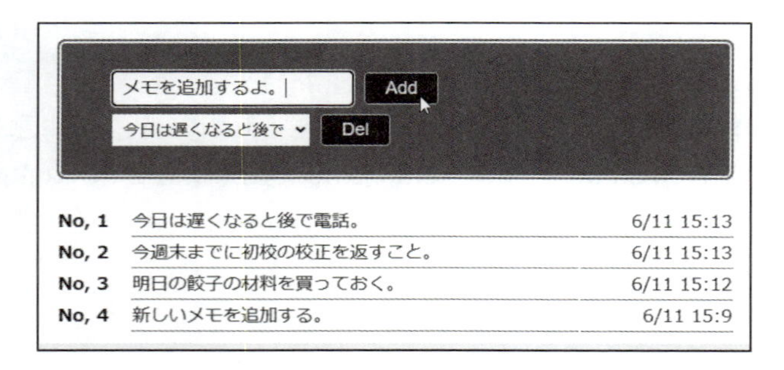
メモを追加するよ。
Add
今日は遅くなると後で
Del
No, 1 今日は遅くなると後で電話。 6/11 15:13
No, 2 今週末までに初校の校正を返すこと。 6/11 15:13
No, 3 明日の餃子の材料を買っておく。 6/11 15:12
No, 4 新しいメモを追加する。 6/11 15:9

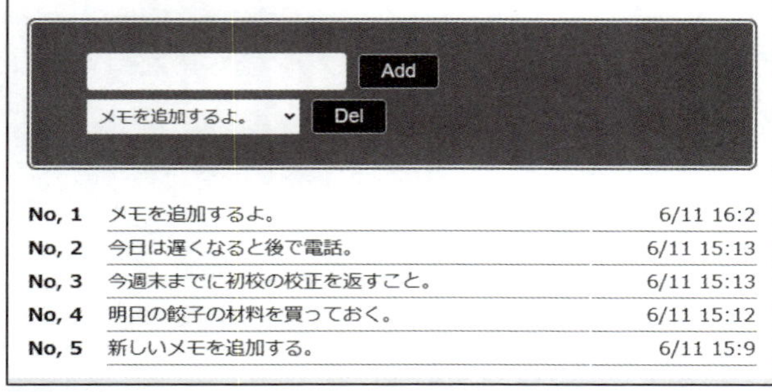
Add
メモを追加するよ。
Del
No, 1 メモを追加するよ。 6/11 16:2
No, 2 今日は遅くなると後で電話。 6/11 15:13
No, 3 今週末までに初校の校正を返すこと。 6/11 15:13
No, 4 明日の餃子の材料を買っておく。 6/11 15:12
No, 5 新しいメモを追加する。 6/11 15:9

図5-9 フィールドにメッセージを書いて「Add」ボタンを押すとメモが追加される。

 DelFormコンポーネントを作る 

続いて、削除のDelFormコンポーネントです。これも「memo」フォルダーの中に作ります。「DelForm.tsx」という名前のファイルを用意して、以下のように記述をしましょう。

リスト5-16

```
import React, { useState } from 'react';
import  usePersist  from '../Persist';
import MemoData from './MemoData';

function DelForm () {
  const [memo, setMemo] = usePersist<MemoData[]>("memo", []);
  const [num, setNum] = useState(0);

  const doChange = (e: React.ChangeEvent<HTMLSelectElement>)=> {
    setNum(+e.target.value);
  }

  const doAction = (e: React.FormEvent<HTMLFormElement>)=> {
    let res = memo?.filter((item, key)=> {
      return key != num;
    });
    setMemo(res || []);
    setNum(0);
  }

  let items = memo?.map((value,key)=>(
    memo ?
    <option key={key} value={key}>
      {value.message.substring(0,10)}
    </option>
    :
    <option>no-data</option>
  ));

  return (
    <form onSubmit={doAction}>
    <div>
    <select onChange={doChange}
      defaultValue="-1" >
      {items}
    </select>
    <input type="submit" value="Del" />
```

```
      </div>
      </form>
   );
}

export default DelForm;
```

これも、基本的な構造はAddFormと同じです。<form>内に<select>タグでメモのリストを用意しておき、それを選んでボタンを押したらそのメモを削除する、という仕組みになっています。

doChangeとdoAction

<select>には、onChange={doChange}で変更時にdoChangeが実行され、これで現在の値をnumステートに設定しています。そして<form>にはonSubmit={this.doAction}が用意され、doActionで送信時の処理を行うようにしてあります。

この送信時の処理は、memo配列の「filter」というメソッドを使って行っています。

```
let res = memo?.filter((item, key)=> {
  return key != num;
});
```

この部分です。filterメソッドは、引数に用意した関数を使い、配列の中から特定の要素だけを取り出して新しい配列を作るものです。引数には、(item, key)=> {……}という形でアロー関数が用意されていますね。このitemとkeyには、memoから取り出した値とインデックス番号が渡されます。

アロー関数の中では、return key != numという文が実行されていますね。これで、key != numの式が成立する値だけを取り出して配列にします。つまり、これでkeyの値がnumのものだけ取り除いた配列が作られるのです。

後は、作成された配列をsetMemoし、setNumで選択項目の番号をゼロに戻して終わりです。

```
setMemo(res || []);
setNum(0);
```

resが空である場合を考え、setMemoの引数にはres || []と値を指定しています。これにより、resが空の場合は空の配列が設定されるようになります。

これで、指定のインデックス番号の値が削除されました。削除といっても、基本的には「保管するデータを操作して更新する」というだけなんですね。

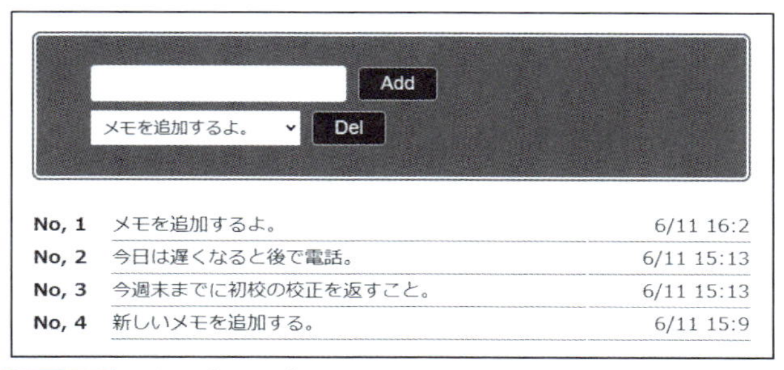
Add
メモを追加するよ。
Del
No, 1 メモを追加するよ。 6/11 16:2
No, 2 今日は遅くなると後で電話。 6/11 15:13
No, 3 今週末までに初校の校正を返すこと。 6/11 15:13
No, 4 新しいメモを追加する。 6/11 15:9

図5-10　ポップアップリストから削除するメモを選び、ボタンを押すと、そのメモが削除される。

スタイルシートを追加する

最後に、今回のメモで利用するスタイルシートの内容を追記しておきましょう。「src」フォルダー内のApp.cssを開き、以下のコードを追加してください。

リスト5-17

```
input[type=submit] {
  border: lightblue 1px solid;
  background-color: darkblue;
  color: white;
  padding: 5px 20px;
  margin: 5px 10px;
}
select {
  font-size: 0.8em;
  padding: 7px;
}

table.memo {
  font-size: 0.9em;
```

```
}
table.memo tr td {
  border-bottom: gray 1px solid;
}
```

これですべてのファイルが作成されました。後は実際にプロジェクトを実行して動作を確かめるだけです。

フックはたくさんある！

この章では、ステートとそれを扱うためのステートフックを中心に説明をしました。また副作用フックの使い方、さらに独自フックの定義と利用法まで説明をしました。これらは、Reactのもっとも基本となるフックです。これらがわかれば、Reactはだいたい使えるようになります。

ただし、これでReactは完璧！ というわけではありません。実をいえば、Reactにはこの他にもまだまだフックがあるのです。

機能の拡張は「フック」として実装する

この「フック」という仕組みは、思った以上にReactのコンポーネントに寄与しています。このフックのおかげで、Reactにさまざまな機能を組み込むことができるようになりました。例えばReactを機能拡張しようと考えたとき、Reactの基本的な仕組みから作りなおすよりも、追加したい機能を「新しいフック」として用意したほうが圧倒的に簡単です。

そんなわけで、Reactでは新たな機能を「フック」の形で付け加えていくようになっています。今では、基本のステートフックや副作用フック以外にもさまざまなフックが用意されるようになっているのです。

次章では、こうした「拡張されたフック」について説明をしていきましょう。

Chapter 1
Chapter 2
Chapter 3
Chapter 4
Chapter 5
Chapter 6
Chapter 7
Chapter 8

Chapter

6

新しいフックの利用

Reactには、ステートフックと副作用フックの他にもたくさんのフックが用意されています。それらの中から、覚えておくとより深くReactコンポーネントが活用できるようになるものをピックアップして説明しましょう。

パフォーマンス最適化

まだまだある、Reactフック

ここまで、Reactにあるステートフックや副作用フックといったものの使い方を学びました。これらのフックは、Reactのもっとも基本的な機能です。これらがわからないと、Reactを使いこなすことはできない、といってもいいでしょう。

しかし、Reactにはステートフックや副作用フック以外にもさまざまなフックが用意されています。これらの使い方を知れば、Reactをさらに深く使いこなせるようになります。

その他のフックは「オプション」である

ただし！ その他のフックについて説明をする前に、皆さんによく頭に入れておいてほしいことがあります。それは、こういうことです。

「この章で説明するフックは、わからなくても全然問題ない」

Reactの基本は「ステートフック」と「副作用フック」の2つです。それ以外に用意されている多数のフックは、すべて「オプション」と考えてください。使えなくても全然問題ないものなのです。なくても問題ないけど、あればそれなりに便利に使える、そういうものです。

「全然わからない」でOK！

この章で取り上げるフックは、ステートフックなどよりもかなり難易度が高いものです。これらを理解するにはReactのコンポーネントシステムや更新の仕組みなどに関する深い知識が必要となります。中には、Reactの高階コンポーネント（コンポーネントを引数として受け取り、新しいコンポーネントを返すコンポーネント）というかなりマニアックな機能を活用するものもあります。

このため、読み進めていくと「なんだか全然わからないぞ？」という壁にぶつかるかもしれません。そんなとき、思い出してほしいのです。

「このフックは、わからなくても全然問題ない」

ということを。

これから先、Reactを活用していけば、いつの日か、ここで説明したフックをマスターできるようになるでしょう。理解が進めば、「なーんだ、そういうことか」といつの日か納得できるようになるはずです。

しかし、それは「今、この瞬間」である必要はありません。1ヶ月後でも1年後でも、いつかもっとReactを使いこなせるようになったときでいいのです。

ここでの説明は、わからなくてもまったく問題なし。よくわからなくても、「なんかそういうものがあるらしい」ぐらいに考え、とっとと次に進んでまったく問題なし。そう割り切ってください。なんなら、全部読み飛ばして次の章に進んでも全然OKです。そのぐらいに考えましょう。

useMemoによる値のキャッシュ

まずはパフォーマンスに関連するものから説明しましょう。最初に取り上げるのは「useMemo」フックです。useMemoは、計算コストの高い値をキャッシュし、再計算を避けるのに使われます。

useMemoフックは、依存リストが変更されたときにのみ再計算される「メモ化された値」(後述)を返します。メモ化された値は、コンポーネントの再レンダリング時に計算され、その後はキャッシュされます。これにより、以下のような場面で効果を発揮します。

計算コストの高い演算	レンダリングのたびに計算しなければならない、例えば大規模なデータのソートやフィルタリングなどの演算をuseMemoで最適化することができます。
レンダリングの最適化	不要な再計算を避け、コンポーネントの再レンダリングを最小限に抑えることができます。

「メモ化された値」とは？

ここで出てきた「メモ化された値」というのは、「キャッシュされた値」のことです。通常、関数などによって処理を行い結果を表示するような場合、表示が更新されれば常に関数を呼び出して計算が再実行されます。しかし、値がキャッシュされていれば、実際には計算をせずに「引数が○○の場合、結果は××」というようにキャッシュされた値から直接結果を取り出し出力できます。これが「メモ化」です。

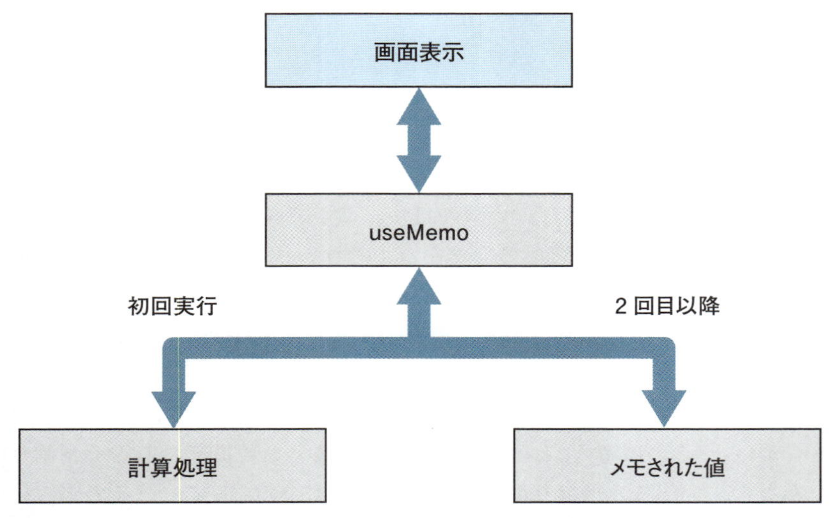

図6-1 useMemoでは、初めて呼び出されるときは用意された処理が実行されるが、2回目以降はメモ化された値が返される。

useMemoを利用する

では、useMemoの使い方を説明しましょう。uesMemoは、useStateなどと同様にreactモジュールに用意されています。利用の際は、以下のようにしてインポートしておきます。

```
import { useMemo } from 'react';
```

このuseMemoは、関数です。これは以下のように引数を指定して呼び出します。

```
useMemo(関数, 依存する値);
```

第1引数に、メモ化するための処理(関数)を指定します。これは、実行する関数そのものではなく、「実行する関数の結果を返す関数」です。例えば、こんな形ですね。

```
()=>{ return abc(); }
```

これは、関数abcの結果を返す関数ですね。useMemoの第1引数に指定する関数は、このように「メモ化したい関数」を呼び出し、その結果を返すようにします。引数は指定しないでください。

第2引数には、その関数利用で依存する値を配列で指定します。「依存する値」というのは、要するにその関数で利用される値(つまり、引数)のことだと考えてください。useMemoでは、この依存する値が変更されているかどうかによって関数が呼び出されるかどうかが決まります。

useMemoは、指定された関数が呼び出されると、まず「依存する値」をチェックします。そして、それが変更されていなければ、メモ化した値を結果として返します。依存する値が変更されていた場合は、関数を呼び出してその結果を値として返します。

useMemoを使ってみる

では、実際にuseMemoの利用例を作成しましょう。この章でも、前章まで使っていたプロジェクト(react_ts_app)を使っていきます。「src」フォルダーにあるApp.tsxを開き、以下のように内容を変更してください。

リスト6-1

```
import React, { useState, useMemo } from 'react';
import './App.css';

// 合計を計算する関数の例
function calculateTotal(n: number): number {
  if (n <= 1) return 1;
  let result = 0;
  for (let i = 1; i <= n; i++) {
    result += i;
  }
  console.log('calculateTotal(' + n + ') ='+ result);
  return result;
}

function App() {
  const [number, setNumber] = useState<number>(0);
  const [showTotal, setShowTotal] = useState<boolean>(false);

  // ☆useMemoの処理部分
  // useMemoフックを使ってメモ化する
  const total = useMemo(() => {
    return calculateTotal(number);
  }, [number]);
  // useMemoフックを使わない場合
  // const total = calculateTotal(number);

  return (
    <div>
```

```
      <h1>useMemoの例</h1>
      <div className='container'>
        <p>数字を入力してください:</p>
        <div>
          <input
          type="number"
          value={number}
          onChange={(e) => setNumber(parseInt(e.target.value, 10))}
          />
          <button onClick={() => setShowTotal(!showTotal)}>
        Show/Hide Total
        </button>
      </div>
      {showTotal && (
        <p className='card'>
          {number} の合計は: {total}
        </p>
      )}
      </div>
    </div>
  );
}

export default App;
```

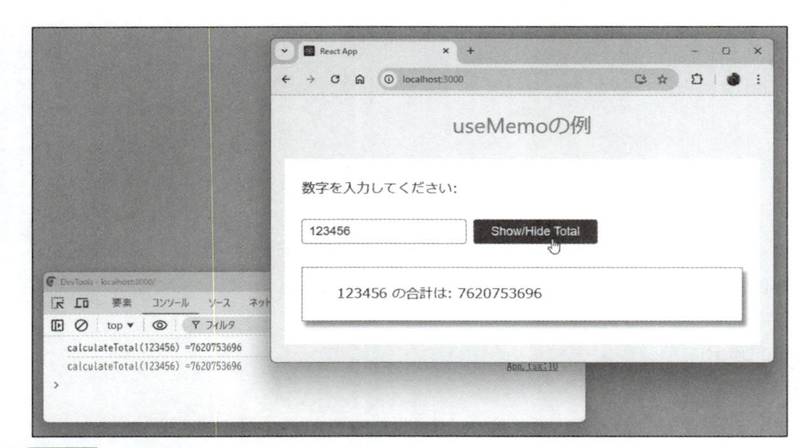

図6-2 数字を変更すると合計が表示される。表示をON/OFFしてもメモ化された処理は実行されない。

実行すると、数字を入力するフィールドとボタンが1つある画面が表示されます。フィールドに値(整数)を設定すると、ゼロからその値までの合計が計算され、下に表示されます。「Show/Hide Total」ボタンをクリックすると、その下にある計算結果の表示がON/OFFされます。

useMemoの挙動

動作を一通り確認したら、デベロッパーツールを開いて、コンソールの出力を確認しましょう。フィールドの数字を増減すると、以下のようなメッセージが出力されます。

```
calculateTotal(整数) =合計
```

これは、calculateTotal関数が呼び出された際にconsole.logで出力されている値です。これにより、calculateTotal関数が実行されていることがわかります。表示を確認したら、「Show/Hide Total」ボタンをクリックして結果の表示をON/OFFしてみてください。ON/OFFしても、コンソールには「calculateTotal ～」のメッセージは追加されません。表示のON/OFFでは、calculateTotal関数は呼び出されないことがわかります。

これを確認したら、コード内のuseMemoを利用している部分を書き換えてみましょう(☆マークの下の部分です)。以下のようにして、useMemo利用をコメントアウトし、totalでcalculateTotalが直接呼び出されるようにします。

```
const total = useMemo(() => {
  return calculateTotal(number);
}, [number]);
// const total = calculateTotal(number);
  ↓
// const total = useMemo(() => {
//   return calculateTotal(number);
// }, [number]);
const total = calculateTotal(number);
```

これで、やはりデベロッパーツールのコンソールを見ながら操作をしてみてください。すると、「Show/Hide Total」ボタンをクリックして表示をON/OFFしたときにも、「calculateTotal ～」のメッセージが出力されることがわかります。基本的に、何らかのステートが変更されてコンポーネントの表示が更新されるとき、表示で利用されているすべての関数は実行されるのです。

useMemoを利用することで、コンポーネントが更新されても、依存する値が変更されていなければcalculateTotal関数は呼び出されなくなったことがわかります。時間がかかる処理になると、こうした「必要のない関数の呼び出し」を抑えることができればずいぶんと処理を軽くなることできるでしょう。

useMemoの注意点

では、どんな処理もすべてuseMemoしたほうがいいのか？ というと、そういうわけでもありません。useMemoを使用する場合、注意すべき点もあります。

●1. 適切なタイミングでの使用

不必要な場面での使用は逆にパフォーマンスを低下させる可能性があります。どのような場合にメモ化が効率的に働くかをよく考え、必要な場面でのみ使用するようにしましょう。

●2. メモ化されるべきか？

メモ化したい値が、実際に再計算のコストを削減できるものであるかを検討しましょう。メモ化されるということは、その値がメモリに常駐することになります。これにより、メモリ使用量も増加する可能性があるため、例えば巨大なデータや長期間のデータ保持には適していないでしょう。

●3. 依存する値の正確さ

useMemoの第二引数に指定する「依存する値」が正確に指定されているか、よく確認してください。依存リストに含まれない値が変更されても再計算はされません。どの値が変更されたときに再計算すべきかをよく考えて指定してください。

useCallbackよるコールバック関数のメモ化

このuseMemoに似た働きをするものとして、「useCallback」というフックも用意されています。

useCallbackは、「コールバック関数のメモ化」のために用意されたフックです。コールバック関数は、呼び出される際に関数のオブジェクトが生成され、実行されます。ステートが変更されコンポーネントが更新されるようなときには常にコールバック関数が生成され実行されることになります。

しかし、状況によっては、コールバック関数を再実行する必要がない場合などもあるでしょう。そのようなとき、コールバック関数をメモ化して再生成しないようにできれば、パフォーマンスも向上しますね。

このために用意されているのが「useCallback」フックなのです。

useCallbackの利用

では、このuseCallbackはどのように利用するのか、使い方を見てみましょう。基本的な利用方法は、useMemoに非常に似ています。

```
useCallback( 関数, 依存する値 );
```

第1引数にコールバック関数を指定し、第2引数には依存する値を配列にして指定します。これにより、第2引数に指定した値が変更されたときに限り、第1引数のコールバック関数が実行されるようになります。

このuseCallbackは、useMemoと異なり、戻り値自体が関数になっています。つまり、第1引数に指定した関数の代わりに、このuseCallbackの戻り値をコールバック関数として指定すればいいのです。

useCallbackを使ってみる

では、実際にuseCallbackを利用してみましょう。App.tsxのコードを以下のように書き換えてください。

リスト6-2

```
import React, { useState, useCallback } from 'react';
import './App.css';

// Counterコンポーネント
type CounterProps = {
  count: number;
  name: string;
  increment: () => void;
};

const Counter: React.FC<CounterProps> =
      React.memo(({ count, name, increment }) => {
  console.log(`[${name}] count: ${count}`);
  return (
    <div className='card'>
      <p>[{name}] Count: {count}</p>
      <button onClick={increment}>Increment</button>
    </div>
  );
});
```

```
function App() {
  const [count1, setCount1] = useState(0);
  const [count2, setCount2] = useState(0);

  // useCallbackを使ってincrement1関数をメモ化
  const increment1 = useCallback(() => {
    setCount1(count1 + 1);
  }, [count1]);

  // increment2関数はメモ化しない
  const increment2 = () => {
    setCount2(count2 + 1);
  };

  return (
    <div>
        <h1>useCallbackの例</h1>
      <div className="container">
        <h2>Counter with useCallback</h2>
        <Counter count={count1} name="1st" increment={increment1} />
        <h2>Counter without useCallback</h2>
        <Counter count={count2} name="2nd" increment={increment2} />
      </div>
    </div>
  );
};

export default App;
```

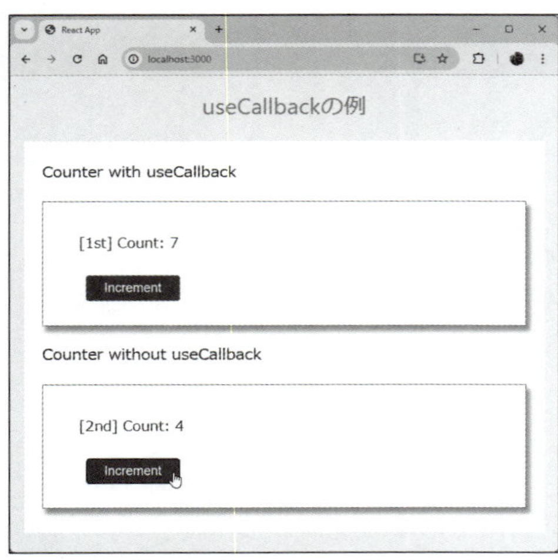

図6-3 2つのボタンがあり、クリックするとそれぞれ数字をカウントする。

ここでは2つのボタンがあり、それぞれクリックすると数字をカウントしていきます。一見したところ、どちらも同じように動いているように見えますね。

2つのボタンの働き

では、デベロッパーツールを開いてコンソールを見てみましょう。「[1st] ～」「[2nd] ～」といったメッセージが出力されているのがわかりますね。[1st]は上の「1st」側のボタンを押したとき、[2nd]は下の「2nd」側のボタンを押したときにそれぞれ呼び出される関数が出力するメッセージです。これにより、ボタンのコールバック関数の実行状況がわかります。

上のもの(「1st」側)のボタンを押すと、「1st」「2nd」の両方の関数のメッセージが出力されるのがわかります。「1st」のボタンは、1stの数字をカウントするだけでなく、値が変わっていない2nd側のコールバック関数も実行されていることがわかります。

しかし「2nd」側のボタンは、「2nd」のメッセージだけが表示され、「1st」側のメッセージは表示されません。値が変更された2ndだけが実行され、値が変わらない1stは呼び出されていないことがわかります。

◀「1st」ボタンクリック時のコンソール出力

◀「2nd」ボタンクリック時のコンソール出力

図6-4 「1st」のボタンを押すと、1stと2ndの両方の関数が呼び出される。「2nd」のボタンを押すと、2ndの関数だけが呼び出され、1st側は呼び出されない。

useCallbackの働き

では、useCallbackがどのように使われているのか見てみましょう。ここでは、Counterというコンポーネントを用意しています(このコンポーネントについては後ほど説明します)。そして、console.logでCounterコンポーネントが実行された際にメッセージを出力するようにしています。

コンポーネントのボタンには、onClick={props.increment}としてincrement属性に設定された関数を実行するようにしています。

実際にAppのJSX部分でCounterコンポーネントを表示している部分を見ると、このようになっています。

●1つ目のCounterコンポーネント

```
<Counter count={count1} name="1st" increment={increment1} />
```

●2つ目のCounterコンポーネント

```
<Counter count={count2} name="2nd" increment={increment2} />
```

2つのコンポーネントで、incrementにそれぞれincrement1とincrement2という関数が割り当てられています。

useCallbackの有無

では、この2つの関数はどのように作成されているのでしょうか。Appコンポーネント内にあるコードを見てみましょう。

```
// useCallbackを使ってincrement1関数をメモ化
const increment1 = useCallback(() => {
  setCount1(count1 + 1);
}, [count1]);

// increment2関数はメモ化しない
const increment2 = () => {
  setCount2(count2 + 1);
};
```

increment2は、そのままコールバック関数が割り当てられているだけです。increment1では、useCallbackを使い、その第1引数にコールバック関数が用意されています。また第

2引数には、[count1] という配列が指定されています。これにより、count1の値が変更されたときだけコールバック関数が実行され、それ以外の値が変わっても呼び出されなくなります。

これにより、2nd側の値が更新されても、1stのコールバック関数が実行されないようになっていたのですね。useCallbackの働き、わかりましたか？

useCallbackの用途

では、このuseCallbackはどのような目的で利用されるものなのでしょうか。これは簡単にまとめると以下の2点に絞られるでしょう。

●1. 不要なレンダリングの防止

useCallbackは、関数が依存する値が変わらない限り、同じ関数インスタンスを再利用します。これにより、子コンポーネントが不必要に再レンダリングされるのを防ぎます。特に、子コンポーネントがメモ化されている場合に効果的です。

●2. パフォーマンスの最適化

useCallback`は、大量の子コンポーネントがある場合や、子コンポーネントが重い処理をしている場合に特に役立ちます。不要な関数の再生成とそれに伴うレンダリングを防ぐことで、パフォーマンスを向上させることができます。

useCallback利用の注意点

useCallbackはコールバック関数の呼び出しを減らしパフォーマンスを向上させてくれますが、適切に使用しないと期待したパフォーマンス向上が得られなかったり、逆にパフォーマンスを悪化させたりすることもあります。利用の際に注意する点をまとめておきましょう。

●1. 依存関係の管理

useCallbackの第2引数には依存する値の配列を渡します。この配列には、コールバック関数内で参照するすべての変数を含める必要があります。これを正しく指定しないと、依存関係が正しく追跡されず、古い値を使い続けてバグの原因となってしまいます。

●2. 過剰なメモ化を避ける

useCallbackを使うことで関数がメモ化されるため、過剰に使用すると逆効果になります。特に、頻繁に変わる依存関係を持つ関数をメモ化すると、かえってパフォーマンスが低下することもあるでしょう。

●3. useMemoとの使い分け

useCallbackは関数をメモ化するために使用され、useMemoは値をメモ化するために使用されます。非常に似ているので、混同しないように注意してください。

●4. 不要な再レンダリングの検出

useCallbackを使用しても、子コンポーネントが不必要に再レンダリングされることはあります。このような場合は、後述のReact.memoを使用して再レンダリングされないように対応させる必要があるでしょう。

コンポーネントのメモ化

今作成したサンプルでは、数字をカウントするCounterというコンポーネントを作成していましたね。これは以下のようになっています。

```
const Counter: React.FC<CounterProps> =
      React.memo(({ count, name, increment }) => {
  console.log(`[${name}] count: ${count}`);
  return (
    <div className='card'>
      <p>[{name}] Count: {count}</p>
      <button onClick={increment}>Increment</button>
    </div>
  );
});
```

これは、ちょっと見ても何だかわからないかもしれません。非常に不思議な形をしていますね。実は、これは「メモ化したコンポーネント」を作成していたのです。

ここでは、React.FC<CounterProps>という値がCounterに代入されています。そして、「React.memo」というものが実行され、その値がCounterに割り当てられています。React.FCは、関数コンポーネントの型です。つまり、これはReact.memoという特殊な関数コンポーネントを作成するものだったのです。

Reactには、こうした「コンポーネントを引数にして実行すると新しいコンポーネントを作成するコンポーネント」というものがあります。これらは「高階コンポーネント」と呼ばれます。このReact.memoも、高階コンポーネントの1つです。

React.memoについて

このReact.memoというのは、メモ化のためのコンポーネントです。これにより、コンポーネントをメモ化しているのです。

React.memoにより、関数コンポーネントをメモ化したものを作成し、Counterに割り当てていたのです。メモ化により、count、name、incrementといった属性が変更されない限り、このCounterコンポーネントは更新されなくなります。このReact.memoは、userMemoやuseCallbackなどのメモ化を扱う際に利用されます。

React.memoは、コンポーネントのパフォーマンスを最適化するために使用されます。コンポーネントの再レンダリングを制御し、特定の条件下で不要な再レンダリングを防ぐことができます。

React.memoの基本的な使い方は、コンポーネントの関数を引数として渡すだけです。

```
変数 = React.memo( (props)=>{ 内容 } );
```

引数に、コンポーネントとなる関数を用意しておきます。これで、React.memoによるコンポーネントが作成されます。

コンポーネントをメモ化する意義

では、何のためにコンポーネントをメモ化するのでしょうか。その理由は大きく2つ挙げられます。

●1. 更新の最適化

React.memoでラップされたコンポーネントは、親コンポーネントが再レンダリングされても、プロパティ（属性)が変わらない限り更新されません。逆にいえば、表示を更新させたければ、コンポーネントのプロパティを変更すればいいのです。

●2. プロパティ比較のカスタマイズ

React.memoでは、第2数としてプロパティを比較するための関数を渡すことができます。この関数は前回のpropsと新しいpropsを比較し、再レンダリングが必要かどうかを決定します。これを用意し、比較の仕組みをカスタマイズすることで、状況に応じた更新が行えるようになります。

このように、コンポーネントをメモ化することにより、表示の更新に関するきめ細かな制御が可能となります。

メモ化コンポーネントを使う

では、実際にメモ化したコンポーネントがどのように働くか、簡単な例を見てみましょう。App.tsxを以下のように書き換えてください。

リスト6-3

```
import React, { useState } from 'react';
import './App.css';

interface MyComponentProps {
  value: string
}

// メモ化するコンポーネント
const MyComponent = React.memo((props:MyComponentProps) => {
  console.log('Rendering MyComponent');
  return <div className="card">{props.value}</div>;
});

// Appコンポーネント
function App() {
  const [count, setCount] = useState(0);
  const [value, setValue] = useState<string>('Hello');

  return (
    <>
      <h1>React.memo の例</h1>
      <div className="container">
        <button onClick={() => {
          setCount(count + 1);
          alert(`count: ${count+1}`);
        }}>Increment</button>
        <button onClick={() => {
          setValue('count: ' + count);
          alert('Update now!!');
        }}>Update</button>
        <MyComponent value={value} />
      </div>
    </>
  );
}

export default App;
```

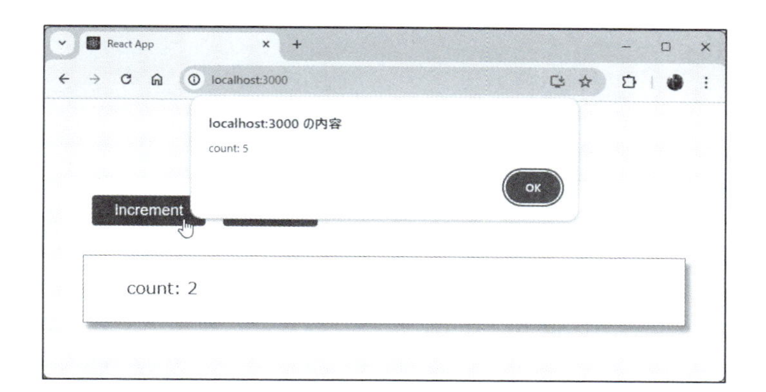

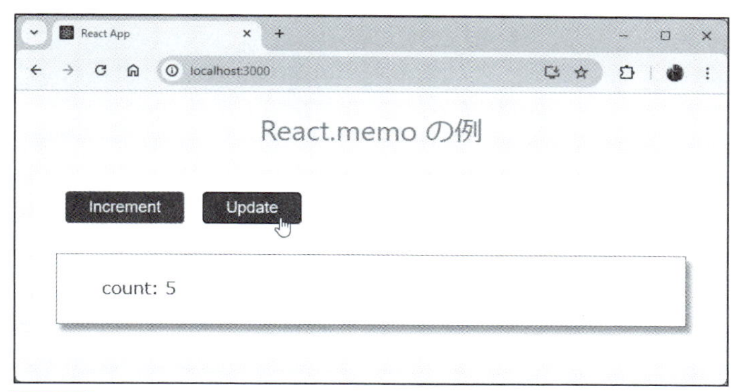

図6-5 「Increment」ボタンを押すと数字は増えるが表示は変わらない。「Update」ボタンを押すと表示が更新される。

このサンプルでは2つのボタンとカウント数を表示するカードが用意されています。「Increment」ボタンを押すと、数字が1増えたことを知らせるアラートが表示されますが、カードの表示は変わりません。「Update」ボタンを押すと、アラートが表示され、カードが更新されます。

MyComponentの働き

ここでは、MyComponentというコンポーネントが用意されています。引数で受け渡される属性はMyComponentPropsというインターフェースとして定義されています。このMyComponentを利用しているAppでは、以下の2つのステートが用意されています。

```
const [count, setCount] = useState(0);
const [value, setValue] = useState<string>('Hello');
```

そして、MyComponentはJSXのコード内に以下のような形で記述されています。

```
<MyComponent value={value} />
```

valueという属性にvalueステートが割り当てられています。このvalueは、MyComponent側で以下のように利用されています。

```
<div className="card">{props.value}</div>
```

これで、MyComponentのvalue属性の値が表示に用いられるようになります。React.memoでは、プロパティ（属性）の値が変更されると更新されますから、MyComponentではvalue属性の値が変更されるとコンポーネントが更新されるようになるわけです。

この例では、「Increment」ボタンをクリックしてもMyComponentは更新されません。なぜなら、「Increment」ボタンではcountステートの値が変更されるだけですから、MyComponentには影響がないのです。

しかし「Update」ボタンをクリックすると、setValueによりvalueステートが変更され、これを割り当てたMyComponentのvalue属性の値も変更されます。これにより、MyComponentの表示が更新される、というわけです。

React.memoは、特に大規模なアプリケーションやパフォーマンスが重要な場面で威力を発揮します。React.memoを利用することで不要な再レンダリングを避け、アプリケーションの効率を向上させることができます。

状態管理に関するフック

useReducerによるロジック管理

コンポーネントでは、状態管理が非常に重要です。Reactではステートや副作用などのフックを使い、コンポーネントの表示や挙動などを作成しますが、こうした状態の管理に関するフックというのもいくつか用意されています。

まずは、「useReducer」について説明しましょう。

「useReducer」は、状態に関する複雑な処理を管理するためのフックです。状態遷移(状態の変化)が込み入っていたり、複数の状態が相互に関連して動いているような場合に使われます。

コンポーネントの状態を扱うものとしては、通常、useStateが用いられるでしょう。ステートを使って状態に関する値を保管し、これを使ってコンポーネントの状態を変化させる、ということは今まで何度となくやってきました。

useReducerは、通常のuseStateと異なり、「リデューサー」と呼ばれる関数を用いて状態管理を行います。

useReducerの働き

では、このuserReducerはどのような働きをするものなのでしょうか。簡単にまとめてみましょう。

リデューサー関数の定義	アクションに基づいて新しい状態を返す関数を定義します。
状態とディスパッチ関数の提供	useReducerは、現在の状態と状態を更新するための関数(ディスパッチ関数)を提供します。
複雑な状態管理	多くの状態や複雑な更新ロジックを扱うような場合、リデューサーによりそれらをまとめて処理できるようになります。

これだけでは抽象的で何をいっているのかよくわからないかもしれません。整理すると、useStateが「単一の値の操作」をするのに対し、useReducerは関数を使い「多数の状態やロジックを一括処理」するもの、と考えると違いがイメージしやすいでしょう。

userReducerの基本

では、このuserReducerはどのように使うのでしょうか。基本的には、以下の3つの手順で利用をします。

1. リデューサー関数を定義する。
2. 初期状態を定義する。
3. useReducerを呼び出して、状態とディスパッチ関数を取得する。
4. ディスパッチ関数をアクションなどに割り当ててリデューサーを利用する。

これらがわかれば、userReducerは使えるようになります。とはいえ、なんだかとても難しそうな感じがしますね。順に説明していきましょう。

●1. リデューサー関数の定義

まず最初に、リデューサー関数を定義します。これは、特別な関数ではありません。ごく普通の関数になります。注意すべき点は、引数と戻り値です。リデューサー関数は以下のように作成する必要があります。

- 引数は、状態管理で用いられるすべての状態(ステート)が渡されるようにする。
- 戻り値は、処理によって生成された状態の値を返す。

つまり、リデューサー関数は、「必要なステートをまとめて送ると、それらを処理し、結果となるステートを返すもの」といえます。

●2. 初期値の定義

リデューサー関数を使うには、リデューサーの初期値を用意する必要があります。これは、リデューサー関数で返される戻り値の値となります。

●3. userReducerの実行

関数と初期値が用意できたら、userReducerを呼び出してリデューサーを作成します。これは以下のように行います。

```
[ 変数, 関数 ] = userReducer( リデューサー関数, 初期値 );
```

useReducerは、リデューサー関数と初期値を引数に指定して実行します。これにより、リデューサーの値と、それを変更する関数が返されます。これらをそれぞれ変数などに代入しておきます。

●4. リデューサーの利用

後は、返された値を使って表示を作成したり、状態を更新する必要が生じたときにリデューサー関数を実行するなどして処理を行っていきます。

userReducerを利用する

では、実際にuserReducerを利用した簡単なサンプルを作成してみましょう。ここでは、シンプルなカウンターを用意しました。App.tsxのソースコードを以下のように書き換えてください。

リスト6-4

```
import React, { useReducer } from 'react';
import './App.css';

// 状態の型を定義
interface State {
  count: number;
}

// 初期状態を定義
const initialState: State = { count: 0 };

// アクションの型を定義
type Action = { type: 'increment' }
    | { type: 'decrement' }
    | { type: 'reset' };

// リデューサー関数を定義
function reducer(state: State, action: Action): State {
  switch (action.type) {
    case 'increment':
      return { count: state.count + 1 };
    case 'decrement':
      return { count: state.count - 1 };
    case 'reset':
      return initialState;
```

```
    default:
      throw new Error('未知のアクションタイプ');
  }
};

// Appコンポーネント
function App() {
  // リデューサーの作成
  const [state, dispatch] = useReducer(reducer, initialState);

  return (
    <div>
      <h1>useReducerの例</h1>
      <div className='container'>
        <p>カウント: {state.count}</p>
        <button onClick={() => dispatch({type:'increment'})}>Increment ↵
          </button>
        <button onClick={() => dispatch({type:'decrement'})}>Decrement ↵
          </button>
        <button onClick={() => dispatch({type:'reset'})}>Reset</button>
      </div>
    </div>
  );
}

export default App;
```

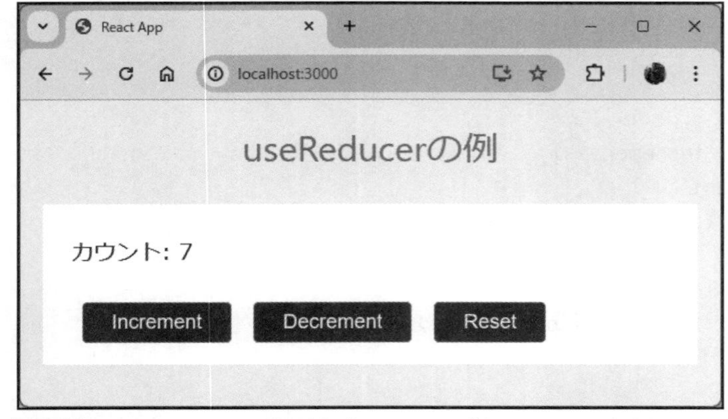

図6-6 useReducerの利用例。「Increment」「Decrement」ボタンでカウンターを増減し、「Reset」でリセットする。

このサンプルでは3つのボタンが用意されています。「Increment」と「Decrement」ではクリックするとカウンターの数字を1ずつ増減し、「Reset」では初期化(ゼロに戻す)します。

コードの流れをチェックする

3つのボタンにそれぞれ状態(ステート)を操作する処理が用意されますから、普通に考えれば3つのイベント用関数が必要なはずです。が、ここではuserReducerを使い、1つの関数だけですべてを処理しています。

では、処理の流れを見ていきましょう。まず最初にStateというインターフェースを定義しています。これは、useReducerで使われる状態の型となるものです。

```
interface State {
  count: number;
}
```

今回はカウンターの数字を保管するcountという値が1つあるだけですが、多数の値を扱う場合、このように利用する型をインターフェースとして定義しておくと非常に扱いが楽になりますね。

インターフェースができたら、userReducerで必要となる初期値を作成しておきます。

```
const initialState: State = { count: 0 };
```

State型の値として、定数initialStateを作成します。countはゼロにしておきました。これがuseReducerで利用する初期値となります。

続いて、typeを使ってアクションの型を定義しています。

```
type Action = { type: 'increment' }
     | { type: 'decrement' }
     | { type: 'reset' };
```

これは、実行する処理の内容を整理するために用意しました。increment, decrement, resetという3つのタイプを用意しています。これにより、アクションを分岐し処理するわけです。

準備が整ったら、リデューサー関数を作成します。今回は、StateとActionを引数に指定する形で定義をします。

```
function reducer(state: State, action: Action): State {
  switch (action.type) {
    case 'increment':
      return { count: state.count + 1 };
    case 'decrement':
```

```
      return { count: state.count - 1 };
    case 'reset':
      return initialState;
    default:
      throw new Error('未知のアクションタイプ');
  }
};
```

引数には、StateとActionを指定します。これらの値を元に処理を行います。今関数では、switchを使い、action.typeの値に応じて処理を実行しています。例えば、State.typeの値が"increment"だった場合は以下のような値を返しています。

```
case 'increment':
  return { count: state.count + 1 };
```

incrementでは、state.count + 1の値をcountに設定して値を返していますね。このように、引数で送られたaction.typeの値によって異なる処理を行い、生成された値を返すようにしています。

リデューサー関数では、このように状況に応じて必要な処理を行い、戻り値を作成して返します。この返される値がそのまま関数を呼び出した側で使われるわけです。

Appコンポーネントの処理

では、MyComponentを利用しているAppコンポーネントを見てみましょう。ここでは、最初に以下のようにしてuserReducerを実行しています。

```
const [state, dispatch] = useReducer(reducer, initialState);
```

第1引数には、先ほど定義したreducer関数を指定します。そして第2引数には、初期値として作成しておいたinitialStateを用意します。これでリデューサーが作成されました。

後は、作成されたdispatch関数を使って、それぞれのボタンにクリック時の処理を割り当てるだけです。

```
<button onClick={() => dispatch({type:'increment'})}>Increment</button>
<button onClick={() => dispatch({type:'decrement'})}>Decrement</button>
<button onClick={() => dispatch({type:'reset'})}>Reset</button>
```

onClickには、dispatch関数を呼び出すアロー関数を用意しています。そしてdispatchの引数に用意するオブジェクトのtypeによって、アクションの種類を設定しています。これにより、3つのボタンすべてでdispatch関数が実行され、状態の更新が行われるようになります。ボタンの数が増えても、処理はすべてreducer関数にまとめられ、機能の変更もこの関数1つだけを修正すれば済みます。

このように、useReducerを使うことで、複雑な状態管理がシンプルかつ明確になります。あちこちにいくつものステートやイベント処理の関数が配置された状態より、1つのリデューサー関数だけですべて管理できたほうが遥かにわかりやすいですね！

useContextによるコンテキスト利用

状態管理でもっとも難しいのは「複数コンポーネント間での状態の共有」です。完全に独立した複数のコンポーネント間で必要な値を共有するのは非常に難しいものです。こうしたコンポーネント間の状態共有のために提供されているのが「useContext」というフックです。

useContextは、コンポーネントツリー全体に渡って値を渡すために使われるフックです。これにより、プロパティのドリリング(後述)を避け、より効率的にコンポーネント間でデータを共有することができます。

このuseContextにより、以下のようなことが実現できます。

グローバルな状態管理	例えば、ユーザー認証情報やテーマの設定など、アプリケーション全体で共有する必要のあるデータをまとめて管理できます。
プロパティのドリリングを避ける	コンポーネントツリーの深い階層に渡ってプロパティを手動で渡す必要がなくなり、全体の状態の管理がしやすくなります。

プロパティのドリリング問題

ここで「プロパティのドリリング(props drilling)という言葉が出てきました。これは、親コンポーネントから子コンポーネントにプロパティを渡していく手法のことです。

コンポーネントでは、その内部に組み込まれているコンポーネントに属性を使って必要な値を渡せます。これはコンポーネント間で値の共有を行う際の基本ですが、コンポーネントの入れ子構造が深くなってくると、この受け渡しが問題となってくるのです。

例えば、こんなページを考えてみましょう。

●アプリ

```
function App() {
  return <Container name="taro" password="hoge" />
}
```

●コンテナ

```
function Container(props) {
  return <Card name={props.name} password={props.password} />
}
```

●カード

```
function Card(props) {
  return <Form name={props.name} password={props.password} />
}
```

●フォーム

```
function Form(props) {
  return <>
    <User name={props.name} />
    <Pass password={props.password} />
  </>
}
```

●フォーム項目

```
function User(props) {
  return <input type="text" value={props.name} />
}
function Pass(props) {
  return <input type="password" value={props.password} />
}
```

ここではContainerの中にCardがあり、Cardの中にFormがあり、Formの中にUserとPassがあります。Appでユーザー名とパスワードを用意し、これを使って画面を作成するためには、App→Container→Card→Form→User/Passというように属性で値を渡していかないといけません。nameとpasswordの値が必要なのはUserとPassですが、途中にあるCardやFormでも必ずこれらの属性を受け取り、子コンポーネントに渡す必要があります。これが「ドリリング」です。

コンポーネントの階層が深くなり、使用する属性が増えてくると、階層化され組み込まれているすべてのコンポーネントで属性を用意して渡さなければならず、状態の管理がかなり面倒になるのは想像がつくでしょう。

こうした問題を解消するために、useContextというフックが用意された、というわけです。

useContextの使い方

では、useContextはどのように利用するのでしょうか。その手順を簡単にまとめておきましょう。

●1. コンテキストを生成する

最初に行うのは、コンテキストの生成です。これはcreateContextという関数を使って行います。

```
変数 = createContext<型の指定>( 初期値 );
```

createContextは、指定した型をコンテキストとして作成します。これを利用するには、あらかじめインターフェースを使って必要な値をまとめた型を定義しておくとよいでしょう。

●2. プロバイダでコンテキストの値を供給する

コンテキストが作成されたなら、そのプロバイダ(供給元)としてコンポーネントを組み込みます。これは、JSXで以下のような形で記述します。

```
<コンテキスト.Provider>
  ……コンテキストを共有するコンポーネント……
</コンテキスト.Provider>
```

このようにすることで、<コンテキスト.Provider>内に記述したコンポーネント類でコンテキストを共有できるようになります。

<コンテキスト.Provider>では、コンテキストの初期値としてvalue属性を用意することもできます。

●3. コンシューマでコンテキストの値を使用する

プロバイダ内に用意されたコンポーネントは、コンテキストのコンシューマ(消費者)として位置づけられます。コンシューマ側では、「useContext」を使ってコンテキストを利用します。

```
[ 変数, 関数 ] = useContext( コンテキスト );
```

これでコンテキストが作成されます。戻り値は、コンテキストの値が代入される変数と、値を設定するための関数になります。

これらをそれぞれ取り出して利用します。後は、通常のステートなどと同じで、変数を使って表示したり、関数で値を更新したりするだけです。どのコンポーネントから値を操作しても、それらはすべてのコンポーネントで共有され、同じ値が使われるようになります。

 useContextを利用する 

では、実際にuseContextを利用した簡単なサンプルを作成してみましょう。ここでは、2つコンポーネントの間でコンテキストを共有する簡単なサンプルを作成してみます。App.tsxを以下に書き換えてください。

リスト6-5

```
import React, { createContext, useContext, useState } from 'react';
import './App.css';

// コンテキストの型を定義
interface MyContextType {
  value: string;
  setValue: (value: string) => void;
}

// デフォルト値を持つコンテキストを作成
const MyContext = createContext<MyContextType | undefined>(undefined);

// コンテキストを利用するコンポーネント(1)
function AlertComponent() {
  const context = useContext(MyContext);

  if (!context) {
    throw new Error("MyContextが定義されていません");
  }

  const { value, setValue } = context;

  const changeValue = () => {
    const res = prompt("値を入力:");
    if (res) { setValue(res); }
  }

  return (
    <div className='alert'>
      <h2>AlertComponent</h2>
      <p>コンテキストの値: {value}</p>
```

```
      <button className='alert'
        onClick={changeValue}>Change value</button>
    </div>
  );
};

// コンテキストを利用するコンポーネント(2)
function CardComponent() {
  const context = useContext(MyContext);

  if (!context) {
    throw new Error("MyContextが定義されていません");
  }

  const { value, setValue } = context;

  const changeValue = () => {
    const res = prompt("値を入力:");
    if (res) { setValue(res); }
  }

  return (
    <div className='card'>
      <h2>CardComponent</h2>
      <p>コンテキストの値: {value}</p>
      <button onClick={changeValue}>Change value</button>
    </div>
  );
};

function App() {
  const [value, setValue] = useState<string>('初期値');

  return (
    <MyContext.Provider value={{ value, setValue }}>
      <div className='container'>
        <h1>useContextの例</h1>
        <AlertComponent />
        <CardComponent />
      </div>
    </MyContext.Provider>
  );
}

export default App;
```

これでコンポーネントは完成です。コンポーネントのボタンが見づらいので、そのスタイルをApp.cssに追加しておきます。

リスト6-6

```
button.alert {
  background-color: white;
  color: darkblue;
  padding: 5px 25px;
  margin: 0px;
}
```

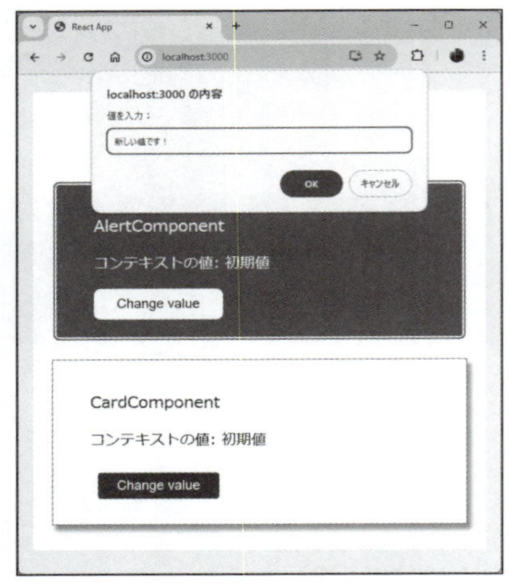

図6-7　ボタンをクリックし、値を入力すると、App側とMyComponent側の両方の値が更新される。

これで、2つのコンポーネント(AlertComponentとCardComponent)間でコンテキストを共有する簡単なアプリケーションが完成しました。

このページには「共有する値」という表示があり、その下にアラートとカードが表示されます。これらがAlertComponentとCardComponentです。これらの中に、それぞれ「コンテキストの値」という表示と、「Change value」ボタンが用意されています。

2つのコンポーネントのどちらかの「Change value」ボタンをクリックすると、画面に値を入力するダイアログが現れます。ここで値を書いてOKすると、両コンポーネントの「コンテキストの値」が更新されます。どちらのボタンをクリックしても、両方のコンポーネントの表示が同時に変更されるのがわかるでしょう。

コードの流れ

では、コードの流れを見ていきましょう。まずは、コンテキストで使う値の型をインターフェースで定義します。

```
interface MyContextType {
  value: string;
  setValue: (value: string) => void;
}
```

ここでは、valueという値と、この値を変更するsetValue関数を用意しておきました。コンテキストの型には、このように値だけでなく、更新のための関数も用意してきます。

このインターフェースを型に指定して、コンテキストを作成します。

```
const MyContext = createContext<MyContextType | undefined>(undefined);
```

値がない場合も考え、型には<MyContextType | undefined>と指定をしておきました。これでコンテキストが用意できましたから、これを利用するコンポーネントを作成します。

コンポーネントは、AlertComponentとCardComponentの2つを作成していますが、どちらも内容はほぼ同じです。まず、コンテキストを以下のように用意します。

```
const context = useContext(MyContext);
```

contextがundefinedで得られない場合を考え、以下のようにエラー処理を用意してあります。

```
if (!context) {
  throw new Error("MyContextが定義されていません");
}
```

contextの値が得られているなら、valueとsetValueを取り出して使えるようにしておきます。

```
const { value, setValue } = context;
```

これでコンテキストの値と関数が用意できました。まず、値の変更を行う処理を作ります。ボタンクリックで呼び出されるchangeValue関数を以下のように作成しておきます。

```
const changeValue = () => {
  const res = prompt("値を入力:");
  if (res) { setValue(res); }
}
```

prompt関数で値を入力し、それを使ってsetValueを実行しています。単にコンテキストを変更する関数を呼び出しているだけですね。そしてコンテキストの表示は、returnしているJSXの部分で以下のように行っています。

```
<p>コンテキストの値: {value}</p>
<button onClick={changeValue}>Change value</button>
```

これで、コンテキストのvalueが表示され、ボタンをクリックするとchangeValue関数が実行されるようになりました。changeValueでsetValueによりコンテキストの値が更新されると、コンテキストのvalueが使われているすべてのコンポーネントで値が更新されるのです。

Section 6-3 オブジェクトの参照と操作

useRefフックによる参照

Reactを扱うとき、時々不便を感じるのが「特定のエレメントを参照できない」ということです。例えば、値を入力する<input>があったとき、「この<input>を直接操作できたら楽なのに」と思うこと、ありませんか？ あるいは、ステートなどを使って表示を行うとき、「この値、変更するたびにいちいち表示を更新しなくていいんだけどな」と思うことは？

こうした値やエレメントの参照を扱うためのフックとして用意されているのが「useRef」です。useRefは、エレメントや任意の値を保持するのに使われます。useRefを使うと、再レンダリングを引き起こさずに値を保持したり、直接エレメントにアクセスしたりできます。

useRefの働き

では、このuseRefフックとはどういう働きをするのでしょうか。整理すると以下のようになるでしょう。

エレメントへのアクセス	エレメントへの参照を作成し、それを操作するのに利用できます。
永続的な値の保持	値の参照を作成し、コンポーネントのライフサイクル全体で永続的に保持します。
再レンダリングを避ける	保持される値は、変更しても再レンダリングされません。

これでも、まだちょっとわかりにくいかもしれませんね。useRefの働きは、「参照するエレメントにアクセスできる」「参照する値を再レンダリングなしに更新できる」の2点です。ぜんぜん違う働きのように感じるでしょうが、要は「対象となるものへの参照」を提供するもの、と考えてください。

参照するのがエレメントであれば、そのエレメントを操作したりできます。また参照するのが値ならば、その値を操作できます。重要なのは、これらの操作を行っても、コンポーネントは更新されない、という点です。つまり、「再レンダリングを引き起こさずに参照したものを操作する」というのがuseRefの働きなのです。

useRefの使い方

では、useRefの使い方を説明しましょう。useRefは、以下のような形で利用します。

```
変数 = useRef<型>( 初期値 );
```

TypeScriptで利用する場合、参照する値の型を<>で指定して使うのが基本です。参照する値は、大きく2通りあります。1つは、numberやstringといった一般的な値で、これはReactのグローバルな環境に指定の値を保管し、それを参照して利用します。この場合、useRefでは、React.MutableRefObjectというオブジェクトが生成されます。

もう1つは、エレメントです。エレメントを型に指定した場合、JSXで参照するエレメントに「ref」属性でuseRefの参照先を指定します。このような場合、useRefではReact.RefObjectというオブジェクトが生成されます。

React.MutableRefObjectは、値の変更が可能な参照オブジェクトです。これに対し、React.RefObjectは値の変更ができない参照オブジェクトになります。エレメントを参照する場合、作成すると常にそのエレメントを参照し続けることになります。

このuseRefによって生成される参照オブジェクトには「current」というプロパティがあり、これにより参照するオブジェクトにアクセスできます。

```
《React.RefObject》.current
```

例えば、numberやstringなどの値を参照する場合、currentで値を取得したり、currentに値を代入して変更することができます。またエレメントを参照する場合、currentからエレメントのプロパティやメソッドを呼び出すことができます。

useRefの利用例

では、useRefを使った簡単なサンプルを挙げておきましょう。この例では、入力フィールドにフォーカスを設定し値を変更する機能と、参照を用いたカウンター値を利用します。App.tsxの内容を以下に書き換えてください。

リスト6-7

```
import React, { useRef, useState } from 'react';
import './App.css';
```

```
function App() {
  // エレメントへの参照を作成
  const inputRef = useRef<HTMLInputElement>(null);

  // 再レンダリングしないカウンターを作成
  const countRef = useRef<number>(0);

  // 再レンダリングするカウンターを作成
  const [renderCount, setRenderCount] = useState<number>(0);

  const handleFocus = () => {
    // inputRefを使って入力フィールドを操作する
    if (inputRef.current) {
      inputRef.current.focus();
      inputRef.current.value = 'focused.';
    }
  };

  const incrementCount = () => {
    // countRefの値を増加
    countRef.current += 1;
  };

  const incrementRenderCount = () => {
    // renderCountステートの値を増加
    setRenderCount(renderCount + 1);
  };

  return (
    <>
      <h1>useRefの例</h1>
      <div className='container'>
        <input ref={inputRef} type="text" placeholder="クリックでフォーカス" />
        <button onClick={handleFocus}>Focus now</button>
        <hr />
        <div>
          <p>Non-rendering count: {countRef.current}</p>
          <button onClick={incrementCount}>Non-rendering increment</button>
        </div>
        <hr />
        <div>
          <p>Rendering count: {renderCount}</p>
          <button onClick={incrementRenderCount}>Rendering increment</button>
        </div>
      </div>
```

```
    </>
  );
}

export default App;
```

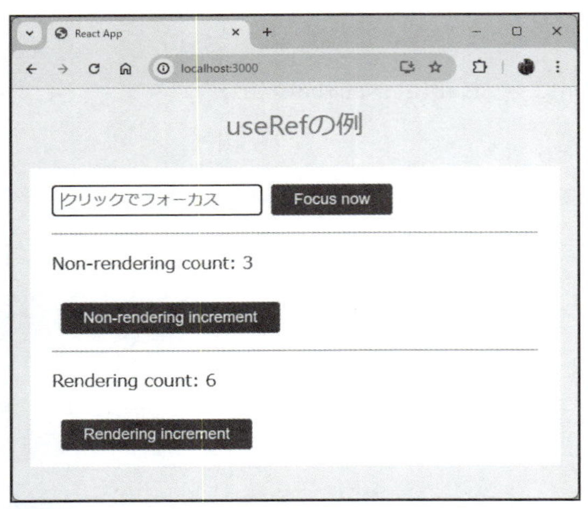

図6-8 useRefの利用例。3つのボタンが用意されている。

ここでは、1つの入力フィールドと3つのボタンが用意されています。これらのボタンは、それぞれ以下のような働きをします。

「Focus now」ボタン	入力フィールドを選択し、「focused.」と値を設定します。
「Non-rendering increment」ボタン	カウンターの値を1増やします。ただし表示は更新されません。
「Rendering increment」ボタン	カウンターの値を1増やし、表示を更新します。

「Focus now」ボタンを使うと、入力フィールドにフォーカスして値を設定します。これはステートなどを使って行っているのではなく、入力フィールドを直接操作して行っています。

また「Non-rendering increment」ボタンは、クリックすると数字を1ずつ増やしていきますが、表示はまったく変わりません。しかし、カウントした値はちゃんと保持されていて、下の「Rendering increment」をクリックした際に一緒に更新され、現在の値が表示されます。表示は変わらなくとも、ちゃんと値を保っていることがわかります。

コードの流れ

では、コードの流れを見ていきましょう。ここでは、Appコンポーネント内に基本的な処理がすべて用意されています。

まず最初に、2つのuseRefと1つのステートを用意しています。

```
// 2つのuseRef
const inputRef = useRef<HTMLInputElement>(null);
const countRef = useRef<number>(0);
// 1つのステート
const [renderCount, setRenderCount] = useState<number>(0);
```

ステートは、「Rendering increment」ボタンでカウントする値を保持するためのものです。これまで使っている、一般的なステートで値を管理しています。

2つのuseRefが、ここでのポイントです。これらはジェネリックの指定でHTMLInputElementとnumberがそれぞれ指定されていますね。これにより、HTMLInputElementとnumberの参照を扱うためのuseRefが実行されます。

これらは、それぞれJSXの以下の部分で使われています。

●inputRefの利用部分

```
<input ref={inputRef} type="text" placeholder="クリックでフォーカス" />
```

●countRefの利用部分

```
<p>Non-rendering count: {countRef.current}</p>
```

inputRefは、<input>でrefに設定されていますね。これにより、この<input>への参照がinputRefに設定されます。以後、inputRefを使ってこの<input>を操作できるようになります。

countRefは、Non-rendering countのカウント表示にcountRef.currentという形で値を表示しています。countRefはnumberという値への参照なので、エレメントなどをrefで指定する必要はありません。ただ、参照する値を表示して使うだけです。

3つのボタンクリック処理

App内には3つのボタンがあり、これらをクリックして実行する処理が以下のように用意されています。

●入力フィールドをフォーカスし値を設定

```
const handleFocus = () => {
  if (inputRef.current) {
    inputRef.current.focus();
    inputRef.current.value = 'focused.';
  }
};
```

handleFocus は、inputRefを利用した処理です。ここでは、inputRef.currentという値をチェックし、処理を行っています。currentというのは、このuseRefの値に参照されているエレメントが割り当てられているプロパティです。refでエレメントを参照していると、このcurrentでそのエレメントを指定できます。

ここでは、inputRef.current.focus(); でエレメントにフォーカスし、inputRef.current.value = 'focused.';でエレメントのvalueを変更しています。Reactではこれまでできなかった「エレメントを参照し直接操作する」ということが行えているのがわかります。

その後のincrementCount関数は、number値を参照するcountRefを利用しています。

●countRefの値を増やす

```
const incrementCount = () => {
  countRef.current += 1;
};
```

こちらは、currentで参照する値(number)が指定されます。この値を1増やしているのがわかりますね。ステートと違い、値を変更する関数などを使う必要はありません。直接、値を代入するなどして変更できます。

このように、useRefを使うことで、参照する値を簡単に操作できるようになります。そして、このuseRefで参照している値を操作しても、再レンダリングは行われず、表示はまったく変化しないのです。

Chapter 1
Chapter 2
Chapter 3
Chapter 4
Chapter 5
Chapter 6
Chapter 7
Chapter 8

useImperativeHandleフックで機能を外部公開する

useRefは、エレメントなどにアクセスするための参照を作成しますが、基本は「参照先にあるもの(プロパティなど)を利用する」というだけのものです。コンポーネント自体には、外部からいつでも呼び出せるメソッドなどは用意できません。このため、例えば親コンポーネントから子コンポーネントを操作したいようなときは困ります。

コンポーネントに、外部から利用できるメソッドなどを作成できたなら、非常に簡単にコンポーネントを外部から操作できますね。こうした「外部に公開された機能を持ったコンポーネント」を作成することができるのが「useImperativeHandle」フックです。

useImperativeHandleフックは、コンポーネントにメソッドなどを用意し、外部に公開するのに使われます。このフックは、親コンポーネントが子コンポーネントのインスタンスメソッドやプロパティに直接アクセスできるようにします。

このuseImperativeHandleには、以下のような働きがあります。

カスタマイズしたインスタンスを公開	子コンポーネントが公開するメソッドやプロパティを制御します。
再レンダリングの制御	親コンポーネントからの直接操作を可能にすることで、再レンダリングを最小限に抑えます。

useImperativeHandleによるカスタマイズは、「プロパティやメソッドなどによりコンポーネントの表示が変更されても再レンダリングされない」という特徴があります。コンポーネントのレンダリングサイクルに組み込まれることなく、コンポーネントを外部から操作できるのです。

useImperativeHandleの使い方

このuseImperativeHandleは、利用の仕方がわかりにくいので注意が必要です。利用の手順を簡単にまとめてみましょう。

●1. forwardRefで子コンポーネントの参照を用意する

まず最初に、子コンポーネントを作成します。このとき、通常のコンポーネントのように関数として定義するのではなく、「forwardRef」という関数を使って作成をします。

```
変数 = forwardRef( (props, ref) => {……} );
```

forwardRefは、コンポーネントを定義する関数を引数に指定し、静止したコンポーネントを返す高階コンポーネント(コンポーネントを生成するコンポーネント)です。この引数で用意されたコンポーネント内で必要な処理を行います。引数として用意する関数には、プロパティを渡すpropsと、forwardRefで生成されるオブジェクトの参照refが渡されます。

●2. useRefでコンポーネント内のエレメントを操作する

引数のコンポーネント内では、用意されているエレメントを参照するオブジェクトをuseRefで用意します。この参照オブジェクトを利用して、コンポーネントにカスタマイズするためのフックを用意します。

●3. useImperativeHandleでカスタム化する

コンポーネントのカスタマイズは、useImperativeHandleで行います。これは以下のような形で作成します。

```
useImperativeHandle(ref, () => ({……}) );
```

第1引数にはコンポーネントの参照オブジェクトrefが用意され、第2引数にはカスタマイズする内容として、()内にオブジェクトの定義を用意します。これは、例えばこのような形で作ります。

```
{
  プロパティ: 値,
  メソッド: 関数,
  ……
}
```

コンポーネントに組み込むプロパティやメソッド類をオブジェクトにまとめたものを作成しておくのです。これらが、参照するコンポーネントに追加され、親コンポーネントに公開されます。

useImperativeHandleを利用する

では、実際の利用例を挙げておきましょう。以下に、useImperativeHandleを使った簡単なサンプルを挙げておきます。この例では、親コンポーネントが子コンポーネントのメソッドを呼び出して入力フィールドへのフォーカス設定、メッセージのクリア、メッセージの設定などを行います。

リスト6-8

```
import React, { useRef, useImperativeHandle, forwardRef } from 'react';
import './App.css';

// useRef用の型定義
interface RefProps {
  value: string,
  focus: () => void,
  clear: () => void,
  change: () => void
}

// 子コンポーネント
const InputComponent = forwardRef((props, ref) => {
  const inputRef = useRef<HTMLInputElement>(null);
  const msgRef = useRef<HTMLParagraphElement>(null);

  // 親コンポーネントに公開するメソッドを定義
  useImperativeHandle(ref, () => ({
    value: 'Hello',
    focus: () => {
      if (inputRef.current) {
        inputRef.current.focus();
      }
    },
    clear: () => {
      if (inputRef.current) {
        inputRef.current.value = '';
        msgRef.current!.innerText = 'cleared.';
      }
    },
    change: () => {
      if (inputRef.current && msgRef.current) {
        msgRef.current.innerText = '"'
          + inputRef.current.value + '" changed.';
      }
    }
  }));

  // 更新時に状態を出力する
  console.log(`updated: "${msgRef.current}".`);

  return (
    <div className='simple_alert'>
      <p className='msg' ref={msgRef}>InputComponent</p>
```

```
      <input ref={inputRef} type="text"  />
    </div>
  );
});

function App() {
  const inputComponentRef = useRef<RefProps>(null);

  // 「Focus」ボタン用の関数を定義
  const focusClick = () => {
    if (inputComponentRef.current) {
      inputComponentRef.current.focus();
      console.log(inputComponentRef.current.value);
    }
  };
  // 「Clear」ボタン用の関数を定義
  const clearClick = () => {
    if (inputComponentRef.current) {
      inputComponentRef.current.clear();
      inputComponentRef.current.value = 'no data';
    }
  };
  // 「Change」ボタン用の関数を定義
  const changeClick = () => {
    if (inputComponentRef.current) {
      inputComponentRef.current.change();
      inputComponentRef.current.value = 'changed';
    }
  };

  return (
    <>
      <h1>useImperativeHandleの例</h1>
      <div className='container'>
        {/* 子コンポーネントにrefを渡す */}
        <InputComponent ref={inputComponentRef} />
        <button onClick={focusClick}>Focus</button>
        <button onClick={clearClick}>Clear</button>
        <button onClick={changeClick}>Change</button>
      </div>
    </>
  );
}

export default App;
```

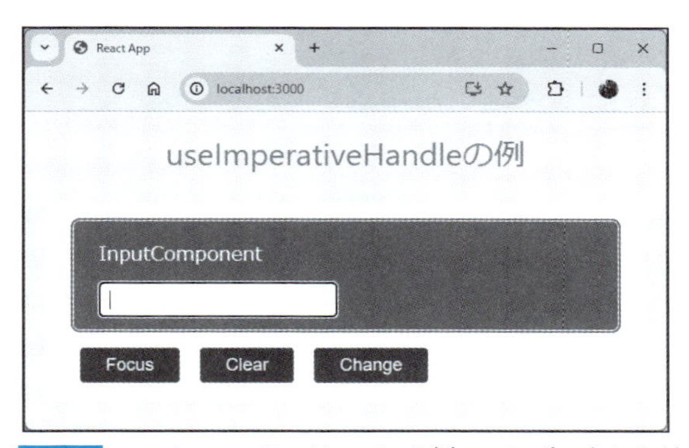

図6-9　useImperativeHandleの例。コンポーネント外から操作する3つのボタンがある。

ここでは、メッセージと入力フィールドがあるアラートと、その下の3つのボタンが表示されます。アラートの部分は、InputComponentというコンポーネントです。3つのボタンはAppコンポーネントにあり、そこからInputComponentを操作しています。3つのボタンは以下のような働きをします。

「Focus」ボタン	入力フィールドにフォーカスを設定し、valueプロパティをコンソールに出力する。
「Clear」ボタン	入力フィールドをクリアし、メッセージに「cleared.」と表示し、valueプロパティを"no data"にする。
「Change」ボタン	入力フィールドの値を保管し、メッセージに「〇〇 changed.」と表示し、valueプロパティを"changed"にする。

これらのボタンをクリックすることで、InputComponentの入力フィールドの値や表示するメッセージが変更されるのがわかるでしょう。

動作を確認したら、デベロッパーツールを開いてコンソールの表示を見てください。InputComponentでは、console.logを使い「updated: 〇〇」と更新時にメッセージを出力するようにしています。しかし、「Clear」や「Change」ボタンでInputComponentを変更しても、何も出力はされません。これらの操作はコンポーネントを再レンダリングせずに行われていることがわかります。

コードの流れを見る

では、どのように処理が行われているのかコードを見ていきましょう。まず最初に、useImperativeHandleで外部に公開されるプロパティやメソッドを型として定義しておきます。

```
interface RefProps {
  value: string,
  focus: () => void,
  clear: () => void,
  change: () => void
}
```

ここでは、valueというプロパティと、focus, clear, changeという3つのメソッドを用意しています。メソッド類はいずれも引数なし、戻り値なしになっています。

子コンポーネントの作成

続いて、子コンポーネントであるInputComponentを作成しています。これは、以下のような形で定義していますね。

```
const InputComponent = forwardRef((props, ref) => {……});
```

forwardRef関数を使った高階コンポーネントとして定義をしています。引数の関数内にコンポーネントの内容が書かれています。

ここでは、まずuseRefで入力フィールド<input>とメッセージ表示<p>の参照を作成しています。

```
const inputRef = useRef<HTMLInputElement>(null);
const msgRef = useRef<HTMLParagraphElement>(null);
```

これらを利用して、コンポーネントを操作するメソッドを作成していきます。useImperativeHandleで利用するエレメント類は、このようにあらかじめuseRefで参照として用意しておきます。

親コンポーネントに公開するメソッドを定義

いよいよ、useImperativeHandleで外部に公開するプロパティとメソッドを作成していきます。これは、以下のような形になっています。

```
useImperativeHandle(ref, () => ({
  value: 'Hello',
  focus: ()=> {……},
  clear:()=> {……},
  change:()=> {……}
}
```

このように、プロパティとメソッドをオブジェクトにまとめたものを用意します。見ればわかるように、これはRefPropsインターフェースの実装となっています。

これらの関数では、どのようにコンポーネントを処理しているのか、例としてchangeの関数を見てみましょう。

```
change: () => {
  if (inputRef.current && msgRef.current) {
    msgRef.current.innerText = '"'
      + inputRef.current.value + '" changed.';
  }
}
```

inputRefは、<input>の参照で、msgRefはメッセージを表示する<p>の参照でしたね。inputRef.current && msgRef.currentで両参照が用意されているのを確認し、msgRef.current.innerTextのコンテンツを変更しています。このように、あらかじめuseRefで用意したエレメントの参照を利用して表示などを更新していくのですね。

JSXでの表示内容を見ると、これらuseRefで使われるエレメントは以下のようになっています。

```
<p className='msg' ref={msgRef}>InputComponent</p>
<input ref={inputRef} type="text"  />
```

refを使い、msgRefとinputRefに参照を設定しているのがわかるでしょう。useImperativeHandleは、useRefと密接な関係にあることがわかります。

AppからInputComponentを利用する

では、Appコンポーネント内でInputComponentがどのように使われているのでしょうか。Appでは、まず以下のようにしてuseRefを実行しています。

```
const inputComponentRef = useRef<RefProps>(null);
```

useRefのジェネリックでは、<RefProps>と指定されていますね。これにより、RefPropsインターフェースへの参照が作成されます。RefPropsは、コンポーネントではありませんね？ これは、useImperativeHandleの内容を定義したインターフェースでした。つまり、ここでuseImperativeHandleの参照を用意し、これを操作していくのですね。

例として、「Change」ボタンをクリックして実行されるchangeClick関数を見てみましょう。

```
const changeClick = () => {
  if (inputComponentRef.current) {
    inputComponentRef.current.change();
    inputComponentRef.current.value = 'changed';
  }
};
```

inputComponentRefのcurrentがあるかチェックし、この中のchangeメソッドを呼び出したり、valueの値を変更したりしています。このように、useImperativeHandleの参照を操作して処理を行っているのですね。

では、useImperativeHandleの参照オブジェクトはJSXでどう設定されているのでしょうか。

```
<InputComponent ref={inputComponentRef} />
```

こうなっていました。これで、useImperativeHandleの参照オブジェクトに<InputComponent />が割り当てられます。

このuseImperativeHandleはRefPropsの参照であり、RefPropsはInputComponentにあるuseImperativeHandleで実装されていました。整理すると、こうなります。

<InputComponent />でref={inputComponentRef}を指定する。

↓

<InputComponent />内のuseImperativeHandleがinputComponentRefに割り当てられる。

↓

inputComponentRef.currentにより<InputComponent />内のuseImperativeHandleのメソッドやプロパティが利用できるようになる。

参照がフル活用されているため、何が何を参照しているのか、しっかり把握しておかないとやっていることが理解できなくなります。まずはuseRefの参照をしっかりと使いこなせるようになりましょう。useImperativeHandleは、useRefの応用フックなのだと考えてください。

その他のフック

useTransitionフック

この他にも、Reactにはまだまだ便利なフックがたくさんあります。その中から、「これだけは知っておきたい」というものを最後にまとめて紹介しましょう。

まずは、「useTransition」フックです。これは非同期処理の実行に関するものです。

useTransitionは、React 18で導入されたフックで、時間のかかる処理を行っている間もユーザーインターフェースの更新をスムーズに行えるようにするために使用されます。時間のかかる処理を行うとき、そのまま同期処理で実行すると処理が完了するまで操作ができません。

useTransitionを用いることで、非同期で定義された処理をバックグラウンドで実行できるようになります。これにより、UIのインタラクティブな部分を遅延なく更新することができます。ユーザーが操作を行っている最中でも、UIがスムーズに反応するようになるのです。

useTransitionの使い方

では、useTransitionの使い方について簡単にまとめましょう。useTransitionは以下のように利用します。

```
const [isPending, startTransition] = useTransition();
```

戻り値

isPending	非同期更新がまだ完了していないかどうかを示すブール値
startTransition	非同期更新を開始する関数

Chapter 1 Chapter 2 Chapter 3 Chapter 4 Chapter 5 Chapter 6 Chapter 7 Chapter 8

これらのうち、重要なのがstartTransitionです。これは作成後、以下のように呼び出して処理を完成させます。

```
startTransition( () => {……} );
```

この引数の関数内で、時間のかかる更新処理が非常に重くなるような処理を実行するのです。この関数内で実行される処理は非同期でバックグラウンド処理されるため、コンポーネントの操作に影響を与えません。

useTransitionでフィルター処理をする

では、実際にuseTransitionを利用したサンプルを作成してみましょう。ここでは、useTransitionを使ってリストのフィルタリング操作をスムーズに行うサンプルを作成してみます。App.tsxを以下のように書き換えてください。

リスト6-9

```
import React, { useState, useTransition } from 'react';
import './App.css';

const generateItems = (num: number) => {
  return Array.from({ length: num }, (_, index) => `Item ${index + 1}`);
};

function App() {
  const [filter, setFilter] = useState('');
  const [items, setItems] = useState(generateItems(10000));
  const [isPending, startTransition] = useTransition();

  const handleFilterChange =
      (e: React.ChangeEvent<HTMLInputElement>) => {
    const value = e.target.value;
    setFilter(value);

    // フィルタリング処理を非同期で行う
    startTransition(() => {
      const filteredItems = generateItems(10000).filter(item =>
        item.toLowerCase().includes(value.toLowerCase())
      );
      setItems(filteredItems);
    });
```

```
    };

    return (
      <div>
        <h1>useTransitionの例</h1>
        <div className='container'>
        <input
          type="text"
          value={filter}
          onChange={handleFilterChange}
          placeholder="フィルターを入力"
        />
        {isPending && <p>フィルタリング中...</p>}
        <ul>
          {items.map(item => (
            <li key={item}>{item}</li>
          ))}
        </ul>
        </div>
      </div>
    );
};

export default App;
```

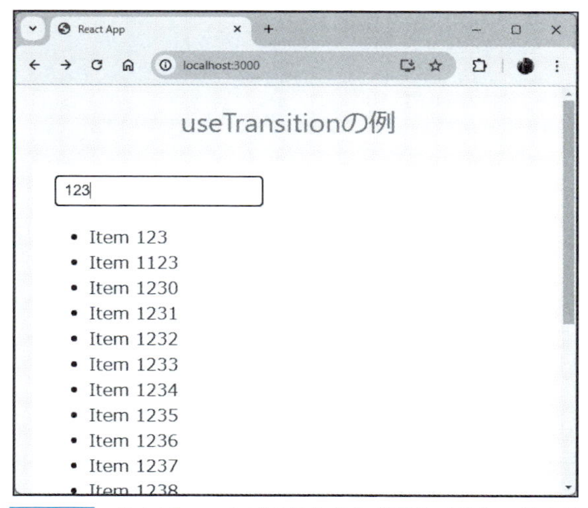

図6-10 入力フィールドにテキストを記入すると、そのテキストを含む項目をフィルタリングして表示する。

ここでは、「Item 1」から「Item 10000」までの10000個のアイテムを作成して表示しています。入力フィールドにテキストを書くと、そのテキストを含むアイテムだけを検索して表示します。通常、こうした多量のデータを処理する場合、処理を実行している間はどうしても反応が鈍くなりがちです。しかし、このサンプルでは、フィルタリング実行中も動作が重くてうまく使えなくなるようなことはありません。

コードの流れをチェック

では、どのようにコードが作成されているのか見てみましょう。まず最初に、アイテムを生成するための専用関数を定義しておきます。

```
const generateItems = (num: number) => {
  return Array.from({ length: num }, (_, index) => `Item ${index + 1}`);
};
```

これは、引数に数字を指定して呼び出すと、それだけの数の項目を配列に作成して返すものです。これを利用して項目を用意し、これをリストにして表示させます。

では、Appコンポーネントを見てみましょう。まず、以下のようにステートが用意されていますね。

```
const [filter, setFilter] = useState('');
const [items, setItems] = useState(generateItems(10000));
```

フィルターの値を保管するfilterステートと、10000個の項目を保管するitemsステートを用意してあります。これらに加え、useTransitionを作成します。

```
const [isPending, startTransition] = useTransition();
```

ここで作成したstartTransitionを使って、時間のかかる処理を実行していきます。

フィルター処理の実行

ここでは、項目のフィルター処理としてhandleFilterChangeという関数を定義しています。これは、以下のような形になっていますね。

```
const handleFilterChange = (e: React.ChangeEvent<HTMLInputElement>) => {
```

このhandleFilterChangeは、入力フィールドのonChangeイベントで呼び出されるようにします。このため、引数には値の変更時のイベント(React.ChangeEvent)が渡されるようにしてあります。

ここでは、入力された値を取り出してfilterステートに保管した後、フィルタリング処理を実行しています。

```
startTransition(() => {
  const filteredItems = generateItems(10000).filter(item =>
    item.toLowerCase().includes(value.toLowerCase())
  );
  setItems(filteredItems);
});
```

generateItemsで10000個のアイテムを作成した後、filterメソッドでフィルター処理を行っています。ここでは、includesを使い、項目に入力フィールドの値が含まれているものだけを取り出しています。

この処理が終わったら、setItemsでステートに項目を保管します。

JSXでの利用

これらは、JSXの入力フィールドのところで以下のように利用されています。

```
<input
  type="text"
  value={filter}
  onChange={handleFilterChange}
  placeholder="フィルターを入力"
/>
```

onChange={handleFilterChange}で、変更時にhandleFilterChangeを呼び出すようにしていますね。そして得られた項目は以下のようにして表示をしています。

```
{isPending && <p>フィルタリング中...</p>}
<ul>
  {items.map(item => (
      <li key={item}>{item}</li>
  ))}
</ul>
```

isPendingがtrueならば、「フィルタリング中」と表示を行っています。そうでないなら、<ul>を使い、items.mapで<li>による項目を作成します。

isPendingを利用することで、時間のかかる処理であっても、処理中の表示を用意できるようになっているのですね。

実際に使ってみると、この程度ではほとんど「フィルタリング中」の表示がされることはないでしょう。作成する項目の数を10万以上にすると、さすがにフィルタリング時に「フィルタリング中」の表示がされるようになります。

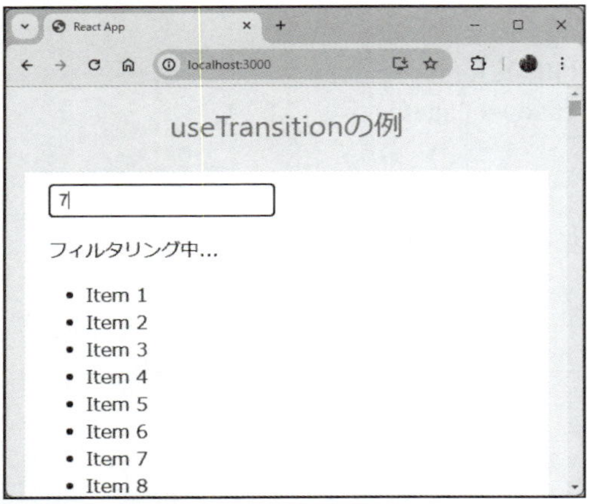

図6-11 項目数を10万個以上にすると、フィルタリング時に「フィルタリング中」の表示が現れるようになる。

このサンプルでは、ユーザーがフィルタリング入力を行うと、startTransitionを使って非同期にフィルタリング処理を行います。その間も、UIはスムーズに更新され、ユーザーが操作できます。ユーザーにストレスを与えずに大量のアイテムをフィルタリングできることがわかるでしょう。

useSyncExternalStoreフック

Reactでは、ステートなどを使い値を管理できますが、それらは基本的にコンポーネント内で完結しています。しかし、必要に応じて外部からデータを取得し表示するような場合もあるでしょう。

このように、外部とのやり取りを行うために用意されているのが「useSyncExternalStore」フックです。

useSyncExternalStoreは、React 18で導入されたフックで、外部のデータストア(外部にあるデータを管理するもの)に対してリアクティブに連携するための機能を提供するものです。このフックを使用することで、外部のデータストアと同期したReactコンポーネントを作成できます。

useSyncExternalStoreの使い方

では、useSyncExternalStoreの使い方を説明しましょう。これは関数になっており、引数を使って呼び出しますが、実はこの引数がクセモノなのです。

```
useSyncExternalStore( リスナー , スナップショット [, サーバースナップショット ]);
```

引数は3つありますが、3つ目はオプションなので2つだけでも問題ありません。これらの引数は、いずれも関数を用意します。それぞれの働きを以下にまとめておきます。

●リスナー関数

データストアの変更を監視する関数(リスナー)の管理を行うものです。この関数は、データストアの状態が変更されたとき、登録したリスナーによってそれを検知し、コンポーネントが再レンダリングされるようにします。

この関数は、ストアを監視するリスナー(コールバック関数)を引数として指定します。この引数に用意するリスナーは、引数も戻り値もない関数を用意します。リスナー関数は、これをリスナーとして登録し、リスナーを解除するためのクリーンアップ関数を返します。

●スナップショット関数

データストアから現在の状態(スナップショット)を取得するための関数を指定します。この関数は、コンポーネントが再レンダリングされるときに呼び出され、最新の状態を返します。

この関数は、データストアの現在の状態を返します。データストアの状態が変更されるたびに、リスナー関数によって登録されたリスナーが呼び出され、この関数が再度呼ばれることになります。

●サーバースナップショット関数

サーバーサイドレンダリング(SSR)時にストアから状態を取得するための関数を指定します。この関数は、サーバーサイドで状態を取得し、クライアントサイドの初期レンダリングと一致させるために使用されます。この関数は、SSR時にデータストアの状態を取得するために使用され、スナップショット関数と同様に現在の状態を返します。ただし、サーバー上でのみ使用されます。

第3引数(サーバースナップショット)は、サーバー側で利用するもので、これは次章で説明するサーバーコンポーネントを使うようにならないと利用できません。今のところは、「useSyncExternalStoreは引数2つで使う」と考えておきましょう。

useSyncExternalStoreでJSONデータを取得する

このuseSyncExternalStoreは、とにかく使い方が複雑です。いくつもの関数をあらかじめ用意し、適切に指定しないといけないため、説明を読んでも何だかよくわからないことでしょう。実際に簡単なサンプルを作って働きを見てみましょう。

ここでは、外部のJSONファイルにアクセスし、そのデータを表示するサンプルコードを考えてみます。

まず、データソースとなるファイルを用意しましょう。サーバー側の処理などまで実装するとまた大掛かりなコーディングになってしまうので、ここは「public」フォルダーにJSONファイルを用意し、これにアクセスさせることにします。

では「public」フォルダー内に「data.json」という名前でファイルを用意してください。ここに以下のようなコードを記述しておきます。

リスト6-10

```
{
  "message": "Welcome to React!",
  "timestamp": "2024-07-13T12:34:56Z"
}
```

messageとtimestampという値があるだけのシンプルなものですね。このデータを取得するサンプルを作成していきましょう。

Apo.tsxを作成する

では、コンポーネントのコードを作成します。App.tsxを開き、以下のようにコードを修正してください。

リスト6-11

```
import React, { useState, useEffect, useSyncExternalStore } from 'react';
import './App.css';

const dataURL = '/data.json';

interface JsonData {
  message: string;
  timestamp: string;
}

// サーバーからデータを取得する関数
const fetchData = async () => {
  const response = await fetch(dataURL);
  const data = await response.json();
  return data;
};

// データストアの作成
const createDataStore = () => {
  // データを格納する変数を初期化
  let data: any = null;
```

```
  // 購読者(リスナー)を管理するSetを初期化
  const listeners = new Set<() => void>();

  // 購読関数
  const subscribe = (callback: () => void) => {
    // コールバックをリスナーセットに追加
    listeners.add(callback);
    // 購読解除関数を返す
    return () => listeners.delete(callback);
  };

  // スナップショットを取得する関数
  const getSnapshot = () => data;

  // データを取得してリスナーに通知する関数
  const fetchDataAndNotify = async () => {
    // fetchData関数を使ってデータを非同期に取得
    data = await fetchData();
    // 全リスナーに通知して再レンダリングをトリガー
    listeners.forEach((callback) => callback());
  };

  // コンポーネントの初期マウント時にデータを取得
  fetchDataAndNotify();

  // 購読関数とスナップショット取得関数を返す
  return { subscribe, getSnapshot };
};

// データストアのインスタンスを作成
const dataStore = createDataStore();

// リスナーのサンプルを登録
dataStore.subscribe(() => {
  console.log('render');
});

// useSyncExternalStoreを実行する関数
const useData = ():JsonData => {
  return useSyncExternalStore(dataStore.subscribe, dataStore.getSnapshot);
};

function App() {
  const data = useData();
```

Chapter 1
Chapter 2
Chapter 3
Chapter 4
Chapter 5
Chapter 6
Chapter 7
Chapter 8

```
  if (!data) {
    return <div>Loading...</div>;
  }

  return (
    <div>
      <h1>useSyncExternalStoreの例</h1>
      <div className='container'>
        <h2>{data.message}</h2>
        <p>{data.timestamp}</p>
      </div>
    </div>
  );
};

export default App;
```

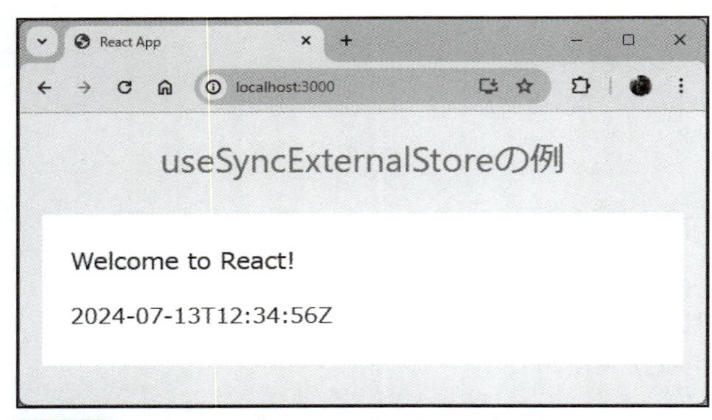

図6-12 data.jsonからデータを取得して表示する。

ページにアクセスすると、data.jsonからデータを取得し、その中のmessageとtimestampの値を表示します。表示を確認したら、data.jsonの値を変更して、ページに表示されている値が変更されるのを確認しましょう。

コードの流れを整理する

では、コードの内容を見ていきましょう。まず最初に、JSONデータの構造をインターフェースで定義しておきます。

```
interface JsonData {
  message: string;
  timestamp: string;
}
```

これで、取得したJSONデータの型が指定できます。data.jsonの内容を変更したいときは、このJsonDataも更新するようにしてください。

続いて、サーバーからデータを取得する関数「fetchData」を定義します。

```
const fetchData = async () => {
  const response = await fetch(dataURL);
  const data = await response.json();
  return data;
};
```

これは非同期関数として定義しています。fetchで指定のURLにアクセスし、そこからjsonメソッドでデータをオブジェクトとして取り出して返します。

データストア関数の作成

次に、createDataStoreという関数を定義していますね。これは、データストアを扱うのに必要な処理を用意するものです。先に、useSyncExternalStoreではデータストアを管理するリスナー関数、スナップショットを得る関数、そしてこれに必要なコールバック関数などを用意する必要がありました。これらを作成し戻り値として返すのが、このcreateDataStore関数です。

ここが、今回の最重要ポイントとなりますので1つ1つ説明していきましょう。

●1. 変数の初期化

最初に、必要な変数の初期化を行います。

```
  // データを格納する変数を初期化
  let data: any = null;
  // リスナーを管理するSetを初期化
  const listeners = new Set<() => void>();
```

ここでは、取得したデータを保管しておく変数dataと、リスナーのコールバック関数を管理するためのSetオブジェクトを用意しています。このセットには、引数なし戻り値なしの関数を値として保管します。

●2. リスナー関数の作成

続いて、リスナー関数を定義しています。これが、useSyncExternalStoreの第1引数に使われる、データストアの変更を監視するためのものですね。

```
  const subscribe = (callback: () => void) => {
```

```
    listeners.add(callback);
    return () => listeners.delete(callback);
  };
```

引数に渡されるコールバック関数を、そのままlistenersにaddで追加します。これで、コールバック関数が登録されます。そして、listenersのdeleteでコールバック関数を削除する関数を戻り値として返します。

これで、リスナーのコールバック関数の登録と削除を行うための関数が用意できました。

●3. スナップショット関数の作成

続いて、現在のデータ(スナップショット)を取得する関数です。今回は、データをdataに保管していますから簡単です。

```
const getSnapshot = () => data;
```

単純に、dataを返す関数を定義するだけですね。

●4. データを取得してリスナーに通知する

続いて、外部のデータストアからデータを取得するための関数を作成します。先ほど、データを取得するfetchData関数を作成しましたが、データの取得はこれを呼び出すだけではいけません。なぜなら、これはただデータを取得するだけであり、これを呼び出してもデータの更新を管理するリスナーは働かないからです。

そこで、データを取得し、登録されたリスナーのコールバックを呼び出して更新を検知させる関数を定義します。

```
const fetchDataAndNotify = async () => {
  data = await fetchData();
  listeners.forEach((callback) => callback());
};
```

まず、fetchDataでデータを取得し、それからリスナーのコールバック関数を登録しているlistenersのforEachを使ってすべてのコールバック関数を呼び出します。これで、fetchDataAndNotifyを呼び出せば、データが最新のものに更新され、すべてのリスナーに更新が検知されるようになります。

この関数は、コンポーネントが作成された際に呼び出すようにしておきます。

●5. リスナー関数とスナップショット取得関数を返す

最後に、作成した関数を戻り値として返します。これで、リスナー関数とスナップショット関数が得られるようになります。

```
return { subscribe, getSnapshot };
```

useSyncExternalStoreの利用

さあ、関数類の準備が整ったところで、ようやくuseSyncExternalStoreを利用します。まず、先ほどのcreateDataStore関数を呼び出し、その戻り値を変数に代入します。

```
const dataStore = createDataStore();

dataStore.subscribe(() => {
  console.log('render');
});
```

これで必要な関数をまとめたオブジェクトがdataStoreに得られました。ついでに、リスナーのコールバック関数のサンプルとして、簡単なメッセージをコンソールに出力する関数を登録しておきます。

続いて、useSyncExternalStoreでデータを取得するための関数を以下のように用意します。

```
const useData = ():JsonData => {
  return useSyncExternalStore(dataStore.subscribe, dataStore.getSnapshot);
};
```

useDataは、JsonData型を返す関数です。これは、useSyncExternalStoreを呼び出し、その戻り値として値を返すようにしています。

Appコンポーネントを作成する

最後に、Appコンポーネントでデータを表示します。ここでは、まずuseData関数でデータを変数に取り出しています。

```
const data = useData();
```

値がまだ得られなければ「Loading...」と表示するようにしておき、得られたら、その値をJSXで表示します。このように利用していますね。

```
<h2>{data.message}</h2>
<p>{data.timestamp}</p>
```

得られたJSONデータからmessageとtimestampの値を取り出し表示しています。これで得られた表示ができました。

今回は、コンポーネント生成時にfetchDataAndNotifyを呼び出しているだけですが、例えばタイマーなどを使い、必要に応じて外部のデータストアにアクセスしデータを更新するようにすれば、データを最新のものに保てます。

 useActionStateフック 

フォームの送信を簡単に行えるようにするために用意されたフックです。これはver. 19で正式リリースされる予定ですが、2024年8月現在のRC版ではTypeScriptベースでの利用が正常に行えません(JavaScriptベースでは動作します)。現状、まだ不安定であるため、RC版では本書に掲載された通りの動作を保証できません。一応、基本的な働きを説明しておきますが、実際に動作確認するのはver. 19の正式版がリリースされて以後と考えてください。

このuserActionStateは、フォーム送信のアクションと、値を保管するステートをまとめて扱うことのできるフックです。これは以下のように呼び出します。

```
[値, 関数, 真偽値] = useActionState( 関数, 初期値 );
```

値	ステートに保管されている値が返ります。
関数	アクションで利用する関数です。
真偽値	ペンディング状態かどうかを示す真偽値です。

引数には、アクション時に実行される関数と、初期値を指定します。第1引数の関数は、以下のような形で定義します。

```
async (prevState, newValue) => {
  …処理…
  return 値
} );
```

第1引数(prevState)には、最後のステート値が渡されます。第2引数(newValue)には、新たに送信された値が渡されます。フォームの場合、これはFormDataとなります。

関数内では、これらの引数を使って処理を行い、最後に値を返します。この返された値が、ActionStateのステートとして保管されます。

prevStateで受け取るのは最後に保管されたステートの値ですが、newValueで受け取るのはステートではなく、フォームの値(FormData)です。この2つはまったく違う種類の値なので間違えないようにしてください。

送信した値を保管する

では、実際の利用例を挙げておきましょう。このuseActionStateは、現時点でTypeScriptベースでうまく動作しないため、JavaScript用プロジェクトのApp.js用に作成したコードを掲載しておきます。

リスト6-12

```
import React, { useActionState, useState } from 'react'
import './App.css'

function App() {
  const [actionState, submitAction, isPending] = useActionState(
    async (prevState, newValue) => {
      const prev = prevState != null ? prevState : 'nodata'
      const next = newValue != null ? newValue.get("name") : 'nodata'
      return prev + " → " + next
    },
    null,
  )

  return (
    <div>
      <h1>React</h1>
      <div className="container">
        <h4>Hooks sample</h4>
        <div>
          <form action={submitAction}>
            <input type="text" name="name" />
            <button type="submit" disabled={isPending}>Update</button>
            {actionState && <p>{actionState}</p>}
          </form>
        </div>
      </div>
    </div>
  )
}
```

```
export default App;
```

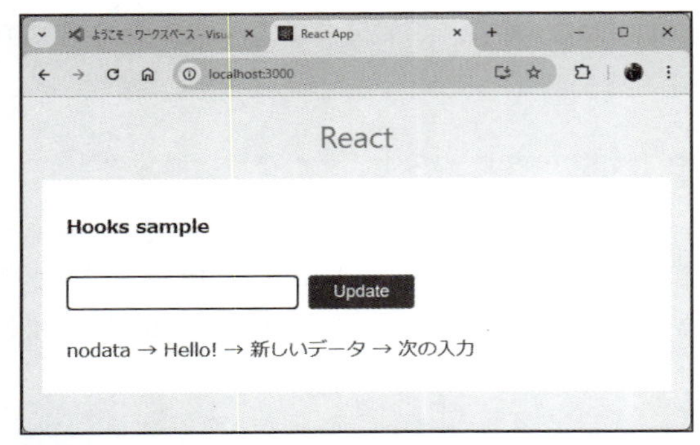

図6-13　フォーム送信すると、送信した値を順に表示する。

フォームになにか書いて送信すると、「nodata → ○○」と値が表示されます。また値を書いて送信すると、「nodata → ○○ → ××」というように最後に値が追加されます。繰り返し何度かフォームを送信していくと、送った値が→でつながっていくのがわかるでしょう。

処理の流れをチェック

では、コードを見てみましょう。ここでは、以下のようにしてuseActionStateを呼び出しています。

```
const [error, submitAction, isPending] = useActionState(関数, null,)
```

これらの値は、JSXで利用しています。まず、<form>のところで、アクション用の関数submitActionが設定されます。

```
<form action={submitAction}>
```

これで、フォーム送信時にuseActionStateで指定した関数が実行されるようになります。また<button>には以下のように値が使われています。

```
<button type="submit" disabled={isPending}>Update</button>
```

disabled={isPending}により、isPendingがfalseの場合は送信ボタンがディスエーブルとなります。useActionStateは、非同期でアクション処理を行います。時間のかかる処理の場合、実行中は再送信されないようにisPendingがfalseとなり、完了してアクションをつけられるようになるとtrueとなるのです。disabledに指定することで、処理が完了するまでの間、フォームを再送信されないようにできます。
　残るは、その下にある表示の部分です。

```
{actionState && <p>{actionState}</p>}
```

　actionStateの値があれば、<p>で表示をしています。これで、送信後のステートの状態が表示されるようになります。

アクションの処理

　では、useActionStateでどのような処理が行われているのか、引数に用意された関数を見てみましょう。これは以下のようになっています。

```
async (prevState, newValue) => {
  const prev = prevState != null ? prevState : 'nodata'
  const next = newValue != null ? newValue.get("name") : 'nodata'
  return prev + " → " + next
}
```

　prevStateから最後のステートの値をprevに取り出し、newValueから「name」フィールドの値をnextに取り出しています。そして、これらの値をprev + " → " + nextという形にまとめてreturnしています。これにより、ステートに「古い値 → 新しい値」という形のテキストが設定されます。実行されるごとに、前の値に「→ 新しい値」というようにして新しい値が追加され提供になるわけです。

アクションステートを使わない場合

　useActionStateは、アクションとステートをまとめて提供するフックですが、実をいえば、このような専用のフックを使わずとも、簡単にフォームにアクションを設定することは可能です。先に利用した「フォームのactionへの関数割り当て」を利用するのです。

リスト6-13

```
import React, { useState } from 'react'
import './App.css'

function App() {
  const [input, setInput] = useState(null);
  const [actionState, setActionState] = useState(null);
```

```
  const doChange = (e) => setInput(e.target.value);
  const submitAction = () => {
    setActionState(actionState + " → " + input);
    setInput('');
  }

  return (
    <div>
      <h1>React</h1>
      <div className="container">
        <h4>Hooks sample</h4>
        <div>
          <form action={submitAction}>
            <input type="text" onChange={doChange} value={input} />
            <button type="submit">Update</button>
            <p>{actionState}</p>
          </form>
        </div>
      </div>
    </div>
  );
}

export default App;
```

これが、actionへの関数割り当てを利用する形に書きなおしたコードです。これでも、まったく同様に動作します。

ここでは、<form action={submitAction}>でフォームを送信した際にsubmitActionで処理を行うようにしています。入力フォームの値と表示するメッセージは別途ステートとして用意しておき、これらを行進して表示を作成します。

これでも十分、フォームは活用できますが、各フィールドごとに(また結果の表示にも)ステートを用意する必要があり、細かな処理がだいぶ増えていることがわかるでしょう。useActionStateなら結果の表示だけでなく、フォームの入力フィールドの値もステートを利用する必要がありません。

サーバーアクションもある

アクションステートを使えば、クライアント内でフォームの送信処理を簡単に実装することができることはよくわかりました。ただし、実はこの機能は(大変便利なのは確かですが)React 19ではあまり使われないかもしれません。

なぜなら、ver. 19にはサーバーコンポーネントがあり、サーバー側でアクション処理を行う「サーバーアクション」という機能も用意されているからです。サーバー側でアクション処理を実行できれば、より複雑で高度な処理が可能となります。本格的にReact 19を活用するなら、サーバーアクションを活用するほうが多いでしょう。

useActionStateは、「サーバーコンポーネントを使わず、Reactのフロントエンドのみを利用する場合」に活用されるものといっていいでしょう。

(※サーバーアクションについては後ほど説明をします)

まだまだある、Reactのフック

以上、Reactに用意されている主なフックについて使い方を説明しました。この他にも、Reactにはまだまだ多くのフックが用意されています。主なものを簡単にまとめておきましょう。

●useId

コンポーネントごとに一意なIDを生成するためのフックです。これにより、DOM要素に一意なIDを簡単に割り当てることができます。フォーム要素やアクセシビリティ属性に一意なIDを付与し、IDの衝突を避けるために使用します。

●useDebugValue

カスタムフックのデバッグ情報を表示するためのフックです。React DevToolsで表示されます。カスタムフックのデバッグを支援し、デバッグ情報を任意に表示することで、開発者がフックの動作を理解しやすくします。

●useDeferredValue

高コストの状態更新を遅延させるためのフックです。ユーザーインターフェースの応答性を維持しながら、バックグラウンドでの更新を行います。入力フィールドなどの即時応答が必要な部分と、高コストな処理(例: フィルタリングや検索結果の更新)を分離します。

●useInsertionEffect

DOMの挿入前にスタイルを適用するためのフックです。useLayoutEffectの一部のケースで使用されます。スタイルの競合やフラッシュの防止のために、DOMが挿入される前にスタイルシートの変更を行います。

●useLayoutEffect

DOMの変更を同期的に行うためのフックです。useEffectと似ていますが、すべてのDOMの変更が描画される前に実行されます。レイアウトの変更が描画に影響を与える場合に使用され、DOMの変更をブロックして行います。

●useOptimistic

楽観的なUI更新を行うためのフックです。サーバーからの応答を待つ間にUIを先行して更新し、即時のフィードバックを提供することでユーザー体験を向上させます。

●use

非同期の値を同期的に扱うためのフックです。React 18で導入されたSuspenseと共に使用されます。非同期のデータを待機し、データが読み込まれるまでコンポーネントを停止することで、データの読み込みが完了するまでユーザーにローディング状態を表示します(このuseとSuspenseは次章で登場します)。

フックはどんどん追加される

これらのフックの中には、React 18ではまだ実装されていなかったり実験的な実装だったものもあります。また多くがReact 18以前にはありませんでした。

Reactは、「フックによって機能を拡張する」という設計になっています。これからも、新しい機能は新しいフックとして次々に出てくることでしょう。それらは、「すべて覚えないとReactが使えない」というものではありません。「覚えると、より便利にReact開発が行える」というものであり、覚えていなくともReactは使うことができます。

何度もいいますが、必ず覚えるべきフックは「ステートフック」と「副作用フック」だけです。それ以外のものは、「面白そうなものがあれば挑戦してみる」ぐらいに考え、余裕があれば少しずつ使ってみることにしましょう。

Chapter

7

サーバーコンポーネントの活用

Reactでは、サーバー側で実行する「サーバーコンポーネント」があります。この基本的な使い方について説明し、実際にクライアントとサーバーのコンポーネントを組み合わせて使ってみましょう。

Section 7-1 サーバー利用プロジェクトの作成

サーバーコンポーネントとは？

ここまで、コンポーネントのさまざまな機能について説明してきました。Reactはフロントエンドのフレームワークです。したがって、コンポーネントもすべてフロントエンド(クライアント側、Webブラウザ側)で動きます。

しかし、フロントエンドだけでは、より高度な処理を行うことができません。例えばファイルアクセスやデータベースアクセスなどの機能はフロントエンドでは使えませんし、ネットワークアクセスもフロントエンドではいろいろな制約があります。

多くのWeb開発フレームワークでは、サーバー側でさまざまな処理を実行するようになっています。Reactでも、サーバー側で処理を実行できれば、格段に多くのことができるようになるでしょう。

そのようなユーザーからの要望に応え、ようやくReactでもサーバー側で処理を行うための仕組みが実現しました。それが「サーバーコンポーネント」です。

サーバーコンポーネントの基本概念

React 19のサーバーコンポーネントとは、Reactアプリケーションにおいて一部のコンポーネントをサーバー側でレンダリングする仕組みです。これにより、クライアント(ユーザーのブラウザ)ではなくサーバー側で処理を行うことで、パフォーマンスの向上やユーザーエクスペリエンスの改善が期待できます。

では、このサーバーコンポーネントとはどのようなものなのでしょうか。簡単にまとめてみましょう。

●1. サーバーサイドレンダリング

通常のReactコンポーネントはクライアント側(ユーザーのブラウザ)で実行されます。しかし、サーバーコンポーネントはサーバー側で実行され、クライアントにその結果を送信します。

●2. データフェッチの最適化：

サーバーコンポーネントは、サーバーサイドでデータを取得し、それをコンポーネントに渡すことができます。これにより、クライアントとサーバー間の通信が減り、ページの読み込みも向上するでしょう。

●3. セキュリティの向上

サーバーコンポーネントはサーバー上で実行されるため、クライアント側に機密情報を送信せずにデータ処理を行うことができます。これはセキュリティの向上に大きく寄与します。

●3. パフォーマンスの改善

サーバー側でコンポーネントをレンダリングすることで、クライアント側のJavaScriptの負荷を減らし、全体的なパフォーマンスが向上します。

サーバーコンポーネントの仕組み

では、このサーバーコンポーネントはどのように動くのでしょうか。基本的な仕組みを整理しましょう。

●1. コンポーネントの分類

Reactでは、通常のクライアントコンポーネントとサーバーコンポーネントを明確に区別します。サーバーコンポーネントは特定の方法で定義され、実行する前に両者は分類されるため、間違ってサーバーコンポーネントがクライアントで動いたりすることはありません。

●2. レンダリングのプロセス

サーバーコンポーネントはサーバー上で実行され、その結果がHTMLのコードとして生成されます。このHTMLコードがクライアントに送信され、クライアント側で追加のJavaScriptが実行されることで、インタラクティブなページが完成します。

●3. データの流れ

サーバーコンポーネントは、サーバーサイドで必要なデータを取得し、それを使ってコンテンツを生成します。クライアント側では、この生成されたコンテンツを受け取り、表示します。

React 19のサーバーコンポーネントは、ユーザーエクスペリエンスの向上とパフォーマンスの最適化を目指して設計されています。この機能は、従来のクライアントサイドレンダリングではできなかった多くのものを私たちに提供してくれるでしょう。Reactによる本格的なWebアプリ開発を考えているなら、ぜひ身につけておきたい機能といえます。

Chapter 1 Chapter 2 Chapter 3 Chapter 4 Chapter 5 Chapter 6 Chapter 7 Chapter 8

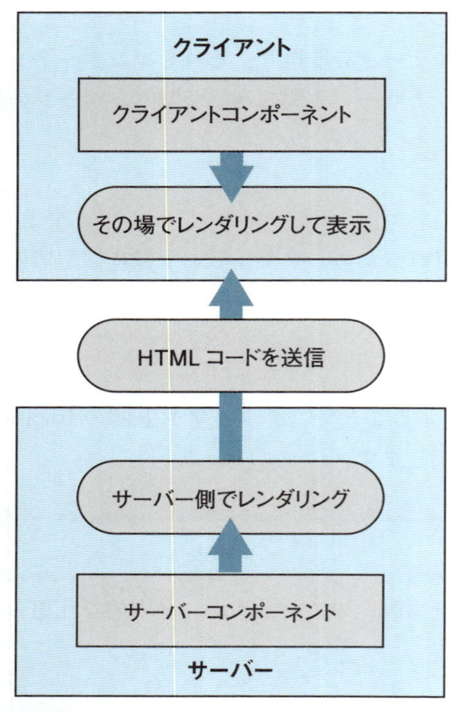

図7-1 クライアントコンポーネントとサーバーコンポーネントの違い。サーバーコンポーネントはサーバー側でレンダリングされ、HTMLのコードとして送られる。

プロジェクトを作成する

では、実際にプロジェクトを作ってサーバーコンポーネントを利用してみましょう。本書執筆時点(2024年8月)では、まだCreate React AppやViteはReact 19のサーバーコンポーネント利用に対応していません。そこで、手作業で一からプロジェクトを作っていくことにします。

プロジェクトフォルダーの用意

では、順に作業していきましょう。まず、プロジェクトとなるフォルダーを準備しましょう。ターミナルを起動し、以下のコマンドを実行します。

```
cd Desktop
mkdir react_server_app
```

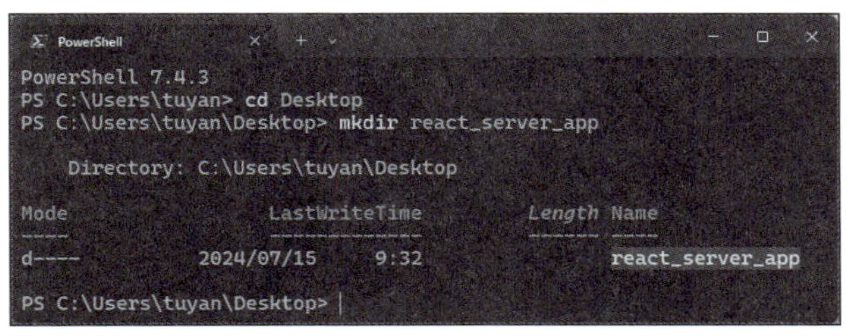

図7-2 デスクトップに「react_server_app」フォルダーを作成する。

これで、デスクトップに「react_server_app」というフォルダーが作成されました。これがプロジェクトのフォルダーになります。

フォルダーができたら、npmパッケージとして初期化をしておきます。以下を実行してください。

```
cd react_server_app
npm init -y
```

```
PS C:\Users\tuyan\Desktop> cd react_server_app
PS C:\Users\tuyan\Desktop\react_server_app> npm init -y
Wrote to C:\Users\tuyan\Desktop\react_server_app\package.json:

{
  "name": "react_server_app",
  "version": "1.0.0",
  "main": "index.js",
  "scripts": {
    "test": "echo \"Error: no test specified\" && exit 1"
  },
  "keywords": [],
  "author": "",
  "license": "ISC",
  "description": ""
}

PS C:\Users\tuyan\Desktop\react_server_app>
```

図7-3 package.jsonを作成する。

これで、フォルダー内にpackage.jsonファイルが作成されます。これを必要に応じて修正するなどしてパッケージの内容を記述することになります。

依存パッケージのインストール

続いて、プロジェクトで必要な依存パッケージのインストールを行います。これは、全部で7つあります。順にインストールしていきましょう。

●Expressフレームワーク

```
npm install express
```

●Webpack関係

```
npm install react-server-dom-webpack@next webpack
```

●Babel関係

```
npm install babel-loader @babel/register @babel/preset-react
npm install @babel/plugin-transform-modules-commonjs
```

ここで「Reactの本体がまだないぞ？」と思ったかもしれませんね。実は、このプロジェクトではReactは使いません。react-server-dom-webpackというものを使い、Webpackでアプリをビルドする際にReact関係の記述をすべて通常のJavaScriptに変換して動くようになっているのです。このreact-server-dom-webpackが組み込まれていれば、Reactを使ったコードもまったく問題なく作成できますから心配はいりません。

TypeScriptの利用について

インストールしたパッケージを見ればわかるように、今回はTypeScriptは使いません。2024年8月の時点で、まだReact 19が正式リリース前であるため、Reactで必要となるTypeScript関連のパッケージがアップデートされておらず、ver. 19で使えない状態となっています。このため、この章ではJavaScriptベースで説明を行います。

いずれReact 19が正式リリースされれば、TypeScriptベースでサーバーコンポーネントの開発も行えるようになるでしょう。

（※なお、React 19のサーバーコンポーネントがTypeScriptに対応していないということではありません。今回のプロジェクトで利用している一部のパッケージが未対応ということであり、Reactのサーバーコンポーネントを実装しているフレームワークなどでは問題なくTypeScriptが利用できます）

 package.jsonを修正する 

これで必要なパッケージ類がインストールされ、それに応じてpackage.jsonも内容が修正されました。ファイルを開くと、おそらく以下のような内容になっていることでしょう。

リスト7-1

```
{
  "name": "react_server_app",
  "version": "1.0.0",
```

```
  "main": "index.js",
  "scripts": {
    "test": "echo \"Error: no test specified\" && exit 1"
  },
  "keywords": [],
  "author": "",
  "license": "ISC",
  "description": "",
  "dependencies": {
    "@babel/plugin-transform-modules-commonjs": "^7.24.8",
    "@babel/preset-react": "^7.24.7",
    "@babel/register": "^7.24.6",
    "babel-loader": "^9.1.3",
    "express": "^4.19.2",
    "react-server-dom-webpack": "^19.0.0-rc-14a4699f-20240725",
    "webpack": "^5.93.0"
  }
}
```

"dependencies"にあるパッケージ類のバージョンの値は変わっていることもあるでしょうが、基本的にはこのような内容になっているはずです。

では、これに必要な修正を行いましょう。以下のように内容を書き換えてください。

リスト7-2

```
{
  "name": "react_server_app",
  "version": "1.0.0",
  "main": "index.js",
  "babel": {
    "presets": [
      [
        "@babel/preset-react",
        {
          "runtime": "automatic"
        }
      ]
    ]
  },
  "scripts": {
    "build": "node webpack.config.js",
    "boot": "node --conditions react-server server/server.js",
    "start": "npm run build && node --conditions react-server server/ ↵
      server.js"
```

```
  },
  "keywords": [],
  "author": "",
  "license": "ISC",
  "description": "",
  "dependencies": {
    ……この部分はそのまま修正しない……
  }
}
```

"babel"という項目を新たに追加し、また"scripts"の内容を変更してあります。"dependencies"の部分は、既にインストールの際に更新されているので、そのまま変更しないでください。

これでプロジェクトの初期設定は完了しました。

Webpackの設定

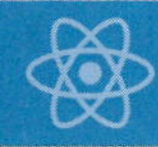

続いて、Webpackの設定ファイルを作成します。Webpackは2章で一からプロジェクトを作成したときにも使いましたね。これはプロジェクトのファイルを解析し、JavaScriptのコードなどを単一ファイルにパッケージングして実際に公開するWebApplyのファイルを生成するツールです。今回も、事前にさまざまな作業を行って実行するApplyを生成する必要があります。このためのWebpackの設定を用意する必要があるのですね。

では、プロジェクトのフォルダー内に「webpack.config.js」という名前でファイルを作成してください。そして以下のコードを記述します。今回も結構長いので、間違えないように記述してください。

リスト7-3

```
const path = require("path");

const webpack = require("webpack");
const ReactServerWebpackPlugin = require("react-server-dom-webpack/plugin");

webpack(
  {
    mode: "development",
    devtool: "cheap-module-source-map",
    entry: [path.resolve(__dirname, "./src/index.js")],
    output: {
      path: path.resolve(__dirname, "./public"),
```

```
      filename: "main.js",
    },
    module: {
      rules: [
        {
          test: /\.(js|jsx)$/,
          use: "babel-loader",
          exclude: /node_modules/,
        },
      ],
    },
    plugins: [new ReactServerWebpackPlugin({ isServer: false })],
  },
  (err, stats) => {
    if (err) {
      console.error(err.stack || err);
    } else {
      if (stats.hasErrors()) {
        console.log(stats.toJson());
      } else {
        console.log("The build was successful.");
      }
    }
  }
);
```

これで、プロジェクト利用の設定関係は完了です。後は、Webアプリのファイル類を作成していくだけです。

「public」フォルダーの作成

では、WebApplyのファイルを作成していきましょう。まずは、静的ファイル類からです。プロジェクトのフォルダー内に「public」という名前でフォルダーを作成してください。そしてその中に、index.htmlという名前でHTMLファイルを作成します。これがトップページとして使われるファイルになります。

作成したら、以下のように内容を記述しておきましょう。

リスト7-4

```
<!doctype html>
<html lang="ja">
```

```
<head>
  <meta charset="utf-8" />
  <meta name="description" content="React with Server Components">
  <meta name="viewport" content="width=device-width,initial-scale=1" />
  <title>React Server Components</title>
  <link rel="stylesheet" href="style.css" />
  <script defer src="main.js"></script>
</head>

<body>
  <div id="root"></div>
</body>

</html>
```

CSSファイルの用意

続いて、スタイルシートを用意します。「public」フォルダー内に、style.cssという名前でファイルを作成してください。そして以下のように内容を記述しておきましょう。

リスト7-5

```
body {
  background-color: aliceblue;
}
.container {
  padding: 10px 25px;
  margin: 25px 20px;
  font-family: sans-serif;
  font-size: 1.25em;
  background-color: white;
}

h1 {
  text-align: center;
  font-weight: normal;
  color: dodgerblue;
}

h2 {
  font-weight: normal;
  font-size: 1.1em;
}
```

```
p {
  font-size: 1em;
}
.msg {
  border: lightgray 1px solid;
  padding: 5px 10px;
  margin: 10px 0px;
}

.card {
  border: gray 1px solid;
  padding: 25px 50px;
  margin: 25px 0px;
  box-shadow: darkgray 5px 7px 5px;
}

.alert {
  color:white;
  background-color: royalblue;
  border: white 6px double;
  padding: 25px 50px;
  margin: 25px 0px;
  border-radius: 0.5em;
}

button {
  border: gray 1px solid;
  border-radius: 0.25em;
  color: white;
  background-color: blue;
  padding: 7px 25px;
  margin: 10px 10px;
  font-size: 0.9em;
  cursor: pointer;
}
```

「server」フォルダーの作成

いよいよJavaScriptのコーディングに入ります。まず最初に用意するのは、サーバープログラムです。今回はExpressをインストールしているので、これを利用した簡単なサーバーを作成します。

では、プロジェクトのフォルダー内に「server」という名前のフォルダーを作成してください。この中に、server.jsという名前でファイルを用意します。そして以下のようにコードを記述してください。

リスト7-6

```
require("react-server-dom-webpack/node-register")();

const path = require("path");
const { readFileSync } = require("fs");

const babelRegister = require("@babel/register");

babelRegister({
  ignore: [/[\\\/](build|server|node_modules)[\\\/]/],
  presets: [["@babel/preset-react", { runtime: "automatic" }]],
  plugins: ["@babel/transform-modules-commonjs"],
});

const { renderToPipeableStream } = require("react-server-dom-webpack/server");
const express = require("express");

const React = require("react");
const ReactApp = require("../src/App").default;

const app = express();

app.use(express.static('public'));

// ReactコードのAPI
app.get("/react", (req, res) => {
  const manifest = readFileSync(
    path.resolve(__dirname, "../public/react-client-manifest.json"),
    "utf8"
  );
  const moduleMap = JSON.parse(manifest);
  const { pipe } = renderToPipeableStream(
    React.createElement(ReactApp),
    moduleMap
  );
  pipe(res);
});

app.listen(3000, () => {
  console.log('Server is running!');
});
```

コードの流れを整理する

では、どのようにしてReactアプリの処理を実装しているのか、コードを見てみましょう。冒頭には、ここで領する各種モジュールから必要なものを取り出すためのrequire文が続きます。実際のサーバーに関する処理は、以下から始まります。

```
const app = express();
app.use(express.static('public'));
```

ここで利用しているExpressは、express()としてオブジェクトを作成して利用します。次行のapp.useという文は、Expressの静的ファイルの保管場所を設定するものです。これにより、「public」フォルダーのファイルが公開され、直接アクセスできるようになります。これにより、「public」フォルダーのindex.htmlは、ルート(/)にアクセスすることで直接表示できるようになります。

今回のポイントは、その後にあるルート処理のコードです。

```
app.get("/react", (req, res) => {……
```

このような記述がありますね。これは、/reactというパスにアクセスした際の処理になります。ここでは、まずマニフェストファイルと呼ばれるものを読み込んでおきます。

```
const manifest = readFileSync(
  path.resolve(__dirname, "../public/react-client-manifest.json"),
  "utf8"
);
```

readFileSyncは、ファイルアクセスを行うfsモジュールに用意されている関数で、非同期で指定のパスからファイルを読み込みます。ここでは「public」フォルダーからreact-client-manifest.jsonというファイルを読み込んでいます。このファイルは、まだ「public」フォルダーにはありませんが、プロジェクトをビルドする際に自動生成されます。

このマニフェストファイルは、クライアントコンポーネントに関する情報が記述されたものです。読み込んだデータはJSONフォーマットになっているのでオブジェクトに変換しておきます。

```
const moduleMap = JSON.parse(manifest);
```

続いて、Reactに用意されている「renderToPipeableStream」という関数を使い、Appコンポーネントをレンダリングします。

```
const { pipe } = renderToPipeableStream(
    React.createElement(ReactApp),
    moduleMap
);
pipe(res);
});
```

renderToPipeableStreamは、ストリームとしてReactのコンポーネントをレンダリングするものです(この関数については後述)。これで作成したpipe関数を実行することで、引数のResponseにApp.jsのコンポーネントをストリーム送信しています。

つまり、ここでの処理は、「/reactにアクセスがあったら、Appコンポーネントの内容を送信する」というものだったんですね。

トップページの表示は？ Column

ここでは、/reactにアクセスしたときの処理しかありません。では、トップページにアクセスしたときはどうするのでしょう？

その処理は、実は不要なのです。今回のサンプルでは、express.static('public')を使って「public」フォルダーを公開していましたね？ トップページにアクセスすると、その中のindex.htmlが読み込まれて表示されるので、別途処理などはいらないんですね。

「src」フォルダーの作成

さて、いよいよReact関係のコーディングです。まず、プロジェクトのフォルダー内に「src」という名前でフォルダーを作成してください。Reactのコードはすべてここに配置します。

最初に「index.js」というファイルを作成してください。これが、最初に実行されるスクリプトになります。以下のように内容を記述してください。

リスト7-7

```
import { use } from "react";
import { createFromFetch } from "react-server-dom-webpack/client";
import ReactDOM from "react-dom/client";

const cache = new Map();
```

```
function Root() {
  let content = cache.get("home");
  if (!content) {
    content = createFromFetch(fetch("/react"));
    cache.set("home", content);
  }

  return (
    <>
      {use(content)}
    </>
  );
}

const root = ReactDOM.createRoot(
  document.getElementById('root')
);

root.render(<Root />);
```

これまで利用してきたプロジェクトとはちょっと違いますね。ReactDOM.createRootでルートを作成し、renderでレンダリングするという基本は同じですが、ここではRootというコンポーネントを定義していて、これをレンダリングしています。

これまでのプロジェクトでは、App.jsxからベースとなるAppコンポーネントを読み込んでレンダリングしていましたね。この部分が大きな違いなのです。

Rootコンポーネントの処理

では、Rootコンポーネントはどういうものなのでしょうか。その基本的な仕組みを整理しておきましょう。

Rootの最大の特徴は「キャッシュして使う」という点です。最初に、cacheというMapオブジェクトを用意していますね？ ここにRootのコンテンツをキャッシュしておくのです。Root関数を見ると、このcacheから"home"という値を取り出しています。

```
let content = cache.get("home");
```

キャッシュしたコンテンツをこうして取り出しているのですね。もしまだ"home"がなかったら、/reactにアクセスしてコンテンツを取得し、cacheに"home"という名前で保管します。

```
if (!content) {
  content = createFromFetch(fetch("/react"));
  cache.set("home", content);
}
```

ここで使っている「createFromFetch」という関数を使って/reactにアクセスをしています。この関数では、引数にあるfetch関数を使って指定したアドレスからコンテンツを取得し、それを元にReactの「リソースオブジェクト」というものを作成して返します。これは、サーバーコンポーネントの非同期データを扱うための特殊なオブジェクトで、サーバーコンポーネントを利用する際はこのオブジェクトとしてコンテンツを取得します。

useでエレメントを生成

コンテンツが用意できたら、これを使ってコンポーネントの表示をJSXで作成し、returnします。

```
return (
  <>
    {use(content)}
  </>
);
```

リソースオブジェクトは、「use」という関数により、Reactのエレメントとして得られます。このuseは、非同期データを扱うためのものです。これにより、読み込みが完了するまでローディング状態とし、完了したところで表示を更新することができるようになります。

この後で、<Suspense>という非同期コンポーネントを扱うためのコンポーネントが出てきます。この<Suspense>でローディングできるように実装しているのが、このuse関数なのです(なお、Suspenseについては後ほど説明します)。

要するに、「非同期でロードされるコンポーネントをうまく扱えるようにするために、use(content)という形でコンポーネントを埋め込んでいる」と考えてください。

以上の処理により、/reactから得られたリソースオブジェクトがReactエレメントとしてレンダリングされ表示されるようになります。

なお、useで生成されるエレメントはどういう内容なのかわからないため、必ず<>や<div>などで全体をくくってreturnするようにします。use単体を返そうとするとエラーになるので注意してください。

App.jsxでコンポーネントを用意

最後に、Appコンポーネントを作りましょう。サーバー側の処理(server.js)を作成したとき、/reactにアクセスすると、App.jsxを読み込んで出力するようにしていましたね。これを最後に作成しておきます。

では、「src」フォルダーの中に「App.jsx」という名前でファイルを作成してください。そして以下のようにコードを記述しておきます。

リスト7-8

```
export default async function App() {
  return (
    <>
      <h1>Server Component</h1>
      <div className="container">
        <p>※ここにコンテンツを配置</p>
      </div>;
    </>
  );
}
```

これは、ごく普通のコンポーネントなので説明は不要でしょう。これで、すべてのコードが作成されました。後はプロジェクトを動かすだけです。

プロジェクトの操作

今回のプロジェクトについては、利用の仕方をよく理解しておく必要があります。サーバーコンポーネントのプロジェクトでは、サーバーを起動して使う必要があります。そのために、Expressというサーバープログラムをインストールしたりしていたのですね。が、ただサーバーを起動すればいいわけではなく、その前にプロジェクトをビルドし、コード類をすべてWebpackでパッケージ化し、実際に動かせる状態にしておかないといけません。

これまで利用してきたプロジェクトでは、実行時にリアルタイムにWebpackが起動してその場でコンポーネントのコードを一般的なJavaScriptコードに変換しながら動いていました。しかしサーバーコンポーネントの場合、事前に静的ファイルに変換するなどの処理が必要となるため、まずビルドをして公開するコードを生成してからサーバーを実行する必要があります。

このために、package.jsonには以下の3つのコマンドを用意しておきました。

npm run build	ビルドを実行
npm run boot	アプリを起動
npm start	ビルドしてアプリを起

「build」でビルドをし、「boot」でアプリを起動します。この2つは連続して実行することが多いので、「start」ではビルドをして問題なければそのまま実行するようにしておきました。

では、ターミナルから「npm start」を実行してみてください。プロジェクトをビルドし、そのままserver.jsを実行してサーバーを起動します。ターミナルに「Server is running!」と表示されたら、正常にサーバーが起動できています。Webブラウザからhttp://localhost:3000/にアクセスして、表示を確認しましょう。

これで、サーバーコンポーネントを利用するためのプロジェクトができました！

図7-4 プロジェクトを実行し、http://localhost:3000/にアクセスするとページが表示される。

Viteでサーバーコンポーネントを使う Column

先に「Viteはまだサーバーコンポーネントに対応していない」と説明しましたが、実はViteには機能拡張した「Vite Extra」というものがあり、これを利用するとサーバーコンポーネント開発に対応したプロジェクトを作成できます。これは以下のようにコマンドを実行します。

```
npx create-vite-extra プロジェクト名
```

実行すると使用するテンプレートを選択する表示が現れるので、ここで「ssr-react」を選ぶと、Reactによるサーバーコンポーネントのプロジェクトが作成されます。ただし、2024年9月時点では、作成されるプロジェクトはReact 18.2ベースであり、19への対応はもう少し先のようです。

サーバーサイドレンダリングの機能

サーバー側に用意された機能について

サーバーコンポーネントの説明に入る前に、サーバー側のコード(server.js)で利用していたレンダリングに関する機能について説明をしておきましょう。

React 19では、「サーバーサイドレンダリング(SSR)」と呼ばれる機能が実装されています。これはその名の通り、サーバー側であらかじめReactのコンポーネントをレンダリングしておく機能のことです。先ほどのserver.jsでも、この機能を使ってコンポーネントをレンダリングし、/reactで送信していました。

ReactのSSR)は、さまざまな方法があります。それぞれの方法が異なる用途と特徴を持っています。SSRのためにサーバー側に新たに用意されている機能としては以下の4つがあります。いずれも関数として用意されています。

```
renderToString
renderToStaticMarkup
renderToPipeableStream
renderToReadableStream
```

これらを活用して、サーバー側でReactのコンポーネントをレンダリングし処理することになります。いずれもReactコンポーネントをHMLコードに変換するものですが、微妙に働きが異なっています。以下に簡単にまとめておきましょう。

renderToString

renderToStringは、ReactのエレメントをHTMLのコードに変換する関数です。コンテンツの初期表示のためのHTMLをサーバー側で生成し、クライアント側で再利用できるようにしたいときに使用されます。

Chapter 1
Chapter 2
Chapter 3
Chapter 4
Chapter 5
Chapter 6
Chapter 7
Chapter 8

●使い方

```
変数 = renderToString(《Reactエレメントツリー》[, オプション]);
```

第1引数に、レンダリングするReactのエレメントツリーを用意します。第2引数には、オプション情報をまとめたオブジェクトを用意しますが、これはオプションですからなくとも問題ありません。戻り値は、HTMLコードの文字列になります。

●特徴

- **同期的に動作し、HTMLのコードを即座に生成する。**
- **大きなコンポーネントツリーをレンダリングすると、サーバーのレスポンスが遅くなることがある。**

renderToStringは、サーバーサイドレンダリングのもっとも基本的な方法です。Reactのコンポーネントを HTMLのコードに直接変換するため、生成されたコードをそのまま表示するなどして利用できます。

ただし、通常、ReactのSSRでは、これよりも後述のrenderToPipeableStreamを用いるのが一般的です。renderToStringは同期的にコードを生成して返すため、リアルタイムにコンテンツを送信するようなストリームに対応していません。このため、大きなコンポーネントを変換させようとすると時間がかかり、その間、処理が止まってしまいます。

SSRは、非同期でクライアントと送受するのが基本であり、このような同期処理を利用するのは、非常に小さいコンテンツを直接HTMLのコードに埋め込むような場合に限られるでしょう。

Chapter 1 Chapter 2 Chapter 3 Chapter 4 Chapter 5 Chapter 6 Chapter 7 Chapter 8

renderToStaticMarkup

renderToStaticMarkupは、ReactコンポーネントをHTML文字列としてレンダリングする関数で、出力にReact固有のデータ属性を含めません。静的なHTMLを生成する場合や、クライアント側でReactの再利用が不要な場合に使用されます。

●使い方

```
変数 = renderToStaticMarkup(《Reactエレメントツリー》[, オプション]);
```

第1引数にReactのエレメントツリー、第2引数にオプションを指定する点はrenderToStringと同じです。戻り値もHTMLコードの文字列になります。

●特徴

- renderToStringと同様に同期的に動作する。
- 出力にReactのデータ属性(例：data-reactroot)が含まれないため、純粋なHTMLを生成する。
- 一度生成したHTMLを変更しない静的なページに適している。

このrenderToStaticMarkupは、インタラクティブではない静的ページを生成するようなときに用いられます。renderToStringと似ていますが、renderToStringではReact固有のデータ属性が含まれるのに対し、renderToStaticMarkupでは含まれません。したがって、生成したHTMLコードを後から再レンダリングすることを考えていない用途(例えば、生成されたコードをメールで送信するなど)で利用します。

renderToPipeableStream

renderToPipeableStreamは、React 18で導入された新しいSSR方法で、ストリームとしてReactコンポーネントをレンダリングします。今回作成したserver.jsで利用していたのが、この関数でした。大規模なコンポーネントツリーの部分的なレンダリングや、初期レンダリングを迅速に行う場合に使用されます。

●使い方

```
const { pipe, abort } = renderToPipeableStream(《Reactエレメントツリー》[, オプション]);
```

引数にはReactのエレメントとオプション情報を指定します。server.jsでは、App.jsから読み込んだコンポーネントと、マニフェストファイルから生成したオプション情報を引数に指定して実行していました。

戻り値のpipeは関数となっており、これを呼び出すことで引数のResponseにレンダリングしたHTMLコードをストリーム送信します。この他、レンダリングを中止したときの関数abortも返されます。

●特徴

- 非同期的に動作し、ストリームを通じてクライアントに部分的なHTMLを送信できる。
- pipeメソッドを使用して、サーバーからクライアントにデータを逐次送信する。
- クライアントがより早く表示を開始できるため、パフォーマンスが向上する。

このrenderToPipeableStreamは、サーバー側でコンポーネントをレンダリングしクライアント側に送信するための基本となるものです。通常、サーバーからクライアントにコンポーネントを送るには、この関数を使います。

renderToReadableStream

renderToReadableStreamもReact 18で導入されたものです。renderToPipeableStreamと同様にストリームとしてReactコンポーネントをレンダリングしますが、ReadableStreamを利用する点が異なります。

●**使い方**

```
変数 = renderToPipeableStream(《Reactエレメントツリー》[, オプション]);
```

引数にはReactのエレメントとオプション情報を指定するのは同じですが、戻り値はReadableStreamというストリームになります。

●**特徴:**

- **非同期的に動作し、標準のReadableStreamを返す。**
- **ネイティブなWebストリームAPIと互換性があるため、ブラウザやサーバー環境での統合が容易。**
- **クライアントが段階的にHTMLを受け取り、表示を開始できるため、ユーザーエクスペリエンスが向上する。**

この関数は、Webストリームを活用して、サーバーからクライアントへのデータ送信をより柔軟に行う場合に使用されます。「Webストリーム」というのは、最近利用されるようになりつつある「Web Workers」などで用いられているものです。バックグラウンドでJavaScriptコードを実行するための仕組みで、メインスレッドとWorkerスレッドの間で非同期にメッセージを送受することができます。

こうしたWeb Workersによる開発などを行う際に、このrenderToPipeableStreamは用いるものだと考えてください。

 4関数の利用例 

この4つの関数は、サーバー側でReactのエレメントをレンダリングする基本となるものですが、しかし、どれも似たような働きをしていて、違いが今ひとつわからないかもしれません。

では、これらの関数の簡単な利用例を挙げておきましょう。プロジェクトのフォルダー内に、「4func_server.js」という名前でファイルを作成してください。そして、以下のようにコードを記入しましょう。

リスト7-9

```
const express = require('express');
const { promises: fs } = require('fs');
const path = require('path');
const React = require('react');

const { renderToString } = require('react-dom/server');
const { renderToStaticMarkup  } = require('react-dom/server');
const { renderToPipeableStream } = require('react-dom/server');
const { renderToReadableStream } = require('react-dom/server.browser');

const app = express();

app.use(express.static(path.resolve('public')));

const h2 = React.createElement('h2', {}, "Sample application");
const p = React.createElement('p', {}, "これはReactのサンプルアプリケーションです。");
const element = React.createElement('div', {}, [
  React.createElement('h2', {key:1}, "React sample"),
  React.createElement('p', {key:2}, "Server-side rendering sample⏎
    application."),
]);

// renderToString
app.get('/string', async (req, res) => {
  const html = renderToString(element);
  console.log(html);
  return res.send(html);
});

// renderToStaticMarkup
app.get('/static', async (req, res) => {
  const html = renderToStaticMarkup(element);
  console.log(html);
  return res.send(html);
});

// renderToPipeableStream
app.get('/pipe', async (req, res) => {
  res.setHeader('Content-Type', 'text/html');
  const { pipe } = renderToPipeableStream(element);
  console.log(pipe);
  pipe(res);
});
```

```
// renderToReadableStream
app.get('/stream', async (req, res) => {
  const stream = await renderToReadableStream(element);
  console.log(stream);
  return new Response(stream, {
    headers: { 'content-type': 'text/html' },
  });
});

app.listen(3000, () => {
  console.log('Server is running!');
});
```

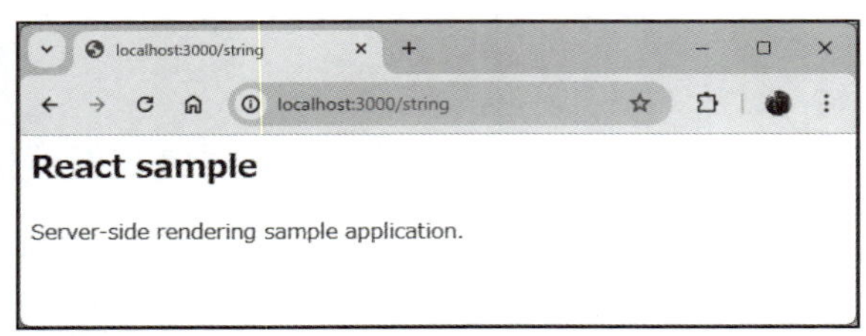

図7-5　アクセスすると簡単なコンテンツがされる。

記述できたら、ターミナルから「node 4func_server.js」を実行してください。これは、簡単なサーバープログラムです。ここでは4つのルートを用意してあります。

/string	renderToStringでレンダリングした結果を返す
/static	renderToStaticMarkupでレンダリングした結果を返す
/pipe	renderToPipeableStreamで生成したpipe関数を返す
/stream	renderToReadableStreamで生成したストリームを返す

これらにアクセスすると、/stream以外は簡単なコンテンツが表示されます(/streamはストリームなのでロード中のままになっているでしょう)。

ここでは、それぞれconsole.logで出力してあります。どのような値が生成されているのかターミナルの出力で確認できるでしょう。

```
PS C:\Users\tuyan\Desktop\react_server_app> node 4fn_server.js
Server is running!
<div><h2>React sample</h2><p>Server-side rendering sample application.</p></div>
<div><h2>React sample</h2><p>Server-side rendering sample application.</p></div>
[Function: pipe]
ReadableStream { locked: false, state: 'readable', supportsBYOB: true }
```

図7-6　アクセスするとコンソールに関数の戻り値が出力される。

レンダリングするエレメント

ここでは、出力するReactエレメントをあらかじめ用意してあります。出力内容は以下のようなものです。

```
const h2 = React.createElement('h2', {}, "Sample application");
const p = React.createElement('p', {}, "これはReactのサンプルアプリケーションです。");
const element = React.createElement('div', {}, [
  React.createElement('h2', {key:1}, "React sample"),
  React.createElement('p', {key:2}, "Server-side rendering sample
application."),
]);
```

これは、レンダリングすると以下のようなHTMLコードになります。

```
<div>
  <h2>React sample</h2>
  <p>Server-side rendering sample application.</p>
</div>
```

この値が、そのまま出力されます。各レンダリング関数では、オプションなどは用意せず、すべてこのelementを引数に指定して実行しています。いずれも関数を呼び出して出力結果を得られることが確認できるでしょう。

使うのはrenderToPipeableStreamのみ

一応、4つのレンダリング関数について説明をしましたが、この章では、利用するのはrenderToPipeableStreamのみです。これでReactエレメントを非同期で送信できれば、サーバーコンポーネントの学習は問題なく行えます。

サーバーコンポーネントで学ぶべきは、こうしたレンダリングの仕組みや利用のテクニックではなく、「いかにしてサーバーコンポーネントを作成し、利用するか」です。

では、いよいよサーバーコンポーネントの作成に進みましょう。

Chapter 1 Chapter 2 Chapter 3 Chapter 4 Chapter 5 Chapter 6 Chapter 7 Chapter 8

Section 7-3 サーバーコンポーネントの作成

サーバーコンポーネントとは？

サーバー側の処理について一通り理解ができました。いよいよサーバーコンポーネントを作成しましょう。

サーバーコンポーネントは、サーバー側で実行されるコンポーネントです。では、これはどのようにして作成するのか？ 実をいえば、これまで作ってきたクライアント側のコンポーネントと基本的には変わりありません。「関数として定義し、表示内容をJSXで用意してreturnする」という基本はまったく同じなのです。

ただし、細かな点で違いはあります。Reactのサーバーコンポーネントとクライアントコンポーネントの違いについて簡単にまとめましょう。

●サーバーコンポーネント

- ステートを持てず、useStateなどのフックを使用できない。
- async/awaitを使用した非同期関数として定義できる。
- データベースなどのサーバー側のAPI（Node.jsの機能など）が利用できる。

●クライアントコンポーネント：

- ステートや副作用などの各種のフックを利用できる。
- イベントリスナーによるコンポーネントのイベント処理が可能。
- ブラウザ固有のAPI（documentやwindowなど）を使用可能。

サーバーコンポーネントは、コンポーネント特有の機能である「ステート」が使えません。また各種のフックも使えないと考えたほうがいいでしょう。「サーバー側でレンダリングする」ということは、Webブラウザの機能が使えないということですし、クライアント側に送られる前に既にHTMLのコードに変わっている、ということです。このため、クライアント側で機能するものは基本的にすべて動きません。

その代わりに、サーバーであるNode.jsにある機能はそのまま使うことができます。Web

開発用のフレームワークの多くは、サーバー側で各種の処理を実装するようになっていますが、こうした「サーバーでないとできない処理」を組み込むのにサーバーコンポーネントは利用されるのです。

ServerComponentを作る

では、実際に簡単なサーバーコンポーネントを作成してみましょう。「src」フォルダー内に、新しく「ServerComponent.server.js」というファイルを作成してください。そして以下のように記述をしましょう。

リスト7-10

```
export async function ServerComponent() {
  // 3秒待つ
  await new Promise((res) => {
    setTimeout(res, 3000); // wait 3 sec.
  });

  // JSX
  return (
    <div className="alert">
      <h2>Server-component.</h2>
      <p>これは、サーバーコンポーネントです！</p>
    </div>
  );
}
```

非常にシンプルなコンポーネントですね。コードを見てまず気がつくのは、「非同期関数である」という点です。

returnでは、ごく簡単な表示をJSXで作成しています。その手前でPromiseを作成する文を実行していますが、これは3000ミリ秒(3秒)だけ実行を停止させるものです。サーバーコンポーネントはサーバー側からクライアント側に送られて表示されますから、少し実行を停止することでコンポーネントがページに組み込まれるのがよくわかるだろう、ということで追加しておきました。

Appにコンポーネントを組み込む

では、コンポーネントをAppに組み込んで利用しましょう。「src」フォルダーのApp.jsxを開き、以下のように内容を修正してください。

リスト7-11

```
import { Suspense } from "react";
import { ServerComponent } from "./ServerComponent.server";

export default async function App() {
  return (
    <>
      <h1>Server Component</h1>
      <div className="container">
      <Suspense fallback={<div>loading...</div>}>
        <ServerComponent />
      </Suspense>
      </div>
    </>
  );
}
```

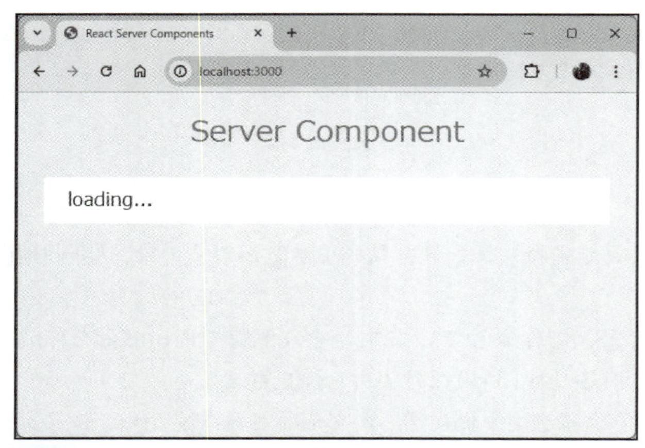

図7-7 アクセスすると、まず「loading...」と表示される。

ここでは、<ServerComponent />を埋め込んだJSXを表示していますね（その手前の<Suspense>については後述）。記述できたら、npm startでプロジェクトをビルド&実行しましょう。Webブラウザからhttp://localhost:3000/にアクセスすると、まず「loading...」と表示がされ、3秒経過してからServerComponentが表示されます。

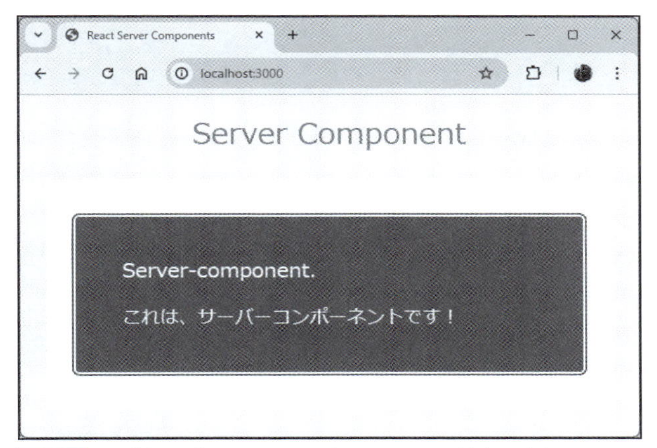

図7-8　3秒経過後に、ServerComponentが表示される。

/reactの出力を見る

このアプリケーションでは、コンポーネントは/reactから取得され表示されるようになっていましたね。では、実際に/reactにアクセスしてみましょう。

アクセスすると、アクセスしてもすぐには結果が表示されません。3秒経過してから以下のようなコンテンツが出力されます。

```
1:{"name":"App","env":"Server","owner":null}
0:D"$1"
2:"$Sreact.suspense"
4:{"name":"ServerComponent","env":"Server","owner":"$1"}
3:D"$4"
0:[["$","h1",null,{"children":"Server Component"},"$1"],["$","div",null,{"classNa
me":"container","children":["$","$2",null,{"fallback":["$","div",null,{"children"
:"loading..."},"$1"],"children":"$L3"},"$1"]},"$1"]]
3:["$","div",null,{"className":"alert","children":[["$","h2",null,{"children":"Se
rver-component."},"$4"],["$","p",null,{"children":"これは、サーバーコンポーネントです！
"},"$4"]]},"$4"]
```

これはReactのリソースオブジェクトというものだ、と先に説明しました。ちょっとこれをみても何がどうなっているか想像がつかないでしょうが、この情報を元に、クライアント側でReactのコンポーネントを生成し組み込んでいるのですね。

ハイドレーションとは？ Column

ここで行っている「サーバーからリソースオブジェクトを取得し、それを元にコンポーネントを再生成する」という技術は「ハイドレーション（Hydration）」と呼ばれます。

ハイドレーションは、サーバーサイドレンダリング（SSR）を用いたウェブアプリケーションで用いられる技術の1つで、サーバー側でレンダリングされた静的なHTMLに対して、クライアントサイドでJavaScriptを使ってインタラクティブな機能を付加するプロセスです。

ハイドレーションにより、本来ならば静的なHTMLコードとして送信するしかないサーバーコンポーネントが、受け取ったクライアント側でインタラクティブなUIに変わり、クライアントコンポーネントと変わらないような使い勝手を実現できるようになっているのです。

このアプリケーションでは、ハイドレーションを利用してサーバーコンポーネントをクライアント側に組み込み動かしていたのですね。

非同期コンポーネントと<Suspense fallback>

今回作成したAppコンポーネントでは、<ServerComponent />は以下のような形で実装されていました。

```
<Suspense fallback={<div>loading...</div>}>
  <ServerComponent />
</Suspense>
```

この<Suspense>というのが、実は<ServerComponent />を使う上で重要なのです。これは、非同期データの読み込みを管理する働きを持つコンポーネントです。

<Suspense>は、子コンポーネントがデータを読み込んでいる場合、その読み込みが完了するまでレンダリングを待機します。そして読み込みが完了すると、子コンポーネントをレンダリングし表示を切り替えます。

この<Suspense>には、「fallback」という属性が用意されています。これは、非同期データの読み込み中に表示されるコンテンツです。ロード中は、このfallbackに用意したものが表示され、ロードが完了するとその内容に切り替わるようになっているのです。

非同期コンポーネントの表示

先に触れたように、サーバーコンポーネントは非同期関数として定義されるのが一般的です。サーバーコンポーネントではクライアントコンポーネントではできなかった処理を行えるため、時間のかかる処理(ファイルアクセスやデータベース利用、ネットワーク利用など)を行うこともよくあるでしょう。こうしたことを考え、サーバーコンポーネントは非同期で定義できるようになっているのです。

しかし、非同期のコンポーネントであるため、そのまま<ServerComponent />とJSXに記述し組み込んでも、(最初にロードされた際はまだ処理が完了していないため)何も表示されないでしょう。非同期の処理が完了し、実際にコンポーネントが表示可能になったときには、もうコンポーネントの表示は完了してしまっていて表示できません。

そこで、<Suspense>というコンポーネントが用意されたのです。この<Suspense>の子コンポーネントとして非同期コンポーネントを用意すれば、コンポーネントのロードが完了すると自動的に表示を更新してくれます。

「サーバーコンポーネントは、<Suspense>の中に記述する」と理解しておきましょう。

クライアントコンポーネントを追加する

では、サーバーコンポーネントとクライアントコンポーネントを同時に利用することはできるのでしょうか。

これは、もちろんできます。では、実際にやってみましょう。まず、クライアントコンポーネント用のファイルを作りましょう。「src」フォルダー内に、「ClientComponent.client.jsx」という名前でファイルを作成してください。これが今回作成するクライアントコンポーネントのファイルになります。内容は以下のようになります。

リスト7-12

```
"use client";
import { useState } from "react";

export function ClientComponent() {
  const [counter, setCounter] = useState(0);

  const doClick = () => {
    setCounter(counter + 1);
  };

  return (
    <div className="card">
```

```
        <h2>Client Component</h2>
        <p id="counter">Count: {counter} times</p>
        <button onClick={doClick}>Click!</button>
      </div>
  );
}
```

ごく単純なものですね。counterというステートを用意し、ボタンをクリックしたらdoChange関数を呼び出してcounterの値を1ずつ増やしていく、というものです。

今回のソースコードでは、冒頭に以下のような文が追加されていますね。

```
"use client";
```

これを記述することで、これがクライアントコンポーネントであることが示されます。クライアントコンポーネントですから、ステートやイベント処理なども用意することができます。

AppにClientComponentを組み込む

では、このコンポーネントをAppに組み込みましょう。App.jsxのコードを以下のように書き換えてください。

リスト7-13

```
import { Suspense } from "react";
import { ClientComponent } from "./ClientComponent.client";
import { ServerComponent } from "./ServerComponent.server";

export default async function App() {
  return (
    <>
      <h1>Server Component</h1>
      <div className="container">
        <ClientComponent />
        <Suspense fallback={<div>loading...</div>}>
          <ServerComponent />
        </Suspense>
      </div>
    </>
  );
}
```

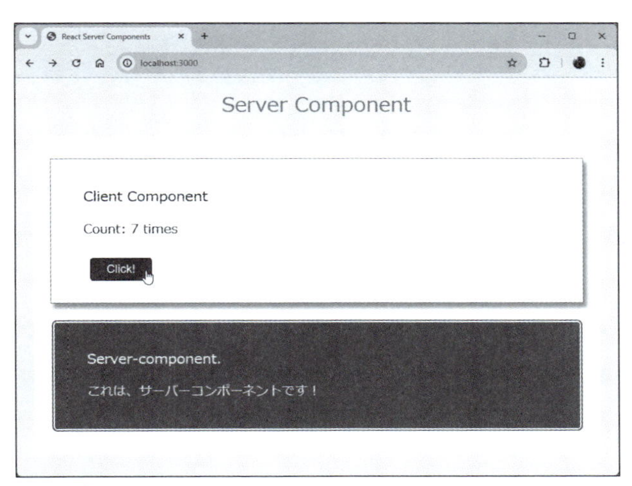

図7-10 クライアントコンポーネントとサーバーコンポーネントが並んで表示される。

これを実行すると、上にClientComponentが、下にServerComponentが表示されます。ClientComponentでは、ボタンをクリックすれば数字がカウントされていきます。

見ればわかるように、Appの中に、クライアントコンポーネントとサーバーコンポーネントが一緒に組み込まれていますね。片方はクライアント、片方はサーバーでレンダリングされるのだから一緒にできないのでは？ と思ってしまいますが、そんなことはないのです。

Reactでは、コンポーネントごとに「これはクライアント」「これはサーバー」と指定し、それらを1つのコンポーネント内にまとめて利用することができます。ハイドレーションにより、サーバーから取得したサーバーコンポーネントを自動的に再生成して組み込むため、このようなことが可能になっています。

コラム Appコンポーネントは、サーバー？クライアント？ Column

ここではAppコンポーネント内にサーバーとクライアントのコンポーネントを組み込みましたが、ここで「そもそもAppコンポーネントはサーバーなのか、クライアントなのか？」と疑問を持った人もいることでしょう。

今回のAppコンポーネントに関していえば、これはサーバーコンポーネントとして設計されています。server.jsで/reactのルート処理を作成したとき、AppコンポーネントをrenderToPipeableStreamでストリーム出力したのを思い出してください。今回のプロジェクトでは、「サーバー側でAppコンポーネントを/reactからストリーム出力する」という前提でアプリのコードを作成していたのですね。

したがって、必ずしも「Appはサーバーコンポーネントだ」というわけではありません。今回のプロジェクトではそういう作りになっている、ということですね。

 クライアントからサーバーを操作 

サーバーコンポーネントを考えるとき、「静的な表示で何も操作できない」と思いこんでいる人は意外に多いのではないでしょうか。サーバー側でレンダリングするから何も操作はできない、と思うかもしれませんが、実はそんなことはありません。サーバーコンポーネントであっても、表示を操作することはできます。ただし、UIのイベントリスナーなどを用意することはできませんし、ステートも使えないので、作り方をよく考える必要があります。

必要な値は外部から受け取るようにしておき、クライアント側から属性として値を受け渡すようにすれば、サーバーコンポーネントの表示を操作することは可能です。実際に試してみましょう。

データを表示するサーバーコンポーネント

ごく簡単な例として、「番号を属性として送ると、その番号のデータを表示する」というサーバーコンポーネントを作ってみましょう。先ほどのServerComponent.server.jsを書き換えて使うことにします。以下のように内容を変更してください。

リスト7-14

```
const data = [
  {
    title: "Hello",
    description: "This is first data.",
  },
  {
    title: "こんにちは",
    description: "これは2番目のデータです。",
  },
  {
    title: "Bonjour",
    description: "Ceci est la troisième donnée.",
  },
];

export function ServerComponent({num}) {
  const num_int = +num;
  const id = num_int < 0 ? 0 : num_int > 2 ? 2 : num_int;

  await new Promise((res) => {
    setTimeout(res, 1000); // wait 1 sec.
  });
```

```
  return (
    <div className="alert">
      <h2>{data[id].title}</h2>
      <p>{data[id].description}</p>
    </div>
  );
}
```

ここではdataという配列にデータを用意しておきました。ServerComponentでは、numという属性を渡すようにしてあります。コンポーネントは、通常、ServerComponent(props)のようにして値を渡し、そこからprops.numで属性を取り出していましたが、いちいちプロパティを取り出すのは面倒くさいですよね。ここでは({num})として分割代入で属性を直接変数に代入しています。覚えておくと便利なテクニックですね。

このnum値を数値に変換し、0未満ならゼロに、2より大きければ2に変更するようにして、0～2のいずれかの値となるようにしておきます。そして、この値を元にdataから以下のように値を取り出して表示します。

```
<h2>{data[id].title}</h2>
<p>{data[id].description}</p>
```

これで、idの値が変更されれば表示されるデータも変わるようになりました。このServerComponentを組み込む側でnum属性に設定する値を変更するような仕組みを用意すればいいのですね。

なお、サーバー側で動いていることがわかるように、今回もnew Promiseを追加して1秒待ってから表示するようにしてあります。

統合コンポーネントIntegrateComponentを作る

では、ServerComponentを利用しましょう。今回は、プルダウンメニューから数値を選んで<ServerComponent />にnumの値を渡し、表示を更新させるようにします。

そのためには、AppにServerComponentを組み込むわけにはいきません。先に触れましたが、Appはサーバーコンポーネントなので、<select>のイベント処理やステートなどを使えないのです。したがって、まずサーバーコンポーネントを組み込んで利用するクライアントコンポーネントを作成し、これをAppに組み込むようにします。

では、「src」フォルダー内にファイルを作成しましょう。今回は「IntegrateComponent.client.js」という名前にしておきます。そして以下のようにソースコードを記述しておきましょう。

リスト7-15

```
"use client";
import { useState, Suspense } from "react";
import { ServerComponent } from "./ServerComponent.server";

export function IntegrateComponent() {
  const [num, setNum] = useState(0);

  const doChange = (e) => {
    setNum(+e.target.value);
  };

  return (
    <div>
      <h1>Integrate Component</h1>
      <div className="container">
        <select onChange={doChange}>
          <option value="0">0</option>
          <option value="1">1</option>
          <option value="2">2</option>
        </select>
        <Suspense fallback={<div>loading...</div>}>
          <ServerComponent num={num} />
        </Suspense>
      </div>
    </div>
  );
}
```

ここでは、numステートとdoChange関数を用意してあります。doChangeでは、<select>で選択した値をsetNumでnumステートに設定しています。そして、<ServerComponent num={num} />でnum属性に選択した値を渡しています。作成したら、Appコンポーネントに組み込んでいる<ServerComponent />を<IntegrateComponent />に変更して、このコンポーネントを表示するように修正しておいて下さい。

ついでに、<select>の表示を設定するスタイルもstyle.cssに追記しておきましょう。

リスト7-16

```
select {
  font-size: 0.7em;
  padding: 5px;
  margin: 0px;
  width: 300px;
}
```

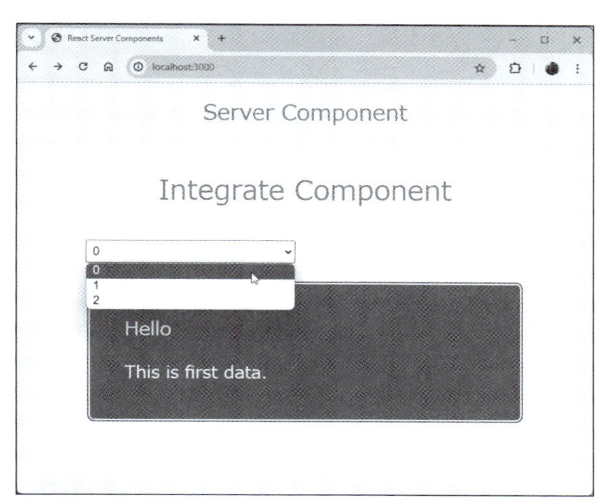

図7-11 プルダウンメニューを選ぶとサーバーコンポーネントの表示が変わる。

完成したら、実際にプロジェクトをビルド＆実行して動作を確認しましょう。画面に追加されたプルダウンメニューから項目を選ぶと、「loading...」と表示されてから1秒後にサーバーコンポーネントの表示が変わります。メニューを選ぶたびにサーバー側からコンポーネントがロードされているのがわかるでしょう。

UIと処理を切り分ける

「UIやイベント処理、ステートの利用はクライアント側」という縛りがあるため、ユーザーが操作するページ内でサーバーコンポーネントを利用するには、このように「UIと処理の切り分け」が必要となります。

UI側はクライアントに、処理はサーバーにというようにしてそれぞれを実装し、クライアントから必要に応じてサーバーに値を渡して再表示するような仕組みにすれば、このように両者を連携して動かせるようになります。

本格的な利用はフレームワークが必要

サーバーコンポーネントとクライアントコンポーネントの基本的な使い方は、だいぶわかってきました。ただし、ここで作成したプロジェクトでは、これ以上のことを行うのはかなり難しいでしょう。

Reactのサーバーコンポーネントは、クライアントコンポーネントと組み合わせて一緒にページ内に記述しながら、特定の部分だけサーバー側で実行されるように設計されています。ただし、こうした処理を完璧に行うためには、コンポーネントの種類ごとにきちんと「これはサーバー側、これはクライアント側」と分けて処理し、なおかつサーバー側でレンダリングされたコンポーネントを必要に応じてクライアント側に組み込んでハイドレーションするような処理を行わないといけません。

これは、手作業ですべてコーディングするのは非常に困難な作業です。これより先は、Reactのサーバーコンポーネントを実装した「フレームワーク」を利用するべきでしょう。次章では、その代表的なものとして「Next.js」フレームワークを使い、サーバーコンポーネントの利用についてさらに説明していきます。

Chapter

8

Next.jsでサーバーコンポーネントを使う

Reactのサーバーコンポーネントを具体的に実装したフレームワークとして「Next.js」があります。ここではNext.jsを使い、Reactのサーバーコンポーネントとサーバーアクションという機能について説明をしていきます。

Next.jsを利用する

ReactからNextへ

前章で、サーバーコンポーネントの基本的な使い方を説明しました。しかし、サーバーコンポーネントにはまだまだ機能が用意されています。なぜ、そうした機能について説明をしなかったのか？ それは、一から手作業で作成したようなプロジェクトでは、それらの機能をフルに活かせないためです。

ある程度本格的にサーバーコンポーネントを活用しようと思ったなら、フレームワークの導入を考える必要があります。Reactの開発元も、Reactの本格導入にはフレームワークを利用することを推奨しています。

Reactのサーバーコンポーネントを実装したフレームワークとしてもっとも利用されているのが、Vercelの開発する「Next.js」です。現状では「Reactでサーバー側も含めた開発をしたい」と思ったなら、選択肢は「Next.js」一択である、といってもいいでしょう。

確かにNext.js以外にも、Reactを実装したフレームワーク（RemixやGatsbyなど）はいくつか存在します。しかし、現時点ではNext.jsのシェアが圧倒的です。「とりあえずReactのサーバーコンポーネントを試したい」と思ったなら、Next.jsを利用するのが最適です。

Next.jsは、Vercelという企業が開発していますが、オープンソースとして公開されており、誰でも無料で利用できます。

Next.jsでプロジェクトを作る

では、実際にNext.jsを利用してみましょう。Next.jsは、Reactと同様にプロジェクトを作成して開発します。もっとも簡単なプロジェクト作成法は、「Create Next App」というプログラムを利用するものでしょう。これは、「Create React App」のNext.js版といってもいいものです。コマンドラインから実行することで、プロジェクトをスピーディに作成できます。

ではターミナルを起動し、以下のコマンドを実行してください。

```
npx create-next-app@latest next_ts_app
```

これで、「next_ts_app」という名前でプロジェクトの作成を開始します。コマンドを実行すると、必要な情報を尋ねてくるので順に入力をしてください。すべての入力が完了すれば、プロジェクトが生成されます。

●1. 使用パッケージの指定

```
Need to install the following packages:
create-next-app@14.2.5
Ok to proceed? (y)
```

最初に表示されるのは、インストールするcreate-next-appパッケージの指定です。これは通常、最新バージョンが指定されるので、そのままEnterすればいいでしょう。

●2. TypeScriptの利用

```
? Would you like to use TypeScript? » No / Yes
```

「TypeScript」を使うかどうかを指定します。Yesを選択すれば、すべてのコードがTypeScriptベースで作成されます。Noの場合はすべてJavaScriptベースになります。ここではYesを選んでおきます。

●3. ESLintの利用

```
? Would you like to use ESLint? » No / Yes
```

「ESLint」というのは、JavaScript/TypeScript用のLint（コードの構文や潜在的問題を検出するツール）を利用するかどうかを指定します。Yesにしておきます。

●4. Tailwind CSSの利用

```
? Would you like to use Tailwind CSS? » No / Yes
```

「Tailwind CSS」は、CSSフレームワークです。Next.jsでは標準で組み込むことができます。CSS関係のコーディングが独特なので、とりあえず今回はNoにしておきましょう。

●5.「src」ディレクトリの利用

```
? Would you like to use `src/` directory? » No / Yes
```

ソースコード関連を「src」フォルダーにまとめるかどうかを指定します。これはYesにしておきます。

●6. Appルーターの利用

```
? Would you like to use App Router? (recommended) » No / Yes
```

Next.jsには「Appルーター」と「Pagesルーター」という2種類のルーティングシステムがあります。Pagesルーターは以前からあるNext.js独自のシステムで、AppルーターはReactのサーバーコンポーネントの仕組みをベースに作られたものです。これをYesにしてAppルーターを選択しましょう。

●7. importエイリアスのカスタマイズ

```
? Would you like to customize the default import alias (@/*)? » No / Yes No
```

ReactやNext.jsでは、@xxx/xxxといったフォーマットでモジュールをインポートするようになっていますが、これはインポートエイリアスという短縮パスです。これをカスタマイズするかどうかを質問しています。これはNoにしておきましょう。

```
C:¥WINDOWS¥system32¥cmd
PowerShell 7.4.3
PS C:\Users\tuyan> cd Desktop
PS C:\Users\tuyan\Desktop> npx create-next-app@latest next_ts_app
Need to install the following packages:
create-next-app@14.2.5
Ok to proceed? (y)

√ Would you like to use TypeScript? ... No / Yes
√ Would you like to use ESLint? ... No / Yes
√ Would you like to use Tailwind CSS? ... No / Yes
√ Would you like to use `src/` directory? ... No / Yes
√ Would you like to use App Router? (recommended) ... No / Yes
? Would you like to customize the default import alias (@/*)? » No / Yes
```

図8-1 create-next-appでプロジェクトを作成する。

プロジェクトの内容

プロジェクトが生成されたら、「next_ts_app」フォルダーの中身を見てみましょう。この中には以下のようなファイルやフォルダーがまとめられています。

用意されるフォルダー

「src」フォルダー	React/Next.jsのソースコードファイルの保管場所
「public」フォルダー	公開ファイルの保管場所
「node_modules」フォルダー	パッケージの保管場所

用意されるファイル

.eslintrc.json	ESLintが使うファイル
.gitignore	Gitが使うファイル
next.config.mjs, next-env.d.ts	Next.jsが使うファイル
package.json, package-lock.json	npmが使うファイル
README.md	リードミーファイル
tsconfig.json	TypeScriptが使うファイルr

フォルダーに関しては、既にCreate React Appのプロジェクトでおなじみのものですからわかりますね。ファイル類も、基本的にはプロジェクトで使用するプログラムによって利用される設定情報などのファイルが中心です。これらのファイルを私たちが自分で開いて編集するようなことはあまりないでしょう。とりあえず、「どういう役割のものか」がわかっていれば安心ですね。

プロジェクトの実行

では、プロジェクトを実際に動かしてみましょう。Next.jsのプロジェクトには、以下のようなコマンドが用意されています。

npm run dev	開発モードで実行する
npm run build	プロジェクトをビルドする
npm run lint	ESLintでコードをチェックする
npm start	プロダクトモードで実行する(事前ビルド必須)

「npm run dev」は、開発中にプロジェクトを実行して動作を確認するためのものです。正式に公開するプロダクト版は、「npm run build」でプロジェクトをビルドし、「npm start」で実行します。npm startは、ビルドしてプロダクト版のファイルが生成されていないと使えないので注意しましょう。

では、ターミナルから「npm run dev」を実行してください。そして起動したら、Webブラウザからhttp://localhost:3000/にアクセスをしましょう。デフォルトで用意されているサンプルページが表示されます。

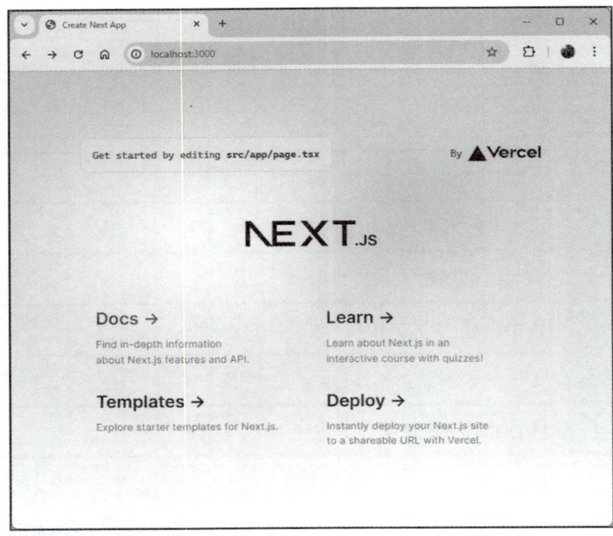

図8-2 npm run devでアプリケーションを実行する。

デフォルトのコードを確認する

では、Next.jsのプロジェクトではどのようなコードが作成されているのでしょうか。デフォルトで、「src」フォルダー内にある「app」フォルダーの中にいくつかのファイルが用意されています。これらが、サンプルで用意されているページのソースコードになります。

この中で、コンポーネントのコードは2つあります。「layout.tsx」と「page.tsx」です。

layout.tsxのソースコード

まずは、layout.tsxから見ていきましょう。これは、表示するコンテンツをページのベース部分に組み込んでレイアウトするものです。以下のようなコードが記述されています。

リスト8-1

```
import type { Metadata } from "next";
import { Inter } from "next/font/google";
import "./globals.css";

const inter = Inter({ subsets: ["latin"] });

export const metadata: Metadata = {
  title: "Create Next App",
  description: "Generated by create next app",
};

export default function RootLayout({
  children,
}: Readonly<{
  children: React.ReactNode;
}>) {
  return (
    <html lang="en">
      <body className={inter.className}>{children}</body>
    </html>
  );
}
```

ここでは、定数interと、exportされる定数metadata、関数RootLayoutといったものが用意されています。これらは以下のような役割を果たします。

●定数inter

Googleフォントの1つです。next/fontには、Googleフォントを簡単にインポートして利用するためのもので、これでWebフォントを利用できるようにしています。

●定数metadata

アプリケーションのページで利用するメタデータを定義するものです。ページのタイトル、説明などの情報(メタ情報、<meta>で用意されているようなもの)をまとめて定義し、exportによりどこからでも利用できるようにしています。

●RootLayout関数

これが、このファイルで定義されているコンポーネントです。これは、パッと見たところ何だかよくわからない形をしていますね。この関数は、以下のようなものが引数として用意されています。

```
{children}: Readonly<{children: React.ReactNode}>
```

TypeScriptは型まで厳密に設定するので逆によくわからなくなってしまいがちです。これは、childrenというReactNode（Reactのノード）の属性が用意されている、ということを示しています。function RootLayout({children})と同じ（さらにいえばRootLayout(props)でprops内にchildrenという値があることを示しているもの）と考えていいでしょう。

関数で行っているのは、returnで<html>のコードを返しているだけです。表示する内容は、<body>{children}</body>という形でchildrenのReactエレメントをそのまま表示しています。

なぜ、layout.tsxが必要か

単にコンポーネントを<body>に入れて表示するだけなら、なぜこんなものを用意する必要があるんでしょうか。それは、「ページごとにコンポーネントを組み込めるようにするため」です。

ReactはSPA（Single Page Application、単一ページで構成されるアプリ）の開発に多用されますが、場合によっては複数のページを用意したいこともあります。しかし、ページ移動するとReactが保持する情報は失われてしまいます。

そこでNext.jsのAppルーターでは、アクセスするパスごとに表示するコンポーネントを割り当て、アクセスしたパスに応じてコンポーネントを変更するようにして複数ページを実現しているのです。

そのためには、必要に応じてページのコンポーネントを組み替える仕組みが必要です。このlayout.tsxは、こうした用途に対応できるようにするためにあるのですね。

したがって、私たちがこのlayout.tsxを直接編集することはほとんどありません（編集することもできますが、そうすると表示する全ページに影響が出るのでお勧めしません）。「こういう役割のコンポーネントがベースにあるんだ」ぐらいに理解しておけば十分でしょう。

pageコンポーネントのコードを見る

このlayout.tsxのRootLayoutコンポーネントに組み込む、サンプルページが「page.tsx」です。これを開くと、非常に長いコードが記述されていることがわかります。しかし、その大半は<a>や<img>の属性なので、それらを省略すると比較的シンプルな構造になっていることがわかります。

リスト8-2

```
import Image from "next/image";
import styles from "./page.module.css";
```

```
export default function Home() {
  return (
    <main className={styles.main}>
      <div className={styles.description}>
        ……説明文のコンテンツ……
      </div>

      <div className={styles.center}>
        ……イメージ……
      </div>

      <div className={styles.grid}>
        ……多数のリンク……
      </div>
    </main>
  );
}
```

「Home」というコンポーネントが定義されています。これが、デフォルトで表示されるページの内容です。ここにあるのは、<main>というエレメントでまとめたコンテンツをreturnする文だけです。いろいろ複雑ですが、要するに「JSX（TSX）であれこれ表示を作っているだけ」です。コンポーネントの働きとしては、「表示内容をreturnしているだけ」のシンプルなコンポーネントです。

コードを見ればわかるように、Next.jsのコンポーネントは、Reactのコンポーネントそのままです。Next.jsらしいのはlayout.tsxでページごとにコンポーネントを表示するようにしていることぐらいで、Homeコンポーネントの内容はReactとまったく同じであることがわかるでしょう。

シンプルなコンポーネントを作る

では、page.tsxを書き換えて、シンプルなコンポーネントを作ってみましょう。以下のようにコードを修正してください。

リスト8-3

```
import styles from "./page.module.css";

export default function Home() {
```

```
    return (
      <main className={styles.main}>
        <h1>Next.js</h1>
        <div className={styles.container}>
          <p>This is sample page.</p>
        </div>
      </main>
    );
}
```

これでコンポーネントはできましたが、デフォルトのスタイルではちょっと見づらいので、スタイルシートを調整しておきましょう。

「src」フォルダーの「app」内にある「page.module.css」というファイルを開いてください。これが、page.tsxのコンポーネント用に用意されているスタイルシートのファイルです。ここに以下を追記しましょう。

リスト8-4

```
.main {
  padding: 25px;
  justify-content: start;
  font-size: 1.0em;
}

.container {
  background-color: white;
  padding: 20px;
  margin: 10px 0px;
  font-size: 1.0em;
  width: 100%;
}
```

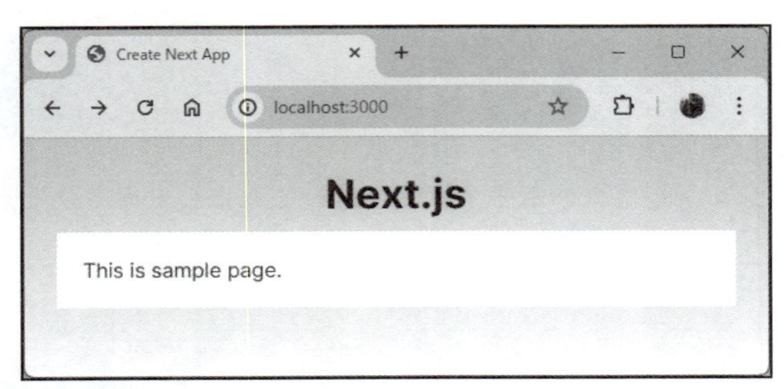

図8-3 シンプルなコンポーネントを表示する。

記述したら、ファイルを保存してWebブラウザからアクセスをします。Next.jsでは、

npm run devでアプリケーションを実行していると、ソースコードファイルを書き換えたらリアルタイムにApplicationが更新され、Webブラウザの表示も最新の状態に更新されます。いちいち「サーバーを停止して再起動して、Webブラウザから再度アクセスして……」などとやる必要はありません。

CSSモジュールについて

今回、コンポーネントで使うエレメントのためにいくつかスタイルシートの設定を追記しておきました。このスタイルシートの使い方が、これまで利用してきたReactとは少し違うので注意が必要です。

ここでは、page.module.cssというスタイルシートのファイルを利用していますが、利用の仕方がReactとは違います。例えば、CSSファイルにあるcontainerというスタイルクラスを使う場合、以下のような書き方の違いがあります。

●Reactの場合

```
<div className="container">
```

●Next.jsの場合

```
<div className={styles.container}>
```

Next.jsでは、「CSSモジュール」という技術を使っています。これは、CSSファイルの内容をJavaScript/TypeScriptのオブジェクトとして取り出し利用するもので、Next.jsでは標準でその機能が組み込まれています。

通常、CSSファイルの利用はHTMLの<link>などを使ってファイルを読み込み、スタイルクラスの名前を文字列で指定します。しかしCSSモジュールでは、<link>などを使わず、JavaScript/TypeScriptのコードでインポートして使います。

```
import styles from "./page.module.css"
```

これがCSSモジュールでスタイルシートを利用するために必要な文です。これにより、page.module.cssのスタイル情報はstylesというオブジェクトとして読み込まれます。後は、ここからプロパティを指定してスタイルクラスを割り当てていくだけです。

オブジェクトとして用意されているため、JavaScript/TypeScriptのコードとして値などを確認できます。名前をテキストで指定するより確実です。またソースコードファイルごとにimportして利用するため、複数コンポーネントでそれぞれ異なるスタイルを適用したりすることが簡単に行えます。Next.jsを利用するなら、CSSコンポーネントを使ったスタイル設定の方法をマスターしておきたいですね！

Next.jsのサーバーコンポーネント

Chapter 1
Chapter 2
Chapter 3
Chapter 4
Chapter 5
Chapter 6
Chapter 7
Chapter 8

サーバーコンポーネントを使う

わざわざNext.jsのプロジェクトを作成して利用したのは、「Next.jsなら、きれいに実装されたサーバーコンポーネントが使える」からでした。では、さっそくサーバーコンポーネントを使ってみましょう。

まず、ソースコードファイルを作ります。「src」フォルダー内の「app」内に「server-component.server.tsx」という名前でファイルを用意してください。そして以下のようにソースコードを記述します。

リスト8-5

```
import styles from "./page.module.css";

export async function ServerComponent() {
  console.log("ServerComponent");
  return (
    <div className={styles.card}>
      <h2>ServerComponent</h2>
      <p>This is Server component sample.</p>
    </div>
  );
}
```

ごく単純なコンポーネントですね。タイトルとメッセージを表示しているだけで、サーバー側らしい処理は何もありません。表示を整えるため、page.module.cssにスタイル情報を追記しておきましょう。

リスト8-6

```
.card {
  border: gray 1px solid;
  padding: 20px 30px;
```

```
    margin: 20px 0px;
    box-shadow: darkgray 5px 7px 5px;
    border-radius: 0.2em;
}
.card p {
    font-size: 1em;
    color: black;
    opacity: 1.0;
    padding: 5px 0px;
}
```

コンポーネントをHomeに組み込む

では、作成されたコンポーネントをHomeコンポーネントに組み込みましょう。page.tsxを開き、以下のようにコードを修正します。

リスト8-7

```
import styles from "./page.module.css";
import { ServerComponent } from "./server-component.server";

export default function Home() {
    return (
        <main className={styles.main}>
            <h1>Next.js</h1>
            <div className={styles.container}>
                <p>This is server-component.</p>
                <ServerComponent />
            </div>
        </main>
    );
}
```

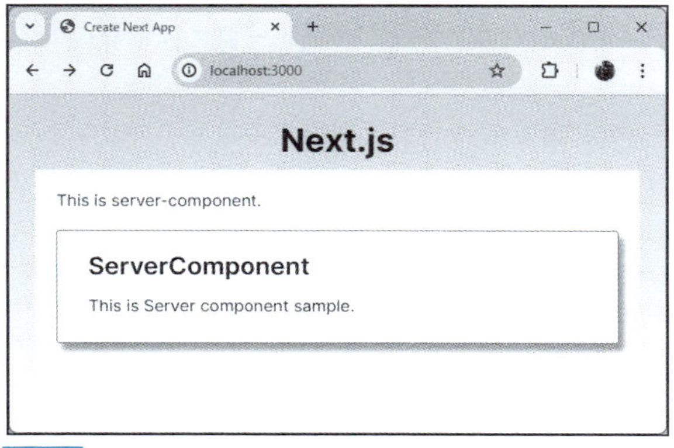

図8-4　サーバーコンポーネントが表示される。

Chapter 1
Chapter 2
Chapter 3
Chapter 4
Chapter 5
Chapter 6
Chapter 7
Chapter 8

JSXの内容を見ると、<ServerComponent />というようにしてコンポーネントを追記しているのがわかりますね。では、ファイルを保存したらWebブラウザで表示を確認しましょう。四角い枠に「ServerComponent」という表示がされます。この部分がServreComponentによる表示です。

「本当にこれはサーバー側で動いているのか？」と疑問に思った人は、npm run devを実行したターミナルの出力を確認してみましょう。ページにアクセスすると、「Server Component」とメッセージが表示されるのがわかります。ServerComponentが表示される際に、コンポーネントに用意されたconsole.log("ServerComponent"); という文が実行されるためです。もし、クライアント側でコンポーネントが動いていたなら、デベロッパーツールのコンソールに結果が表示されるはずです。npm run devを実行したターミナルに出力されるのは、サーバー側でconsole.logが実行されているからです。

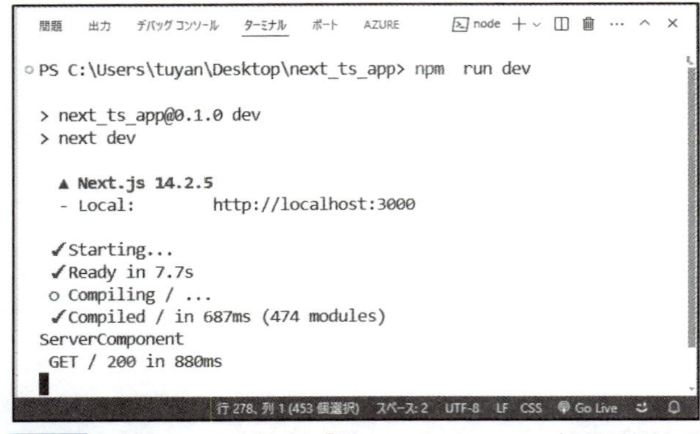

図8-5　コンソールを見ると「ServerComponent」と出力されるのがわかる。

サーバー側で処理を実装する

「サーバー側で処理が実行できる」ということは、サーバー側でなければ使えないNode.jsの各種機能が利用できるようになるということです。では、サーバー側で簡単な処理を実装し、動かしてみましょう。

ここでは、fetchを使い、JSON Placeholderからデータを取得するコンポーネントを作ってみます。JSON Placeholder（https://jsonplaceholder.typicode.com/）というのは、JSONのダミーデータを配信するサイトです。自作のプログラムなどからこのサイトにアクセスすることで、簡単なJSONデータを取得するテストが行えます。ここでは、Postというデータを取得し、その内容を表示するコンポーネントを作ってみます。

では、コンポーネントのファイルを用意しましょう。「src」フォルダー内の「app」フォルダーにある「server-component.server.tsx」を開き、以下のようにコードを書き換えます。

リスト8-8

```
import styles from "./page.module.css";

interface Post {
  id: number
  userId: number
  title: string,
  body: string
}

const url = "https://jsonplaceholder.typicode.com/posts/";

async function getFetchData(num:number): Promise<Post> {
  const res = await fetch(url + num);
  const data = await res.json();
  return data;
}

export async function ServerComponent({num}:{num: number}) {
  const post = await getFetchData(num);
  return (
    <div className={styles.alert}>
      <h2>ServerComponent</h2>
      {
      post ?
      <ul>
        <li key={post.id}>
          <b>id={post.id} (userId={post.userId})</b>
        </li>
        <li key={post.id+1}>
          {post.title}
        </li>
        <li key={post.id+2}>{post.body}</li>
      </ul>
      :
      <p>wait...</p>
      }
    </div>
  );
}
```

続いて表示のためのスタイル情報を用意します。page.module.cssに以下のコードを追記してください。

リスト8-9

```
.alert {
  color:white;
  background-color: royalblue;
  border: white 6px double;
  padding: 20px 30px;
  margin: 20px 0px;
  border-radius: 1em;
}
.alert p {
  font-size: 1em;
  color: white;
  opacity: 1.0;
  padding: 10px 0px;
}

.input {
  font-size: 1.0em;
  margin: 10px 2px;
  padding: 5px 10px;
  min-width: 200px;
}
```

コードの内容をチェックする

では、作成したコードの内容を見てみましょう。今回は、JSON Placeholderから取得するデータとして以下のような型を定義してあります。

```
interface Post {
  id: number
  userId: number
  title: string,
  body: string
}
```

これが、取得するPostデータの型です。id, userId, title, bodyといった値で構成されています。そして、fetch関数を使い、指定したURLからPostを取得する関数を以下のように定義しています。

```
async function getFetchData(num:number): Promise<Post> {
  const res = await fetch(url + num);
  const data = await res.json();
  return data;
}
```

https://jsonplaceholder.typicode.comでは、/post/番号 というようにアクセスすることで、指定したID番号のPostデータを取得できます。ダミーデータは1～100まで用意されています。fetchで指定のURLにアクセスし、jsonでJSONデータをオブジェクトに変換してからこれを返します。

ServerComponentの定義

このgetFetchDataを利用してデータを取得し表示するコンポーネントを定義します。これは以下のように記述されていますね。

```
export async function ServerComponent({num}:{num: number}) {……
```

ServerComponentには、{num}というように属性が渡されるようにしています。これは、取得するPostのIDを渡すためのものです。これを使って、getFetchDataでデータを取得します。

```
const post = await getFetchData(num);
```

これで、定数postに取得したPostオブジェクトが渡されます。後は、これをもとにJSXで表示を作成して返すようにすればいいのです。

サーバーコンポーネントを組み込む

では、作成したコンポーネントを組み込んで使いましょう。今回は、ID番号を入力するためのUIも必要なので、これも<input>を使って用意することにします。page.tsxを開いて内容を以下に書き換えてください。

リスト8-10

```
"use client"
import React, { useState, Suspense } from "react";
import styles from "./page.module.css";
import { ServerComponent } from "./server-component.server";

export default function Home() {
  const [num, setNum] = useState(1);

  const handleClick = (e:React.ChangeEvent<HTMLInputElement>) => {
    setNum(parseInt(e.target.value));
  }
  return (
```

```
      <main className={styles.main}>
        <h1>Next.js</h1>
        <div className={styles.container}>
          <p>This is server-component.</p>
          <input type="number" value={num}
            min={1} max={100} step={1}
            className={styles.input}
          onChange={handleClick} />
          <Suspense fallback={<div>loading...</div>}>
            <ServerComponent num={num} />
          </Suspense>
        </div>
      </main>
    );
  }
```

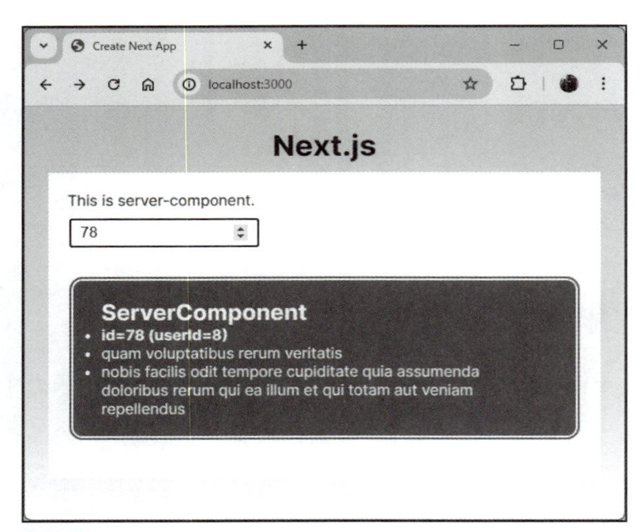

図8-6 フィールドでID番号を入力すると、その番号のPostを取得し表示する。

入力フィールドで1～100の整数を入力できるようにしてあります。ここで値を入力すると、そのID番号のPostデータをfetchで取得して表示します。アクセス時は、コンポーネントを配置したところに「loading...」と表示され、データが取得されるとコンポーネントが表示されるようになります。

冒頭に"use client"という文があることでわかるように、Homeはクライアントコンポーネントです。この中に、ServerComponentを埋め込んで利用します。

コンポーネントの組み込み

ここでは、<input type="number">にonChange={handleClick}というようにして変更時の処理を設定しておきました。handleClickでは、<input>の値をsetNumでnumステートに設定しています。これでステートが更新され、ServerComponentが更新されるだろうというわけですね。

コンポーネントは、以下のような形で実装されています。

```
<Suspense fallback={<div>loading...</div>}>
  <ServerComponent num={num} />
</Suspense>
```

<Suspense>を使い、非同期の処理が完了したところで表示がされるようにしておきます。また<ServerComponent>にはnum={num}と属性を指定し、numステートの値で取得するPostが設定されるようにしてあります。

これで、<input>の値が変更されたら＜ServerComponentのnum属性が変更され、コンポーネント自体が再レンダリングされて指定のIDのデータに更新されるようになりました！

サーバーアクションについて

サーバーコンポーネントは、このようにサーバー側でさまざまな処理を実行できます。ただし、ここで作成した例を見ればわかるように、UIの操作などはクライアント側に用意する必要があります。サーバー側は処理と表示のみであり、必要に応じてクライアント側から属性に用意したステートなどを変更することで表示を更新する必要があります。

この「ステートで更新」というやり方は、Reactに慣れているならそれほど違和感がないでしょう。しかし、感覚的にわかりにくいのは確かです。もっと一般的に、「ボタンクリックしたらサーバー側で処理を実行して表示が更新される」というようなやり方ができればわかりやすいですね。

Reactのサーバーコンポーネント機能には、「サーバーアクション」というものが用意されています。これは、クライアント側からサーバー側の関数を呼び出せるようにしたものです。これにより、コンポーネントのように画面に表示されるものではなく、純粋になにかの処理を実行するための関数をクライアント側から呼び出して実行することができます。

サーバーアクションを作る

これは、実際に使ってみればすぐにわかります。ではサーバーアクションを作成してみましょう。

「src」フォルダー内の「app」フォルダーに「server-action.tsx」というファイルを作成してください。そして、以下のように簡単なコードを記述しておきます。

リスト8-11

```
"use server"
async function serverAction(form: any): Promise<void> {
  console.log(form);
}

export { serverAction };
```

非常に単純ですね。冒頭に、"use server"というディレクティブが書かれていますが、これは、このコードがサーバーアクションであることを示すものです。この"use server"が記述されていると、その下のコードをサーバーアクションとして認識します。

ここではserverActionという関数としてサーバーアクションを用意しました。引数にformという値を渡し、これをconsole.logで出力しているだけのものです。formとしていますが、型はanyにしてどんな値でも渡せるようにしておきます。

では、これをクライアント側から実行してみましょう。

クライアントからサーバーアクションを実行する

クライアント側から、このserverActionをインポートして利用してみます。page.tsxを開き、以下のようにコードを修正してください。

リスト8-12

```
"use client"
import { useState, useTransition } from "react";
import styles from "./page.module.css";
import { serverAction } from "./server-action";

export default function Home() {
  const [input, setInput] = useState('');
  const [isPending, startTransition] = useTransition();

  const action = async () => {
    startTransition(async () => {
```

```
        await serverAction({name: input});
        setInput('');
      });
    }

    return (
      <main className={styles.main}>
        <h1>Next.js</h1>
        <div className={styles.container}>
          <p>This is sample.</p>
          <div>
            <input type="text" value={input}
              onChange={e => setInput(e.target.value)}
              className={styles.form} />
            <button onClick={action}
              className={styles.form}>
              Click me
            </button>
          </div>
        </div>
      </main>
    );
}
```

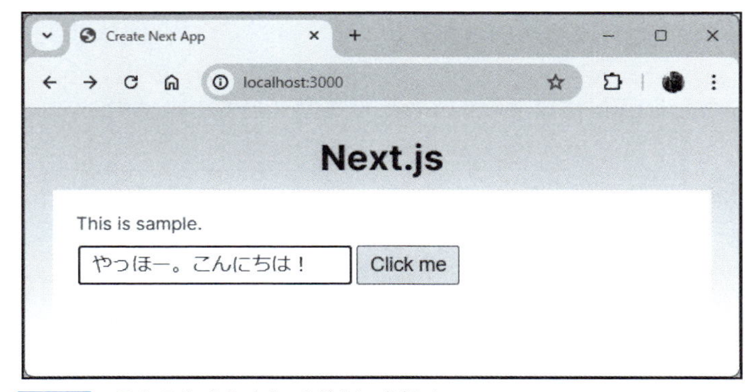

図8-7 テキストを入力してボタンを押す。

ここでは、入力フィールドとボタンを1つずつ用意しました。フィールドに何かを書いてボタンを押すと、サーバーアクションが実行されるようにしています。まぁ、今回はサーバー側でconsole.logで出力しているだけなので見た目には変化はありません(実行するとフィールドのテキストがクリアされるのでわかる程度です)。

サーバーアクションの実行を確認する

実際にボタンをクリックしてから、npm run devを実行したターミナルを見てみましょう。すると、こんな出力がされているのがわかります。

```
GET / 200 in xxx ms
{ name: '〇〇〇' }
```

サーバーにアクセスし、serverActionに送信された値が、{ name: '〇〇〇' }という形でコンソールに出力されるのが確認できます。フィールドの値がちゃんとサーバーアクションに渡され実行されていますね。

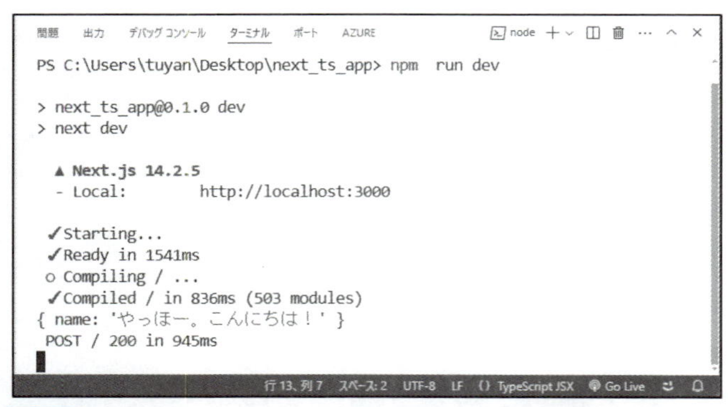

問題
出力
デバッグ コンソール
ターミナル
ポート
AZURE
node
PS C:\Users\tuyan\Desktop\next_ts_app> npm run dev
> next_ts_app@0.1.0 dev
> next dev
▲ Next.js 14.2.5
- Local: http://localhost:3000
✓Starting...
✓Ready in 1541ms
○ Compiling / ...
✓Compiled / in 836ms (503 modules)
{ name: 'やっほー。こんにちは！' }
POST / 200 in 945ms
行 13、列 7 スペース: 2 UTF-8 LF {} TypeScript JSX Go Live

図8-8 ボタンを押すとターミナルに送信された値が出力される。

ここでは、入力フィールドの<input>に以下のような処理を割り当てています。

```
onChange={e => setInput(e.target.value)}
```

これで、何かを書くとその値がinputステートに設定されるようになります。後は、このステートの値を引数に使ってserverActionを呼び出すだけです。

サーバーアクションの呼び出し

サーバーアクションは、コンポーネントなどと同様にインポートして利用します。冒頭に以下のような文が用意されています。

```
import { serverAction } from "./server-action";
```

これでインポートしたserverActionを実行すればいいのです。ただし、サーバー側の処理は時間がかかることが多いので、呼び出しにはひと工夫してやります。

時間のかかる処理を非同期で行うのに、ReactにはuseTransitionというフックが用意されていましたね。これを利用します。

```
const [isPending, startTransition] = useTransition();
```

これでトランジションで実行するためのstartTransition関数が用意できました。これを利用し、コールバック関数内でserverActionを実行します。

```
startTransition(async () => {
  await serverAction({name: input});
  ……
})
```

awaitすることで、serverActionの処理が完了するまで待ってから関数が終了されるようになりますが、startTransitionによりその間もUIを遅滞なく更新することができます。

この「useTransitionを使い、トランジションで実行する」というのがサーバーアクションの基本と考えるとよいでしょう。

フォームアクション

しかし、「サーバーアクション呼び出しの関数を定義し、その中でstartTransitionのコールバック関数内でサーバーアクションを呼び出す」というのをいちいちやらないといけないのは、ちょっと面倒ですね。

普通のWebサイトなどでは、フォームになにか書いて送信すると処理が実行されるようになっています。サーバーアクションも、「フォームに設定すれば送信すると自動的に処理をしてくれる」というようになっていると大変便利ではありませんか。

これは「フォームアクション」として機能が提供されています。フォームアクションは、フォームのactionにサーバーアクションを設定することで、フォーム送信すると自動的にサーバーアクションが実行されるようにする仕組みです。これを利用して、もっと単純にサーバーアクションを呼び出せるようにしましょう。

では、page.tsxの内容を以下のように書き換えてください。

リスト8-13

```
import styles from "./page.module.css";
import { serverAction } from "./server-action";

export default function Home() {
  return (
    <main className={styles.main}>
```

```
      <h1>Next.js</h1>
      <div className={styles.container}>
        <p>This is sample.</p>
        <div>
          <form action={serverAction}>
            <input type="text" name="data"
              className={styles.form} />
            <button type="submit"
              className={styles.form}>
              Click me
            </button>
          </form>
        </div>
      </div>
    </main>
  );
}
```

今回はフォームを利用するので、フォームのスタイル情報を追加しておきましょう。page.module.cssに以下を追記してください。

リスト8-14

```
.form {
  font-size: 1.1em;
  margin: 10px 2px;
  padding: 5px 10px;
}
```

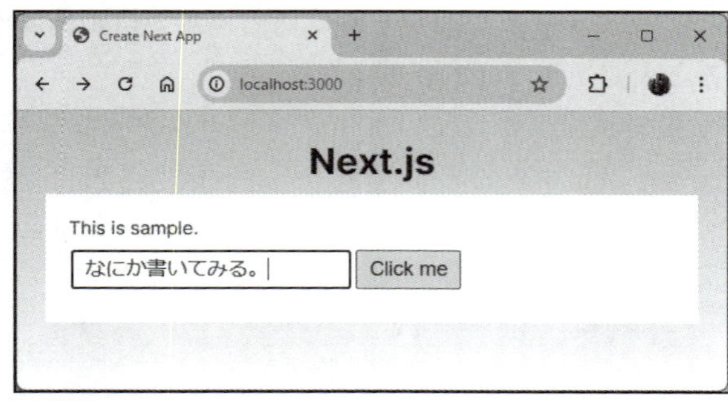

図8-9 フォームになにか書いて送信する。

修正ができたら実際に使ってみましょう。ここでは、<form action={serverAction}>というようにしてサーバーアクションを設定していますね。これで、フォームを送信するとserverActionが実行されるようになります。その際には、フォームに入力した情報もすべてまとめて渡されます。

ボタンをクリックしてフォームを送信したら、ターミナルの出力を見てください。以下のようなものが出力されるのがわかるでしょう。

```
FormData {
  [Symbol(state)]: [
    {
      name: '$ACTION_ID_……ランダムな英数字……',
      value: ''
    },
    { name: 'data', value: '○○○' }
  ]
}
```

これは、serverActionの引数に渡された値です。FormDataオブジェクトが渡されていることがわかります。これにより、フォーム内のデータをまとめてサーバーアクション側で受け取れるようになっているのです。

フォームアクションを利用すると、サーバーアクションのトランジション実行などを考えることもなく、ただactionにサーバーアクションを設定するだけで実行できるようになります。フォームからサーバーアクションを利用するなら、このやり方がもっとも簡単です。

```
> next dev

  ▲ Next.js 14.2.5
  - Local:        http://localhost:3000

 ✓Starting...
 ✓Ready in 1983ms
 ○ Compiling / ...
 ✓Compiled / in 1012ms (487 modules)
FormData {
  [Symbol(state)]: [
    {
      name: '$ACTION_ID_3e61cc43fe48f6d90802075de72d05c5e6150b25',
      value: ''
    },
    { name: 'data', value: 'なにか書いてみる。' }
  ]
}
 POST / 200 in 1124ms
```

図8-10 送信されたフォームの情報がFormDataとして送られている。

ファイルアクセスのサーバー処理を作る

では、サーバーアクションを利用してもう少し具体的な処理を行わせてみましょう。サーバー側でないとできない処理といえば、まず思い浮かぶのが「ファイルアクセス」でしょう。ここでは、フォームの情報をファイルに追記していくサンプルを作成してみます。

まず、送信したコンテンツを保存していくファイルを用意します。プロジェクトのフォルダー内に「data.txt」という名前でファイルを用意してください。ダミーとして、何かテキストを書いて改行しておきましょう。

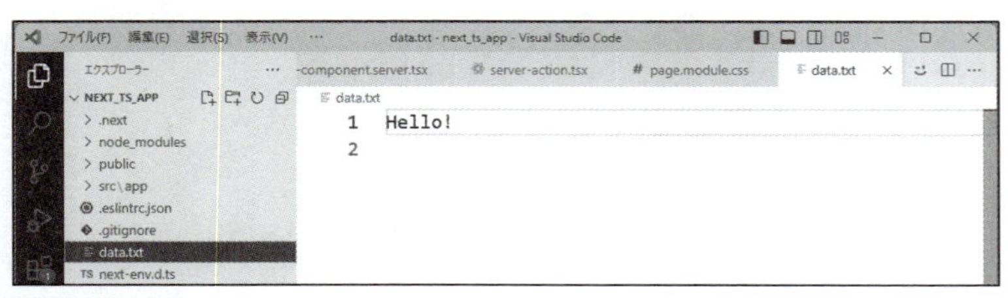

図8-11　data.txtファイルを用意し、1行だけコンテンツを書いておく。

サーバーアクションを作成する

では、サーバーアクションを作りましょう。server.action.tsxを開き、以下のようにコードを修正してください。

リスト8-15

```
"use server"
import fs from "fs";
import styles from "./page.module.css";
import { redirect } from "next/navigation";

const filePath = "./data.txt";

async function serverAction(form: FormData): Promise<void> {
  const data = form.get("input");
  await fs.appendFile(filePath, `${data}\n`, "utf-8",
      (err) => {
    if (err) throw err;
  });
  redirect("/");
}

async function readData(): Promise<string> {
  return new Promise((resolve, reject) => {
    fs.readFile(filePath, "utf-8", (err, data) => {
      if (err) {
        reject(err);
      } else {
        resolve(data);
      }
```

```
    });
  });
}

async function DataComponent() {
  const data = await readData();
  const lines = data.trim().split("\n");
  return (
    <ol className={styles.list}>
      {lines.map((paragraph: string, index: number) => (
        <li key={index} className={styles.listItem}>
          {paragraph.trim()}
        </li>
      ))}
    </ol>
  );
}

export { serverAction, DataComponent }
```

続いて、今回表示するリストのためのスタイル情報を追記しておきます。page.module.cssに以下を追記してください。

リスト8-16

```
.list {
  margin-top: 25px;
  padding: 20px;
}

.listItem {
  font-size: 1em;
  width: 100%;
  border-bottom: 1px solid gray;
  padding: 10px;
}
```

サーバーアクションのコード

では、作成したコードを見てみましょう。ここでは3つの関数が用意されています。サーバーアクションのserverAction、データの読み込みを行う関数readData、そして保管したコンテンツを表示するサーバーコンポーネントDataComponentです。

まずはサーバーアクションから見てみましょう。これは、以下のように定義されています。

```
async function serverAction(form: FormData): Promise<void> {……}
```

引数はFormDataになっていますが、これは送信されたフォームの情報を管理するオブジェクトです。このFormDataから、inputという名前の値を取り出します。これが、送信される<input>の値です。

```
const data = form.get("input");
```

この値をfilePathのファイルに追記します。これはfsモジュールのappendFileを使って行っています。

```
await fs.appendFile(filePath, `${data}\n`, "utf-8", (err) => {……});
```

appendFileは、第1引数のファイルに非同期で第2引数のコンテンツを追記するものです。第3引数にはオプション情報としてエンコーディングを、第4引数には例外時のコールバック関数をそれぞれ用意しています。

これでファイルへの追記が完了したら、トップページにリダイレクトして表示を更新します。

```
redirect("/")
```

これで追記したコンテンツが画面に表示されます。

ファイルを読み込む関数のコード

続いて、ファイルを読み込むreadData関数です。これは以下のような形で定義されています。

```
async function readData(): Promise<string> {……}
```

これも非同期関数であり、戻り値には読み込んだコンテンツをPromiseとして返すようになっています。

ここでは、Promiseオブジェクトを作成して返しています。

```
return new Promise((resolve, reject) => {……})
```

引数には、正常終了時と例外発生時の結果を扱う関数が渡されます。このコールバック関数の中で、以下のようにしてfilePathのファイルからコンテンツを読み込んでいます。

```
fs.readFile(filePath, "utf-8", (err, data) => {……})
```

このreadFileも非同期関数です。第3引数には、読み込み完了後に実行されるコールバック関数が用意されています。この中で、引数dataとして読み込んだコンテンツが渡されます。

ここではerrの値をチェックし、これがあれば例外発生時の処理を、そうでなければ正常終了時の処理をそれぞれ実行しています。

```
if (err) {
  reject(err);
} else {
  resolve(data);
}
```

コンテンツを表示するサーバーコンポーネントのコード

残るは、サーバーコンポーネントDataComponentですね。これは、data.txtのコンテンツを読み込み、各段落ごとにリストにして表示するコンポーネントです。

ここでは、readDataでコンテンツを読み込み、それを段落ごとに分けて配列にします。

```
const data = await readData();
const lines = data.trim().split("\n");
```

後は、この配列からmapを呼び出して<li>を作成していきます。returnされているJSXを見ると、このようになっています。

```
return (
  <ol className={styles.list}>
    {lines.map((paragraph: string, index: number) => (
      <li key={index} className={styles.listItem}>
        {paragraph.trim()}
      </li>
    ))}
  </ol>
)
```

<ol>の中で、以下のような処理を実行しているのがわかりますね。

```
lines.map((paragraph: string, index: number) => (<li>…</li>))
```

引数のコールバック関数では、配列から取り出した段落のテキストとインデックス番号が引数に渡されます。これらを使って<li>を作成し表示しています。

サーバーコンポーネントを組み込む

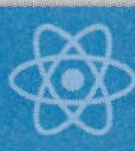

では、作成したサーバーアクションとサーバーコンポーネントをHomeに組み込みましょう。page.tsxを開き、コードを以下のように書き換えてください。

リスト8-17

```
import styles from "./page.module.css";
import { serverAction, DataComponent } from "./server-action";

export default function Home() {
  return (
    <main className={styles.main}>
      <h1>Next.js</h1>
      <div className={styles.container}>
        <p>This is sample.</p>
        <div>
          <form action={serverAction}>
            <input type="text" name="input"
              className={styles.form} />
            <button type="submit"
              className={styles.form}>
              Click me
            </button>
          </form>
        </div>
        <DataComponent />
      </div>
    </main>
  );
}
```

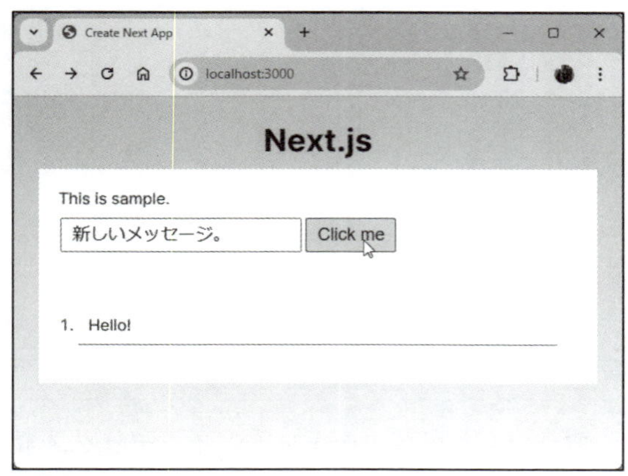

図8-12 入力フィールドとボタンのフォームがあり、その下に保管されたコンテンツがリスト表示される。

ページにアクセスすると、入力フィールドと送信ボタンのフォームが表示されます。その下には、data.txtに保存されているコンテンツが段落ごとにリストになって表示されます。

実際にフィールドに何かを書いて送信してみましょう。するとリストの一番下に送信したコンテンツが追加されます。ファイルアクセスが正常に動いているのが確認できるでしょう。

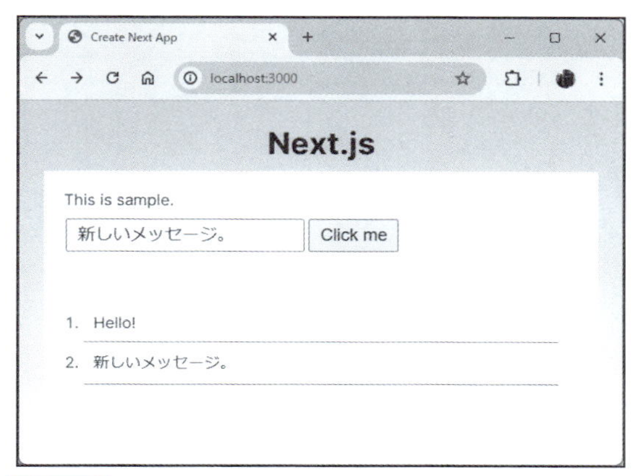

図8-13 送信したコンテンツがリストの一番下に追加される。

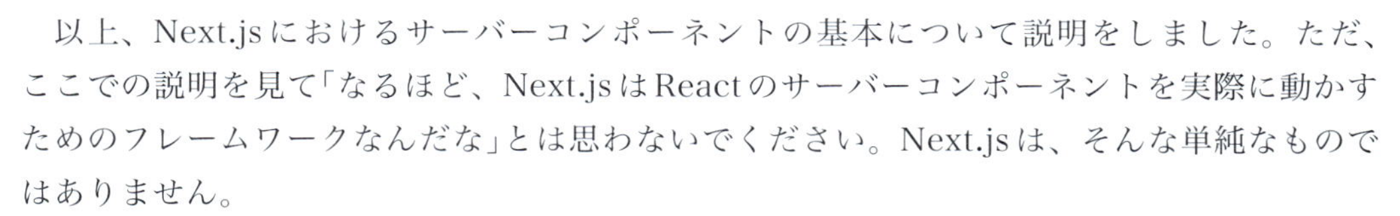

これより先は……

以上、Next.jsにおけるサーバーコンポーネントの基本について説明をしました。ただ、ここでの説明を見て「なるほど、Next.jsはReactのサーバーコンポーネントを実際に動かすためのフレームワークなんだな」とは思わないでください。Next.jsは、そんな単純なものではありません。

Next.jsは、Reactのサーバーコンポーネントの具体的な実装なのは確かですが、それ以外にもNext.jsが独自に実装したサーバー機能もありますし、複数のコンポーネントで複数ページを実装するルーティング機能やより高度なスタイルの実装など多くの機能が用意されています。

Next.jsは「Reactプラスアルファのソフト」ではなく、「本格的なフレームワークの一部にReactの機能が組み込まれている」というものなのです。

もし、Reactをベースにサーバー側の処理まですべて実装していきたいと考えているなら、Next.jsは最良の選択肢といえるでしょう。Next.jsについては別途入門解説書を上梓していますので、これより先はそちらを参考にしてください。

- Next.jsの入門解説書
  - 「Next.js超入門」掌田津耶乃・著（秀和システム）

Index

索引

記号

A

B

C

D

E

F

G

H

I

J

L

M

N

さ行

た行

は行

ま行

ら行

著者紹介

掌田 津耶乃（しょうだ　つやの）

日本初のMac専門月刊誌「Mac+」の頃から主にMac系雑誌に寄稿する。ハイパーカードの登場により「ビギナーのためのプログラミング」に開眼。以後、Mac、Windows、Web、Android、iPhoneとあらゆるプラットフォームのプログラミングビギナーに向けて書籍を執筆し続ける。

■近著

「ChatGPTで学ぶNode.js&Webアプリ開発」（秀和システム）
「Python in Excelではじめるデータ分析入門」（ラトルズ）
「ChatGPTで学ぶJavaScript&アプリ開発」（秀和システム）
「Google AI Studio超入門」（秀和システム）
「ChatGPTで身につけるPython」（マイナビ出版）
「AIプラットフォームとライブラリによる生成AIプログラミング」（ラトルズ）
「Next.js超入門」（秀和システム）

●著書一覧

http://www.amazon.co.jp/-/e/B004L5AED8/

●ご意見・ご感想の送り先

syoda@tuyano.com

リアクトジェイエス　ちょうにゅうもん
React.js 超入門

発行日　2024年 10月 21日　　第1版第1刷

著　者　掌田（しょうだ）　津耶乃（つやの）

発行者　斉藤　和邦
発行所　株式会社　秀和システム
〒135-0016
東京都江東区東陽2-4-2　新宮ビル2F
Tel 03-6264-3105（販売）Fax 03-6264-3094
印刷所　三松堂印刷株式会社

ISBN978-4-7980-7376-7 C3055